2020 年
养殖渔情分析

ANALYSIS REPORT OF AQUACULTURE PRODUCTION

全国水产技术推广总站　中国水产学会　编

U0380778

中国农业出版社

北　京

编 辑 委 员 会

前　言

　　2009年，受农业部渔业渔政管理局委托，全国水产技术推广总站组织启动了养殖渔情信息采集工作，开创建立了我国水产养殖基础信息采集和分析的新机制。12年来，在各级渔业行政主管部门的大力支持下，在各地水产技术推广部门和全体信息采集人员的共同努力下，养殖渔情信息采集体系不断健全，采集和分析方法不断优化，采集制度不断完善。目前，已在河北、辽宁、吉林、江苏、浙江、安徽、福建、江西、山东、河南、湖北、湖南、广东、广西、海南、四川等16个省（自治区）建立了200多个信息采集定点县、600多个采集点，形成了一支由基层台账员、县级采集员、省级审核员和分析专家为主体的信息采集分析队伍。采集范围涵盖企业、合作经济组织、渔场或基地、个体养殖户等经营主体，初步形成"有体系、有制度、有保障"的基本格局。养殖渔情信息为渔业经济核算提供了有益的数据支撑，为各级渔业管理部门科学管理提供了有效的数据参考，为广大生产者把握形势提供重要的信息依据。

　　当前，我国渔业正处于全面推进水产养殖业绿色高质量发展的关键时期。现代渔业发展的科学决策，必须建立在准确的信息资料和对信息资料科学的定性和定量分析基础上。《2020年养殖渔情分析》主要收录了2020年养殖渔情信息采集省份和全国养殖渔情有关专家的养殖渔情分析报告以及重点品种分析报告。该书的编辑出版，是加强养殖渔情信息采集数据总结和应用的有效方法，也是养殖渔情信息数据分析和发布的新形式，为客观描述水产养殖业发展状况，及时监测水产养殖业经济运行态势，准确揭示养殖发展规律积累基础数据，提供了实践参考。

　　本书在编写过程中，得到了农业农村部渔业渔政管理局以及各采集省（自治区）渔业行政主管部门的大力支持，各水产养殖专家给予了精心的指导。本书的出版，离不开各养殖渔情采集省（自治区）、采集县、采集点的信息采集人员辛勤工作与无私奉献。在此一并致以诚挚的谢意！

本书的分析报告主要是基于养殖渔情信息采集数据以及有关专家的调研分析。由于采集点数据质量和编者水平有限，书中难免会有一些不足之处，恳请广大读者批评指正。

编　者

2021 年 8 月

CONTENTS

<h1 style="text-align:center">目　录</h1>

第一章 2020年养殖渔情分析报告

根据全国16个水产养殖主产省（自治区）、226个养殖渔情信息采集定点县、678个采集点上报的2020年月报养殖渔情数据，结合全国重点水产养殖品种专家调研和会商情况，分析2020年养殖渔情形势。总体来看，2020年受新冠肺炎疫情和洪涝灾害的影响，采集点出塘量和出塘收入同比均呈下降趋势。特别是在新冠肺炎疫情防控初期，水产品终端消费需求骤减，出口、内销全线受阻，出塘量骤降。纵观全年，海水养殖品种出塘量同比下降36.07%，淡水养殖品种出塘量同比减少6.51%。其中，海水鱼类、虾类、蟹类、贝类和藻类养殖受新冠肺炎疫情的影响较大，出塘量及收入明显减少。

一、总体情况

1. 出塘量、出塘收入和出塘价格同比下降 2020年，全国采集点主要养殖品种出塘总量约21.77万吨，同比下降28.33%，整体呈下降趋势。其中，淡水养殖品种出塘量约7.44万吨，占34.16%，同比下降6.51%；海水养殖品种出塘量约14.34万吨，占65.84%，同比下降36.07%。2020年，全国采集点出塘总收入约30.07亿元，同比下降19.16%（表1-1）。

表1-1 采集点主要养殖品种出塘量及出塘收入

分类	品种名称	出塘量（吨）			出塘收入（万元）		
		2020年	2019年	增减（%）	2020年	2019年	增减（%）
合计		217 733.68	303 797.51	−28.33	300 688.79	371 933.91	−19.16
淡水鱼类	草鱼	16 608.59	17 643.27	−5.86	17 912.15	18 276.86	−2.00
	鲢	3 328.27	3 432.26	−3.03	1 964.94	1 814.17	8.31
	鳙	2 510.07	2 361.29	6.30	2 710.02	2 427.79	11.62
	鲤	5 711.1	10 091.77	−43.41	5 406.03	9 221.72	−41.38
	鲫	5 889.32	8 904.88	−33.86	8 651.75	9 122.92	−5.16
	罗非鱼	14 877.75	8 884.71	67.45	11 687.82	7 431.64	57.27
	黄颡鱼	2 079.71	1 840.51	13.00	4 743.72	4 414.38	7.46
	泥鳅	786.34	631.76	24.47	1 399.86	1 240.99	12.80
	黄鳝	713.9	957.77	−25.46	4 329.31	5 699.6	−24.04
	加州鲈	1 025.73	2 037.93	−49.67	3 103.57	5 638.02	−44.95
	鳜	456.01	377.2	20.89	2 311.59	2 241.95	3.11
	乌鳢	8 196.88	7 058.31	16.13	14 304.96	12 831.57	11.48
	鲑鳟	381.05	477.63	−20.22	872.88	1 492.35	−41.51
	小计	62 564.72	64 699.29	−3.30	79 398.6	81 853.96	−3.00

（续）

分类	品种名称	出塘量（吨）			出塘收入（万元）		
		2020 年	2019 年	增减（%）	2020 年	2019 年	增减（%）
淡水甲壳类	克氏原螯虾	3 474.49	4 298.53	−19.17	10 129.61	15 897.74	−36.28
	南美白对虾（淡水）	1 912.35	2 013	−5.00	7 399.96	8 451.91	−12.45
	河蟹	3 974.02	4 894.19	−18.80	33 093.46	34 307.99	−3.54
	罗氏沼虾	149.23	150.15	−0.61	581.24	628.54	−7.53
	青虾	460.11	432.74	6.32	2 682.72	2 767.74	−3.07
	小计	9 970.2	11 788.61	−15.43	53 886.99	62 053.92	−13.16
淡水其他	鳖	1 833.19	3 059.97	−40.09	9 556.41	12 079.25	−20.89
海水鱼类	海水鲈	5 389.71	1 369.48	293.56	20 227.35	6 326.9	219.70
	大黄鱼	3 998.15	2 045.98	95.41	16 005.76	7 601.42	110.56
	鲆	242.37	312.52	−22.45	901.47	1 672.41	−46.10
	石斑鱼	384.79	586.91	−34.44	2 809.27	5 836.77	−51.87
	卵形鲳鲹	9 719.38	11 464.92	−15.23	20 650.31	30 348.93	−31.96
	小计	19 734.4	15 779.81	25.06	60 594.16	51 786.43	17.01
海水虾蟹类	南美白对虾（海水）	4 530.19	4 703.26	−3.68	15 450.35	18 324.67	−15.69
	青蟹	206.03	251.04	−17.93	3 416.78	4 129.03	−17.25
	梭子蟹	71.29	80.24	−11.15	871.35	1 098.23	−20.66
	小计	4 807.51	5 034.54	−4.51	19 738.48	23 551.93	−16.19
海水贝类	牡蛎	6 652.18	7 778.41	−14.48	5 220.09	6 605.99	−20.98
	鲍	190.79	196.94	−3.12	1 414.93	1 991.43	−28.95
	扇贝	17 454.81	18 143.29	−3.79	16 212.74	24 339.93	−33.39
	蛤	28 596.74	125 995.65	−77.30	19 154.54	83 723.26	−77.12
	小计	52 894.52	152 114.29	−65.23	42 002.3	116 660.61	−64.00
海水藻类	海带	59 998.21	46 711.37	28.44	7 511.11	6 998.01	7.33
	紫菜	3 235.73	3 204.5	0.97	2 015.73	2 383.8	−15.44
	小计	63 233.94	49 915.87	26.68	9 526.84	9 381.81	1.55
海水其他类	海参	1 786.2	842.78	111.94	25 437.11	14 053.11	81.01
	海蜇	909	562.35	61.64	547.9	512.89	6.83
	小计	2 695.2	1 405.13	91.81	25 985.01	14 566	78.39

辽宁、山东省养殖渔情采集点的出塘量和出塘收入同比下降幅度较大，达 40% 左右。出塘量同比增加的有福建、吉林、浙江 3 个省份，达 18.75%；收入同比增加的有福建、浙江 2 个省份，达 12.50%。

2020 年，监测点出塘价格总体下降。淡水养殖鱼类出塘价格波动不大；海水养殖鱼类、虾蟹类、贝类、藻类、海参的出塘价格下降明显。在重点监测的 35 个养殖品种中，有 12 个品种出塘价格同比上涨，23 个品种出塘价格同比下降（表 1-2）。

表 1-2　主要监测养殖品种出塘价格情况

单位：元/千克

分类	品种名称	2020 年	2019 年	增减率（%）
淡水鱼类	草鱼	10.78	10.36	4.05
	鲢	5.9	5.22	13.03
	鳙	10.8	10.28	5.06
	鲤	9.47	9.14	3.61
	鲫	14.69	11.01	33.42
	罗非鱼	7.86	8.36	−5.98
	黄颡鱼	22.81	23.98	−4.88
	泥鳅	17.8	19.64	−9.37
	黄鳝	60.64	59.51	1.9
	加州鲈	30.26	27.64	9.48
	鳜	50.69	59.44	−14.72
	乌鳢	17.45	18.18	−4.02
	鲑鳟	22.91	29.14	−21.38
	小计	12.69	12.66	0.31
淡水甲壳类	克氏原螯虾	29.15	36.98	−21.17
	南美白对虾（淡水）	38.7	42.82	−9.62
	河蟹	83.27	70.1	18.79
	罗氏沼虾	38.95	41.86	−6.95
	青虾	58.31	63.96	−8.83
	小计	54.05	52.64	2.68
淡水其他	鳖	52.13	39.48	32.04
海水鱼类	海水鲈	37.53	46.2	−18.77
	大黄鱼	40.03	37.15	7.75
	鲆	37.19	53.51	−30.5
	石斑鱼	73.01	99.45	−26.59
	卵形鲳鲹	21.25	26.56	−19.99
	小计	30.70	32.82	−6.44
海水虾蟹类	南美白对虾（海水）	34.11	38.96	−12.45
	青蟹	165.84	164.47	0.83
	梭子蟹	122.23	136.87	−10.7
	小计	41.06	46.78	−12.23
海水贝类	牡蛎	7.79	8.49	−8.24
	鲍	82.19	101.12	−18.72
	扇贝	9.29	13.42	−30.77
	蛤	6.7	6.65	0.75
	小计	7.94	7.67	3.54

（续）

分类	品种名称	2020 年	2019 年	增减率（%）
海水藻类	海带	1.25	1.5	−16.67
	紫菜	6.23	7.38	−15.58
	小计	1.51	1.88	−19.84
海水其他类	海参	142.41	166.75	−14.6
	海蜇	6.03	9.12	−33.88
	小计	96.41	103.66	−6.99

2. 投苗和燃料费用占比下降 2020 年，全国采集点生产总投入 24.53 亿元。其中，物质投入共计 20.57 亿元（苗种费 4.88 亿元、饲料费 11.62 亿元、燃料费 0.42 亿元、塘租费 3.10 亿元、固定资产折旧费 0.45 亿元等），约占生产总投入的 83.85%；服务支出 1.28 亿元，约占生产总投入的 5.24%；人力投入 2.68 亿元，约占生产总投入的 10.91%。与 2019 年相比，生产总投入下降 5.91%；物质投入下降 6.37%。其中，苗种和燃料费用占总投入的比重有所下降；但饲料、塘租费占总投入的份额有所增加，分别由 40.97%、9.67% 提高到 47.35%、12.63%（图 1-1）。

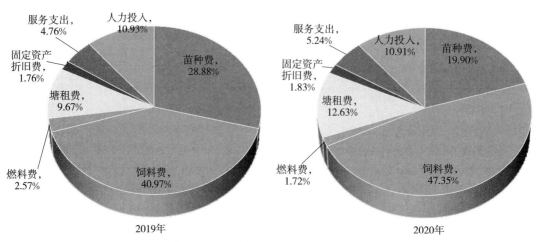

图 1-1　全国采集点生产总投入组成情况

3. 受新冠肺炎疫情及洪涝灾害影响，渔业损失较大，但病害损失减少 采集点数据显示，2020 年全国水产养殖受灾产量损失 6 799.41 吨，同比下降 17.36%；灾害经济损失 7 677.13 万元，同比下降 8.37%。四川、海南、湖北、江西、安徽、江苏等省份水产受灾产量和经济损失都有所增加。夏季，湖北地区洪涝灾害严重，监测点水产品产量损失同比增长 360.05%，经济损失同比增长 626.39%。7—8 月，江西、安徽地区也发生洪涝灾害，其中，安徽水产品产量损失同比增长 892.21%（表 1-3）。

表 1-3 采集点受灾损失情况

省份	受灾损失							
	小计		病害		自然灾害		其他灾害	
	产量损失（吨）	经济损失（万元）	产量损失（吨）	经济损失（万元）	产量损失（吨）	经济损失（万元）	产量损失（吨）	经济损失（万元）
全国	6 799.41	7 677.13	1 961.33	3 354.54	2 330.5	3 235.11	2 507.58	1 087.48
河北	196.82	236.4	187.37	214.42	0	0	9.45	21.98
辽宁	10.45	14.04	10.1	13.48	0.35	0.56	0	0
吉林	2.4	2.14	1.15	0.54	0	0	1.25	1.6
江苏	1 954.48	1 450.89	441.98	1 091.39	6.5	76.5	1 506	283
浙江	864.35	742.57	207.18	574.99	2.75	11	654.42	156.58
安徽	468.52	1 502.4	22.52	54.88	436.23	1 426.48	9.77	21.04
福建	255	643.91	54.1	164.34	0	0	200.9	479.57
江西	278.42	834.56	25.56	71.44	252.8	758.65	0.06	4.47
山东	120.01	263.83	50.09	124.65	69.92	139.18	0	0
河南	8.77	15.53	4.5	5.13	4.27	10.4	0	0
湖北	44.79	129	8.54	39.55	32.5	84.9	3.75	4.55
广东	54.99	141.68	46.48	115.34	3.6	6.88	4.91	19.46
广西	22.85	25.16	10.15	10.04	11.55	13.97	1.15	1.15
海南	2 442.82	1 506.7	852.31	790.59	1 480.28	631.97	110.23	84.14
四川	42.01	104.35	20.56	49.48	21.45	54.61	0	0.26
湖南	32.65	63.96	18.73	34.29	8.3	20	5.62	9.67

二、重点品种情况

1. 淡水鱼类出塘量下降，出塘价格相对平稳 受新冠肺炎疫情的影响，淡水鱼类出塘量较 2019 年有明显的下降，采集点出塘量 6.26 万吨，同比减少 3.30%。其中，加州鲈同比下降 49.67%，鲤同比下降 43.41%。2020 年，采集点淡水鱼类综合平均出塘价格为 12.69 元/千克，2019 年出塘价格 12.66 元/千克，同比基本保持平稳。其中，草鱼、鳙、鲤、罗非鱼、黄颡鱼、黄鳝、乌鳢综合平均出塘价格波动都小于 6%（表 1-1、表 1-2）。

通过专题调研和采集点数据分析，罗非鱼由于价格持续低迷，养殖主体的生产积极性不高，在开拓市场、养殖环保等方面还需要努力；鲤价格一直低迷，养殖产量稳中有降，病害频发，养殖利润微薄；基于长江十年禁捕，野生水产资源退出市场，消费者对经济鱼类尤其是黄颡鱼等名优品种的需求量增多，价格进一步上涨（图 1-2、图 1-3）。

2. 海水鱼类出塘量有增有减，同比去年出塘价格下降 采集点数据显示，2020 年海

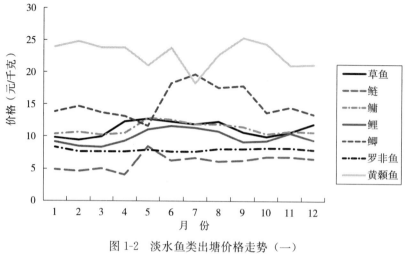

图 1-2 淡水鱼类出塘价格走势（一）

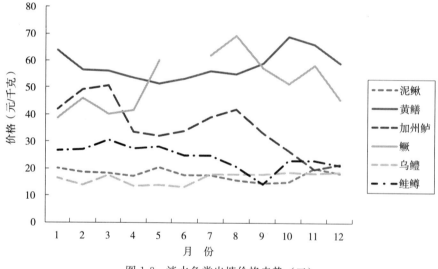

图 1-3 淡水鱼类出塘价格走势（二）

水鱼类出塘量 1.97 万吨。其中，鲆、石斑鱼、卵形鲳鲹出塘量同比分别下降 22.45%、34.44%、15.23%；但海水鲈的出塘量同比增长明显，占海水鱼类出塘量的 27.31%。海水鱼类 2020 年综合出塘价格为 30.7 元/千克，同比 2019 年下降 6.44%。其中，鲆、石斑鱼的出塘价格下降超过 25%（表 1-1、表 1-2）。

以往 2—3 月春节前后是鲆和大黄鱼消费旺季，但是 2020 年受到疫情影响，春季价格持续低迷，出塘减少；入秋后，随着水温下降，适合生长，加上疫情得到控制，鲆和大黄鱼的价格才逐渐恢复（图 1-4）。

3. 海水虾蟹类养殖波动大，南美白对虾出塘量、出塘价格同比均下降 海水虾蟹类出塘量 0.48 万吨，同比下降 4.51%。其中，南美白对虾（海水）出塘量 0.45 万吨，占海水虾蟹类的 94.23%。由于进口南美白对虾外包装新冠病毒核酸检测呈阳性的报道，对中国国内南美白对虾市场造成了一定的影响，导致采集点出塘量同比下降 3.68%，平均

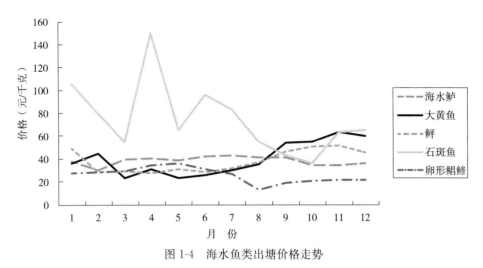

图 1-4 海水鱼类出塘价格走势

出塘价格同比下降 12.45%（表 1-1、表 1-2）。

受新冠肺炎疫情影响，养成的南美白对虾收购受阻和消费需求下降，造成大量成虾春末、夏初存池压塘；又因病害发作频繁，南美白对虾养殖成活率低、养殖成本高、市场价格低、收益不理想。青蟹属于小众产品，产量不大，市场处于不饱和状态，但平均出塘价格波动较大。梭子蟹上半年受新冠肺炎疫情的影响，无法及时清塘晒塘，影响后续养殖，同时，受台风、塘租费等多因素影响，2020 年养殖波动较大（图 1-5）。

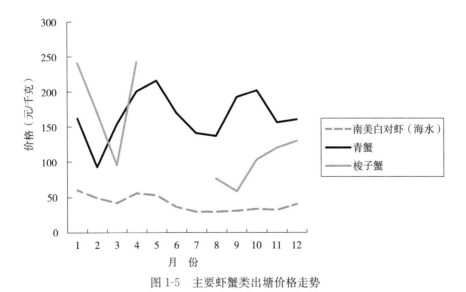

图 1-5 主要虾蟹类出塘价格走势

4. 海水贝类出塘量大幅度下降，平均出塘价格波动较大 养殖渔情数据显示，2020年海水贝类出塘量 5.29 万吨，同比下降 65.23%。其中，蛤同比下降 77.30%。贝类养殖渔情监测品种的平均出塘价格均有所下降，其中，牡蛎的平均出塘价格同比下降 8.24%，鲍的平均出塘价格同比下降 18.72%，扇贝的平均出塘价格同比下降 30.77%（表 1-1、表1-2）。

扇贝出塘量和平均出塘价格同比均下降；成品鲍上半年价格低迷，下半年价格在波动中上涨（图 1-6）。

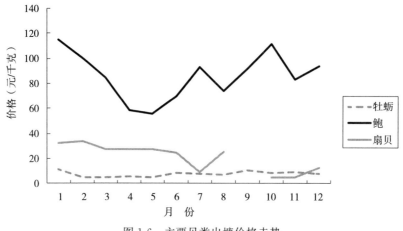

图 1-6　主要贝类出塘价格走势

5. 海水藻类养殖整体形势较好　海带和紫菜生产损失同比有所减少，养殖整体形势较好。2020 年，海带和紫菜采集点的出塘量都有所增加。其中，海带出塘量 6.00 万吨，同比增加 28.44%。但采集点海水藻类的平均出塘价格波动较大，同比下降 19.84%（图 1-7）。

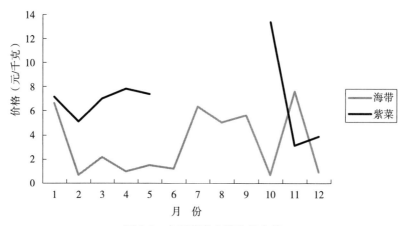

图 1-7　主要藻类出塘价格走势

6. 鳖出塘单价全年波动较大，出塘量及出塘收入减少　2020 年，中华鳖生产形势总体平稳，未有大面积病害暴发。但受新冠疫情影响，全国鳖市场经历了大起大落，出塘量及出塘收入均有所降低。2020 年，采集点鳖出塘总量 0.18 万吨，同比降低 0.12 万吨，降幅 40.09%；出塘收入 9 556.41 万元，同比降低 2 522.84 万元，降幅 20.89%。采集点鳖平均出塘价格为 52.13 元/千克，同比上涨 12.65 元/千克，涨幅 32.04%（表 1-1、表 1-2）。

2020 年新冠肺炎疫情暴发后，龟鳖类一度被定义为禁食野生动物，影响了居民的消费心理，行业受到较大冲击。随着疫情影响的减弱，以及龟鳖类被明确划入可食用水生动物范畴，中华鳖养殖业开始复苏，朝着绿色、生态、健康的方向发展（图1-8）。

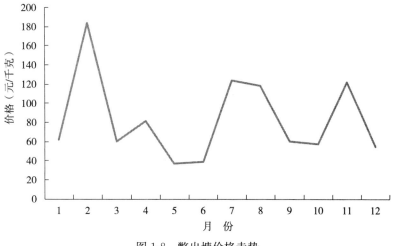

图1-8 鳖出塘价格走势

7. 海参出塘量同比大幅上升，出塘价下滑 2020年，海参养殖生产呈现有序推进和积极向好态势，出塘量和出塘收入同比均增加。出塘量相对于2019年实现了翻番，达到0.18万吨。海参消费呈现持续高增长势头，但平均出塘价格下跌至142.41元/千克，同比下降14.60%。海参养殖生产投入同比下降，养殖利润较2019年同期增加（图1-9）。

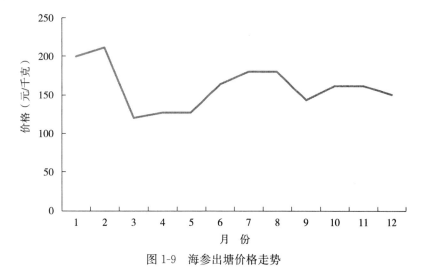

图1-9 海参出塘价格走势

三、形势特点分析

1. 水产养殖业绿色高质量发展继续推进 我国渔业正处于高质量绿色发展转型期，还存在水域生态环境遭到破坏、水产品加工业发展受限等问题。2021年，将继续推进实施水产绿色健康养殖技术推广"五大行动"，大力推广大水面生态渔业、稻渔综合种养、深水网箱等养殖模式，强化水生生物疫病防控和质量安全监管，促进水产品出口，稳定全年产量，保障水产品供给，尽力缓解新冠肺炎疫情对渔民增收的影响，深入推进水产养殖绿色高质量发展。

2. 水产养殖生产与销售新业态深度融合 从监测数据看，近几年海水养殖出塘量大于淡水养殖出塘量，海水养殖产品出塘价较淡水养殖产品波动较大。在新冠肺炎疫情影响下，海水养殖渔情采集点出塘量同比下降较多，淡水养殖渔情采集点出塘量同比下降较小。疫情防控期间，依靠科技引领、养殖技术升级、养殖模式创新和产品结构调整，基本实现了稳产保供。今后一段时期，线上交易、电商平台销售等业态将与水产养殖生产环节深度融合，"互联网＋"水产养殖业快速发展。"长江十年禁捕"等政策的全面实施，淡水鱼类的价格将总体看涨。选择优良品种、发展特色水产养殖，成为水产养殖大省的常态。城镇与农村居民对水产品的消费需求均呈逐年增长的态势，消费结构逐渐向质量型和健康型的高端化转变。

3. 水产养殖风险预警与防范能力仍需加强 2020 年，南方地区发生多轮强降雨过程，造成多地发生较重洪涝灾害，水产品损失严重。水产养殖病害与赤潮、台风、冰冻、洪灾等自然灾害，仍是水产养殖业的主要风险。面对日益增加的养殖投入品支出和自然灾害的损失，加强预警防范风险，稳定生产，降低成本，增加水产养殖业者收入，依然是水产养殖业面临的挑战。

第二章　2020 年各采集省份养殖渔情分析报告

河北省养殖渔情分析报告

一、采集点基本情况

2020 年，河北省在乐亭、曹妃甸、丰南、玉田、黄骅、昌黎、涞源、阜平 8 个县（区）设置了 27 个采集点开展渔情信息采集工作。全省采集点面积 34 292 亩。采集点养殖方式为淡水池塘、海水池塘、浅海吊笼。采集品种主要为大宗淡水鱼、鲑鳟、南美白对虾、海湾扇贝、中华鳖、海参等。

二、养殖渔情分析

2020 年，根据全省渔情采集点 1—12 月生产情况监测数据分析，全省水产养殖生产形势整体稳中有降。受新冠肺炎疫情影响，市场需求明显减弱，水产品出塘量减少，多数产品价格下行。淡水池塘生产效益下滑，吊笼养殖、海水池塘效益稳中向好；苗种投放减少且延后，养殖生产投入下降；病害、灾害损失减少。

1. 出塘量、收入整体减少　全省采集点出塘水产品 12 280.92 吨，总收入 10 358.23 万元，同比减少 18.78%、22.88%。

（1）大宗淡水鱼出塘量、收入减少　采集点出塘大宗淡水鱼 1 033.27 吨、收入 900.23 万元，同比减少 80.64%、80.37%。分品种：草鱼、鲢、鳙、鲤、鲫出塘量同比分别减少 4.92%、86.07%、90.86%、80.18%、95.74%；收入同比分别减少 4.76%、87.02%、91.47%、79.87%、96.08%。

（2）鲑鳟出塘量、收入齐减　采集点出塘鲑鳟 69.47 吨，收入 138.82 万元，同比减少 41.24%、60.19%。

（3）南美白对虾（淡水）出塘量、收入均减　采集点出塘对虾 314.15 吨，收入 1 012.96 万元，同比减少 33.56%、50.5%。

（4）南美白对虾（海水）出塘量增加、收入下降　采集点出塘对虾 279.98 吨，同比增加 1.66%；收入 1 388.34 万元，同比减少 4.3%。

（5）海参出塘量、收入齐增　采集点出塘海参 205.64 吨、收入 3 267.06 万元，同比增加 77.76%、70.86%。

（6）中华鳖出塘量、收入均减　采集点出塘成鳖 47.18 吨、收入 180.59 万元，同比减少 37.79%、48.13%。

（7）海湾扇贝出塘量、收入齐增　采集点出塘扇贝 10 331.25 吨，收入 3 470.25 万元，同比增加 18.41%、26.7%。

整体看，2019 年年底存塘量较少。2020 年，受新冠肺炎疫情影响，销售、运输不畅，市场需求低迷，多数品种出塘量同比减少。2019—2020 年，采集点出塘量、收入变化见图 2-1、图 2-2。

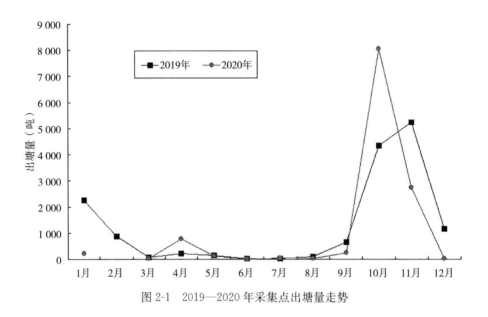

图 2-1　2019—2020 年采集点出塘量走势

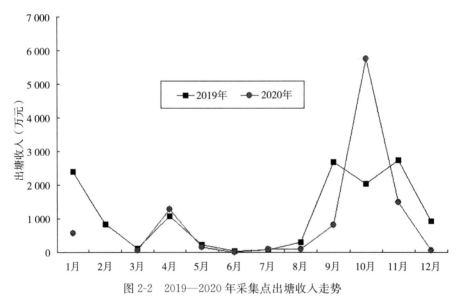

图 2-2　2019—2020 年采集点出塘收入走势

2. 水产品价格普遍下降　采集品种中，8 个价格下跌，跌幅为 3.88%～32.27%；3 个价格上涨，涨幅为 0.20%～7.01%。

受新冠肺炎疫情影响，市场需求不旺，主要监测品种价格均下降。各品种价格情况见表 2-1。各品种价格走势见图 2-3、图 2-4。

表 2-1　2019—2020 年出塘品种价格对比

品种	2020年（元/千克）	2019年（元/千克）	同比（%）
草鱼	10.14	10.12	0.2
鲢	3.77	4.04	−6.68
鳙	9.85	10.55	−6.64
鲤	8.78	8.64	1.62
鲫	9.79	10.62	−7.82
鲑鳟	19.98	29.5	−32.27
中华鳖	38.28	45.91	−16.62
南美白对虾（淡水）	32.24	43.28	−25.51
南美白对虾（海水）	49.59	52.68	−5.87
海湾扇贝	3.36	3.14	7.01
海参	158.88	165.29	−3.88

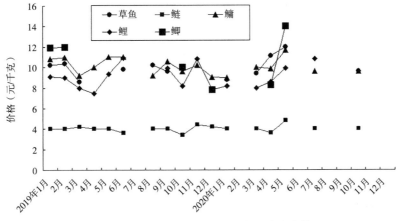

图 2-3　2019—2020 年大宗淡水鱼价格走势

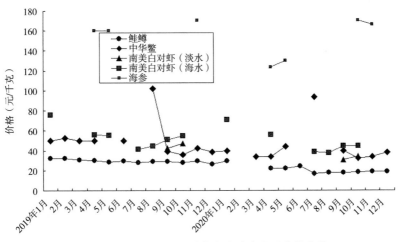

图 2-4　2019—2020 年采集点中端水产品价格走势

受新冠肺炎疫情影响，多数水产品价格波动下行，市场需求仍在恢复中。

3. 养殖生产投入下降 采集点生产投入共计 9 702.42 万元，同比减少 12.0%。主要是：苗种费、人力投入、固定资产折旧、燃料费、其他投入同比减少 38.25%、8.44%、0.8%、45.21%、39.1%；饲料费、塘租费、电费、防疫费、水费同比增加 5.26%、1.70%、28.2%、25.54%、141.02%。生产投入占比见图 2-5。

据分析，2020 年投入减少，主要是因投苗减少，苗种费、人力投入、燃料费相应减少（图 2-6）。

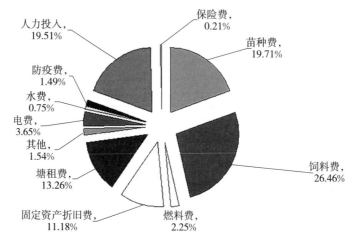

图 2-5　2020 年采集点生产投入构成

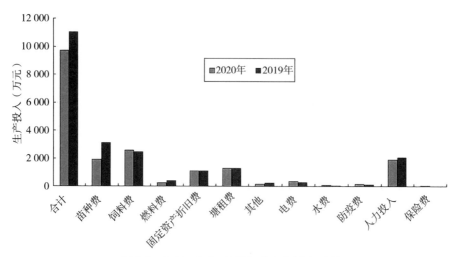

图 2-6　2019—2020 年采集点生产投入对比

4. 养殖生产投苗量减少 多数品种投苗量减少，采集点投苗生产有所收缩。其中，大宗淡水鱼投种减少 27.45%；鲑鳟投种减少 84.12%；中华鳖投种减少 29.7%；海湾扇贝投苗减少 6.54%；海参投苗减少 43.23%；只有南美白对虾投苗增加 14.28%（因前期有死苗，6、7 月有部分补苗，11 月小棚养虾投放第二茬苗所致）。

受新冠肺炎疫情影响，前期压塘量较多，采集点投苗量减少，投苗生产向后延迟到

6月。

5. 采集点病害、灾害损失减少　采集点因病害、灾害造成数量损失197.66吨、经济损失251.35万元，同比减少65.9%、64.89%。损失主要是由病害引起的，发病品种为鲤、鲢、鲑鳟、南美白对虾（淡水）、中华鳖。

6. 生产效益整体下调　采集点投入9 702.42万元，收入10 358.23万元，投入产出比1∶1.07。每公顷效益0.286 9万元，较2019年（1.073万元）下降73.26%。各养殖模式效益情况见表2-2。

表2-2　2020年各养殖模式投入产出情况

单位：万元

养殖模式	总投入	总收入	投入产出比	每公顷效益
淡水池塘	4 401.23	2 232.59	1∶0.51	−7.817 7
海水池塘	3 368.65	4 655.39	1∶1.38	2.706
吊笼养殖	1 932.54	3 470.25	1∶1.8	1.003
合计	9 702.42	10 358.23	1∶1.07	0.286 9

淡水池塘亏损是因存塘因素。2020年年底采集点存塘量3 214.28吨，较2019年年底增加149%（存塘1 287.54吨）。采集点大部分大宗淡水鱼存塘，待翌年1—3月出售；鲑鳟、中华鳖市场低迷，压塘等待时机；南美白对虾（淡水）出清，但效益下降93.28%。

吊笼养殖扇贝长势好、规格大，价格利好，效益上涨264%。

海水池塘养殖海参效益较好，上涨151%；南美白对虾（海水）效益相对淡水池塘养殖效益较好，但同比效益下降。

三、特点和特情分析

2020年春节期间，新冠肺炎疫情暴发，全国各地封村封路，水产批发市场、餐饮业悉数关闭，导致水产品销售运输渠道不畅，致使南美白对虾等名特优产品出现滞销、价格下跌等问题。饲料、药品供应不足，运营资金严重短缺。

针对疫情对养殖产业的影响，全省相关管理部门迅速采取措施，助力企业、渔户解决难题。渔情采集由月报改为周报制，密切关注养殖企业、养殖户水产品压塘、销售等信息，及时向上级渔业主管部门反映基层问题，并协调各市、县级推广部门积极通过电话、视频、微信等形式，加大对企业的技术指导与跟踪服务，加强病害预测和防控，防止疫病发生。

随着全国疫情防控形势好转，市场需求不断释放，各地通过多种供销平台开展线下销售，拓展线上交易，迅速发展电商，促进工厂化养殖水产品销售。部分压塘品种悉数出塘销售，如南美白对虾出清，大菱鲆基本售完。但有些品种市场预期仍不明确，如半滑舌鳎、冷水鱼销量持续下降。

目前，价格较低的大众产品市场回升较快，但一些进酒店的中高端水产品销量仍很有限。

四、2021 年养殖渔情预测

2021 年，预计大宗淡水鱼养殖规模、品种结构稳定；鲑鳟市场需求加快恢复；南美白对虾市场需求稳定，生产前景乐观；海参市场恢复良好，养殖形势看好；扇贝养殖将保持良好发展势态；中华鳖价格、产量将企稳；工厂化养殖要把握销售时机。

当前，新冠肺炎疫情防控进入常态化阶段，需要不断拓宽水产品线上交易，深度维护好电商平台，更要精准把握水产品出塘时机，不断加快调整产品结构，努力克服新冠肺炎疫情对渔业生产造成的不利影响，确保水产养殖生产稳步发展。随着国内、国际疫情防控形势不断好转，2021 年全省渔业生产将保持稳中有增的良好发展态势。

（河北省水产技术推广总站）

辽宁省养殖渔情分析报告

一、养殖渔情分析

2020 年新冠肺炎疫情发生以来，全方位影响着人们的生活并深刻改变着人们的生活方式，辽宁水产养殖业在统筹疫情防控和水产品稳产保供方面取得积极成效。辽宁省养殖渔情信息监测点共设置 18 个县区监测点，覆盖各个沿海地区及内陆主要养殖地区。监测品种共 14 个，包括海水主要养殖品种 6 个（大菱鲆、虾夷扇贝、菲律宾蛤仔、海参、海蜇、海带）及淡水养殖品种 8 个（鲤、草鱼、鲢、鳙、鲫、鲑鳟、淡水南美白对虾、河蟹）。在新冠肺炎疫情影响下，辽宁省水产养殖面积同比下降；水产养殖苗种投放情况趋势向好，水产养殖结构进一步优化，养殖水产品质量逐步提升；养殖水产品总体出塘量虽然同比降幅较大，但是养殖水产品总体出塘收入同比降幅较小，水产养殖经济增长形势趋缓；水产养殖生产投入较 2019 年同期增加；水产养殖品种综合平均出塘价格同比上涨；水产养殖产量损失与经济损失较 2019 年同期下降。

1. 水产养殖总体出塘量和收入均同比下降　采集点的养殖水产品总体出塘量 34 976.23 吨，同比下降 42.32%；养殖水产品总体收入 30 403.43 万元，同比下降 31.81%。其中，淡水养殖水产品出塘量和收入分别为 6 033.96 吨和 6 024.02 万元，分别占水产品总体出塘量和收入的 17.3% 和 19.8%。草鱼、鲫、河蟹等水产品市场需求出现回暖，淡水养殖产品总体出塘量和收入同比均保持增加。海水养殖产品出塘量和收入分别为 28 942.27 吨和 24 379.41 万元，分别占水产品总体出塘量和收入的 82.7% 和 80.2%。面对新冠肺炎疫情、多数餐饮及酒店业的歇业和经济下行压力等因素影响，大菱鲆、虾夷扇贝、菲律宾蛤仔、海带等海水养殖品种消费数量下降，导致海水养殖产品总体出塘量骤降，海水养殖产品总体收入同比下降（图 2-7）。

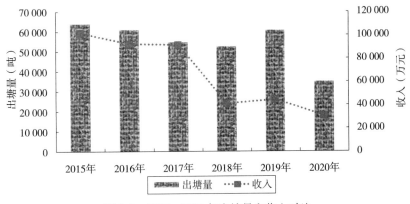

图 2-7　2015—2020 年出塘量和收入对比

（1）淡水养殖总体出塘量、收入同比增加　淡水养殖出塘量 6 033.96 吨，同比增长 2.73%；收入 6 024.02 万元，同比增长 5.01%。淡水养殖品种总体出塘量和收入小幅增长。

草鱼、鲫、河蟹出塘量分别为 2 505 吨、291.5 吨、45.8 吨，同比分别增长 19.51%、37.5%、24.8%；草鱼、鲫、河蟹收入分别为 2 387.6 万元、445.65 万元、152.7 万元，同比分别增长 23.38%、80.43%、2.07%。草鱼、鲫、河蟹等水产品养殖生产形势持续恢复，市场需求稳定向好，在"五一""国庆"黄金周等节日消费拉动下，草鱼、鲫、河蟹出塘量和养殖收入均实现双增长。

鲤、鳙、鳟出塘量和收入较 2019 年同期下降。鲤、鳙、鳟出塘量分别为 2923.98 吨、49.8 吨、14.55 吨，同比下降 5.48%、15.67%、60.7%；鲤、鳙、鳟收入 2 796.8 万元、56.9 万元、23.83 万元，同比下降 7.26%、4.21%、76.07%。分析原因：一是受新冠肺炎疫情发生初期水产批发市场封闭及物流运输暂停等因素影响，鲤、鳙、鳟等淡水养殖水产品消费市场需求下降；二是鲤、鳙等淡水鱼越冬总体存塘数量较 2019 年同期明显下降；三是在 6 月中旬，北京新发地水产批发市场出现新冠病毒感染疫情并进行封闭后，辽宁产地鳟出塘上市销售明显出现困难（图 2-8）。

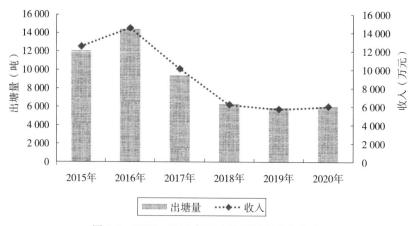

图 2-8 2015—2020 年淡水养殖出塘量和收入

（2）海水养殖总体出塘量和收入均同比下降 海水养殖出塘量 28 942.27 吨，同比下降 47.15%；收入 24 379.41 万元，同比下降 37.25%。受新冠肺炎疫情影响，大菱鲆、虾夷扇贝、菲律宾蛤仔、海带等海水养殖品种出塘量下滑，海水养殖品种总体出塘量和收入较 2019 年同期大幅下降。大菱鲆、虾夷扇贝、菲律宾蛤仔、海带出塘量分别为 122.55 吨、6 173.15 吨、8 243 吨、13 050 吨，同比下降 33.26%、11.13%、65.8%、43.01%；大菱鲆、虾夷扇贝、菲律宾蛤仔、海带收入分别为 460.31 万元、12 291.97 万元、3 908.84万元、783 万元，同比下降 52.34%、40.45%、72.77%、41.78%。

随着国内经济社会秩序加快恢复，海参、海蜇等水产品营养丰富且提高身体免疫力的功效得到广大消费者认可，提振了海参和海蜇市场需求，海参、海蜇出塘量和收入同比均大幅增加。海参出塘量 444.57 吨，同比增加 608.47%；海参收入 6 387.39 万元，同比增加 520.92%。海蜇出塘量 909 吨，同比增加 61.64%；海蜇收入 547.9 万元，同比增加 6.83%（图 2-9）。

2. 水产养殖生产投入同比增加 采集点生产投入 33 027.31 万元，同比增加 17.95%。其中，水电燃料费、塘租费、其他投入较 2019 年同期增加；饲料费、苗种费、

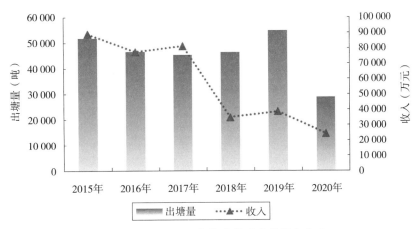

图 2-9 2015—2020 年海水养殖出塘量和收入

人力投入、基础设施投入较 2019 年同期下降。生产投入中，水电燃料费 2 235.17 万元、塘租费 14 246.14 万元、其他投入 565.14 万元，同比分别增加 20.37％、76.53％、15.33％；饲料费 3 853.79 万元、苗种费 8 114.09 万元、人力投入 3 904.85 万元、基础设施 108.13 万元，同比分别下降 7.43％、6.18％、15.5％、28.17％。生产投入增加的主要原因是，养殖生产中水电燃料用量增大、塘租上涨和防疫等其他投入增加。

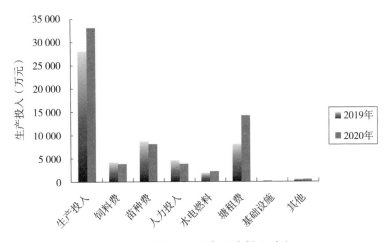

图 2-10 2019—2020 年生产投入对比

3. 水产养殖品种综合平均出塘价格同比上涨 辽宁养殖渔情信息采集点水产养殖品种综合平均出塘价格 8.69 元/千克，同比上涨 18.21％。

主要养殖品种出塘价格：草鱼 9.53 元/千克，同比上涨 3.25％；鲫 15.29 元/千克，同比上涨 31.2％；鲢 5.93 元/千克，同比上涨 93.2％；鳙 11.43 元/千克，同比上涨 13.6％；南美白对虾（淡水）55.6 元/千克，同比上涨 3.89％；海带 0.6 元/千克，同比上涨 1.69％。鲤 9.57 元/千克，同比下降 1.85％；鳟 16.37 元/千克，同比下降 39.1％；河蟹 33.34 元/千克，同比下降 18.2％；大菱鲆 37.56 元/千克，同比下降 28.59％；虾夷扇贝 19.91 元/千克，同比下降 33％；菲律宾蛤仔 4.74 元/千克，同比下降 20.47％；海参 143.68 元/千克，同比下降 12.36％；海蜇 6.03 元/千克，同比下降 33.9％（图 2-11 至图 2-17）。

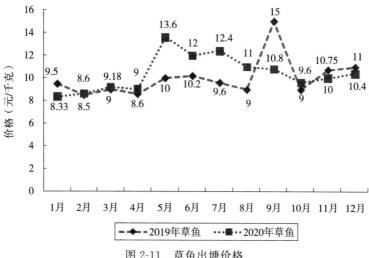

图 2-11　草鱼出塘价格

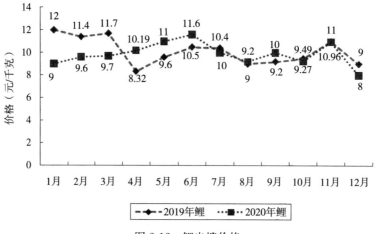

图 2-12　鲤出塘价格

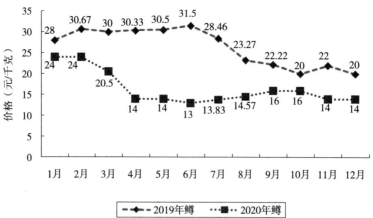

图 2-13　鲟出塘价格

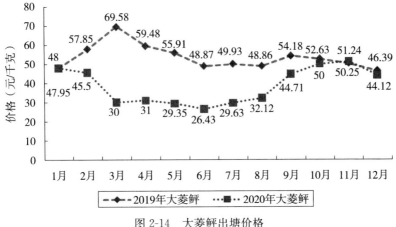

图 2-14 大菱鲆出塘价格

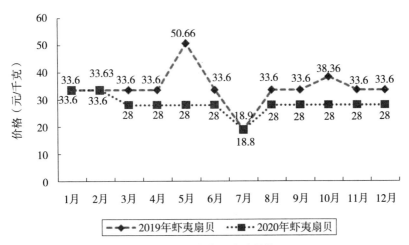

图 2-15 虾夷扇贝出塘价格

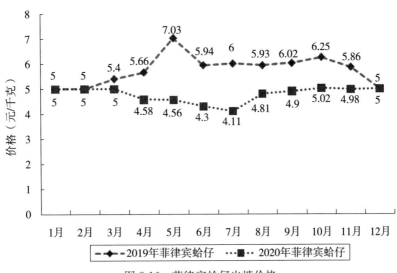

图 2-16 菲律宾蛤仔出塘价格

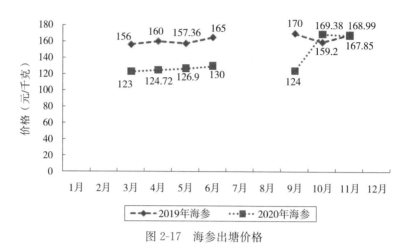

图 2-17　海参出塘价格

4. 养殖产量损失、经济损失同比下降　采集点养殖产量损失 10.45 吨，同比下降 56.5%；经济损失 14.04 万元，同比下降 60.24%。养殖损失主要是受新冠肺炎疫情影响，春季冰雪融化期间，水产养殖生产出现压塘现象，大菱鲆、鲤、草鱼养殖生产中出现细菌性疾病，总体水产养殖产量损失、经济损失较 2019 年同期下降。

二、2021 年养殖渔情预测

1. 淡水鱼出塘价格将震荡上行　2020 年，淡水鱼总体出塘量和收入同比均出现回升态势，由于受到水产养殖饲料、人工费等养殖成本上涨因素影响以及随着绿色生态健康水产养殖技术模式的推广，传统池塘养殖污染和水资源浪费等问题逐步解决，养殖水产品质量将得到明显提升，市场需求将逐步增加。预计 2021 年，辽宁淡水鱼出塘价格将呈现震荡上行趋势，总体淡水鱼平均出塘价格同比将稳中有升。

2. 海参市场需求继续显著增加　新冠肺炎疫情提高了我国人民对生命安全和健康的重视程度。海参性温，四季均宜食，其营养价值逐渐受到更多消费者的青睐，通过食用海参、提高身体免疫力的人群数量不断增加。受新冠肺炎疫情影响，海参消费需求进一步复苏，家庭自用及孝敬长辈海参的人数剧增，海参市场需求明显提升。高品质海参是立足市场的根本，海参消费数量的增加带动海参养殖出塘量的增加，预计 2021 年辽宁海参市场需求仍将继续显著增加。

3. 现代化水产养殖业发展加快　依靠科技引领、养殖技术升级和养殖模式创新，快速激发水产养殖业发展活力。共享渔业、鱼商直供、订单渔业持续加速发展，促进了水产养殖产业供应链的转型升级和绿色高质量发展。水产养殖生产、加工、销售融合加快发展，贯通一、二、三产业链条，提升水产养殖产业质量和效益。预计 2021 年受新冠肺炎疫情抑制的水产品消费需求，将会得到快速恢复，必将加快推进现代化水产养殖业发展步伐，有力支撑水产养殖业绿色高质量的持续健康发展。

（辽宁省水产技术推广站）

吉林省养殖渔情分析报告

一、采集点基本情况

2020 年，吉林省在九台区、吉林市、舒兰市、梨树县、镇赉县、白山市共 6 个县（市、区）设置了 10 个采集点，采集面积 1 321 亩*。全省采集品种以大宗淡水鱼的鲤、鲫、草鱼、鲢、鳙为主，名优鱼类采集了鳟、鲑等。养殖方式全部为淡水池塘养殖。

二、养殖渔情分析

2020 年，全省 6 个采集点共投入生产资金 990 万元，出售成鱼 713.37 吨，收入合计 758.52 万元，综合出塘单价 10.63 元/千克。因各类病害及灾害造成的水产品损失 1.15 吨，经济损失 2.14 万元。

1. 主要指标变动情况　见表 2-3。

表 2-3　2018—2020 主要指标变动情况

年份	投入资金（万元）	出售数量（吨）	收入（万元）	综合单价（元/千克）	损失	
					数量（吨）	经济（万元）
2018 年	902.68	451.9	607.6	13.45	12.5	22.5
2019 年	869	672.97	781.97	11.62	3.32	5.42
2020 年	990	713.37	758.52	10.63	1.15	2.14
同比（%）	13.93	6	—3	—8.5	—65.4	—60.5

（1）出塘量及收入情况　2020 年，采集点出售数量 713.37 吨，总收入共 758.52 万元，总收入同比下降 3%。通过对比看出，2020 年的出售数量高于 2019 年同期，但产值、综合单价均低于 2019 年同期（图 2-18）。

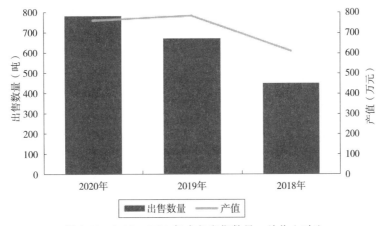

图 2-18　2018—2020 年成鱼出售数量、总收入对比

---

* 亩为非法定计量单位，1 亩＝1/15 公顷。——编者注

（2）水产品单价整体下降，单一品种互有涨跌　2020 年，出塘均价 10.63 元/千克，同比下降了 8.5%。鲑鳟综合出塘单价 14.24 元/千克，同比下降 64.49%（图 2-19）。

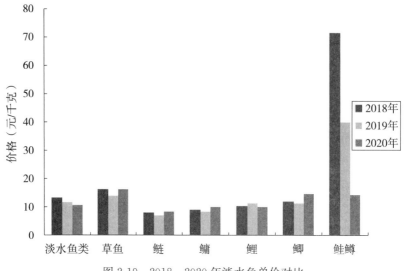

图 2-19　2018—2020 年淡水鱼单价对比

在图 2-19 中显示，2018—2020 年主要养殖品种单价涨跌互现。只有鲑鳟价格逐年下降，而且幅度非常大，2020 年单价已基本与大宗淡水鱼持平，完全没有任何价格优势。

（3）生产投入有所提高　从图 2-20 来看，采集点生产投入涨跌互现。2020 年的生产投入略高于 2018 年和 2019 年，达到了 990 万元。3 年来服务支出变化不大，人力投入也逐年下降，唯有物质投入逐年增长，2020 年远高于 2018 年和 2019 年，2020 年同比增长 13.93%。

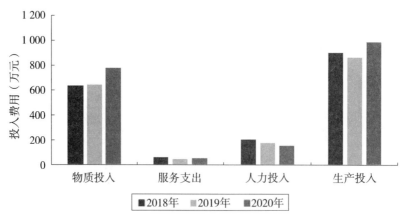

图 2-20　2018—2020 年生产投入费用对比

从图 2-21 来看，2018—2020 年物质投入中，饲料投入稳居高位，苗种投入次之。苗种、燃料、塘租费、固定资产折旧等投入 3 年来基本未变，饲料投入逐年增长。尤其是2020 年，增幅显著，同比增长了 22.54%。

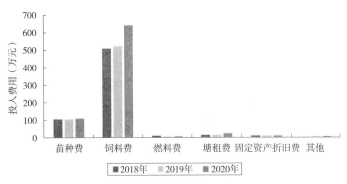

图 2-21 2018—2020 年物质投入费用对比

通过图 2-22 可以看出，2020 年最主要的投入额在物质投入方面，占总投入的 78.54%。而物质投入中占比最高的是饲料投入，占生产投入的 64.72%；其次是苗种投入，占生产投入的 11.12%。

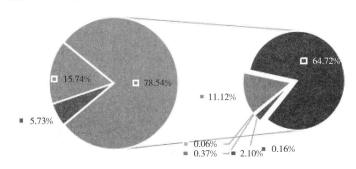

图 2-22 2020 年生产投入费用结构

（4）水产品损失降低 2020 年，水产品数量损失 1.15 吨，同比下降了 65.4%；经济损失 2.14 万元，同比下降了 60.5%。2020 年，监测采集点总体受灾情况较轻，造成的经济损失低于往年。

2. 特点和特情分析 从采集点的监测情况来看，2020 年总投入高于 2019 年，综合单价低于 2019 年。水产品价格涨跌互现，尤其是冷水鱼，综合单价同比下降了 64.49%。近年来，随着劳动力、饲料等成本上升的带动，鲑鳟的养殖成本一直处于上升的趋势，目前这种趋势没有减缓。同时，受市场需求和新冠肺炎疫情影响，各采集点 2020 年出塘量同比下滑严重。为避免压塘现象出现，养殖主体通过降低销售价格来缓解资金流动和回流困难，严重降低了水产品利润。

三、2021 年养殖渔情预测

2021 年，新冠疫情防控形势好转，各地复工复产，水产品销售和运输渠道畅通，预计大宗淡水鱼价格应小幅震荡，同时，苗种费、饲料费、防疫费还会相应增加。鲑鳟价格 2021 年将随着疫情的好转逐渐回升。

（吉林省水产技术推广总站）

江苏省养殖渔情分析报告

一、采集点基本情况

2020 年，全省在 22 个县（市、区）、95 个采集点开展了渔情信息采集工作，全省采集面积 7 192.3 公顷。采集点养殖方式为池塘、筏式、底播、工厂化。采集点养殖品种有大宗淡水鱼类、鳜、加州鲈、泥鳅、小龙虾、罗氏沼虾、南美白对虾、青虾、河蟹、梭子蟹、鳖、紫菜等。

二、养殖渔情分析

1. 主要指标变动情况

（1）出塘量、总收入同比下降　2020 年 1—12 月，全省采集点出塘水产品总量 18 663.81 吨，总收入 56 129.95 万元，同比分别下降 12.46%、0.68%。

①淡水鱼类出塘量、收入：采集点出塘鱼类 10 514.74 吨，同比下降 8.27%；收入 14 412.31 万元，同比增加 7.59%。

②中华鳖出塘量、收入均增加：采集点共出塘成鳖 104.5 吨，收入 1 358.5 万元，同比分别增加 9.94%、9.93%。

③淡水甲壳类出塘量、收入：采集点淡水甲壳类总出塘量 5 718.14 吨，同比增加 10.18%；出塘总收入 38 265.58 万元，同比下降 0.13%。其中，河蟹出塘 3 344.694 吨，同比下降 14.54%；收入 28 408.82 万元，同比增加 1.80%。青虾出塘 442.194 吨，同比增加 2.18%；收入 2 554.37 万元，同比减少 7.71%。小龙虾出塘 1 645.27 吨，同比减少 2.35%；出塘收入 6 214.15 万元，同比增加 0.15%。

2020 年，由于天气及病害等原因，导致河蟹养殖产量同比减少，但销售价格较往年有大幅提升。

④藻类出塘量、收入：条斑紫菜出塘 1 940.59 吨，同比减少 26.51%；收入 1 381.27 万元，同比减少 29.78%。2020 年，江苏赣榆、大丰、海安紫菜采集点大幅减产（图 2-23）。

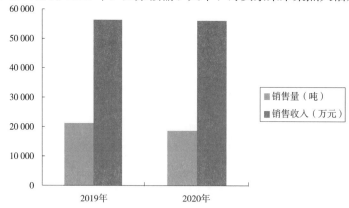

图 2-23　2019 年、2020 年采集点出塘量、出塘收入对比

（2）水产品综合出塘价格上涨　2020 年 1—12 月，采集点监测的大宗淡水鱼综合出塘价格上涨 17.28%。其中，鲫涨幅最大，同比增长 34.95%；草鱼、加州鲈同比分别增长 18.93%、17.14%；淡水甲壳类综合出塘价格下跌 11.48%，其中，小龙虾、青虾同比分别下降 7.83%、9.68%；河蟹综合出塘价格同比增长 19.13%。大宗淡水鱼出塘量比重较大，拉升了采集点养殖品种整体价格。由于 2020 年河蟹产业受新冠肺炎疫情、恶劣天气等不利因素影响，平均产量大幅下降，品质也有所降低，综合价格实现逆势上涨（表 2-4）。

表 2-4　全省 2017、2018 年采集点出塘价格

养殖品种	综合出塘价格（元/千克）		
	2019 年	2020 年	同比增减率（%）
草鱼	8.98	10.68	18.93
鲢	4.69	4.54	−3.19
鳙	9.07	10.03	10.58
鲫	10.70	14.44	34.95
加州鲈	25.03	29.32	17.14
大菱鲆	52.86	34.18	−35.33
青虾	63.96	57.77	−9.68
小龙虾	40.98	37.77	−7.83
河蟹	71.3	84.94	19.13
梭子蟹	174.60	131.95	−24.42
条斑紫菜	7.45	7.12	−4.42
中华鳖	130.00	125.71	−3.3

（3）生产投入同比略有下降　采集点生产投入 40 644.44 万元，同比减少 4.41%。其中，饲料费 18 968.41 万元，同比减少 0.20%；苗种费 5 876.42 万元，同比减少 18.11%；人员工资 4 802.52 万元，同比减少 12.21%；渔药及水质改良类 1 412.81 万元，同比增加 3.52%；电费 1 229.14 万元，同比增加 3.73%；水域租金 6 480.57 万元，同比增加 2.39%；固定资产折旧 933.71 万元，同比增加 7.04%。

由于 2020 年采集点调整，采集品种、采集面积及养殖模式出现变化，苗种放养量减少，总体发病率高于 2019 年，渔药及水质改良类、水电费用均增加（图 2-24）。

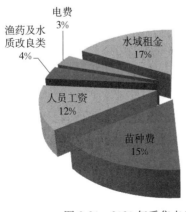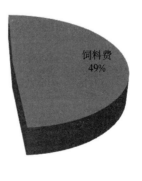

图 2-24　2020 年采集点生产投入构成比例

（4）生产病害损失同比减少　采集点数据显示，2020 年监测品种病害损失 1 091.39 万元，同比增加 10.98％。受灾损失为 14 508.94 吨，同比增加 38.20％，主要是草鱼烂鳃病、鲫鳃出血病、孢子虫病等。调研中发现，受高温、台风、连阴雨天气交替等影响，江苏省主要养殖水产品病害、灾害损失比 2019 年增加。2020 年，河蟹水瘪子病发病率高于 2019 年同期，苏北地区河蟹水瘪子病发病严重，发病率达 20％～30％。连云港赣榆地区条斑紫菜养殖面积大幅增加，养殖密度过高、加上海洋环境恶化等因素的影响，出现部分烂菜现象。

2. 特点和特情分析　随着江苏省各地环保整治，拆除网围、网拦网箱及养殖水域滩涂规划要求，养殖面积进一步压缩，养殖结构面临不断调整，大宗淡水鱼类养殖规模呈调减趋势，名特优水产品养殖规模持续增加。由于市场供给减少，大宗淡水鱼价格有向好的趋势，名特优品种价格基本保持稳定。但小龙虾价格走低，河蟹价格前低后高，且后期出现供给短缺现象。养殖成本刚性提高，利润空间变窄，整体养殖形势不容乐观（图 2-25 至图 2-27）。

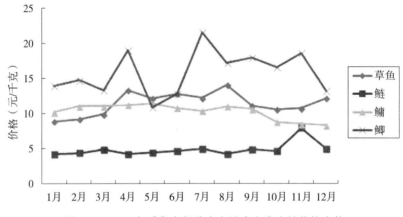

图 2-25　2020 年采集点部分大宗淡水鱼类出塘价格走势

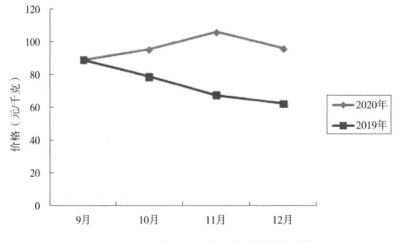

图 2-26　2019 年、2020 年河蟹出塘价格走势

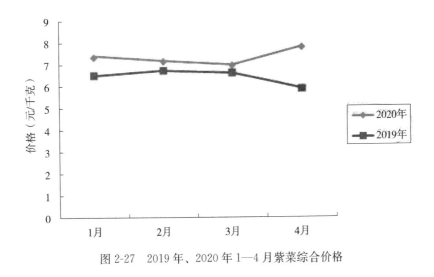

图 2-27 2019 年、2020 年 1—4 月紫菜综合价格

三、2021 年养殖渔情预测

1. 大宗淡水鱼市场行情向好 2020 年下半年，大宗淡水鱼迎来好的行情，特别是草鱼和鲫的价格大幅上涨，盈利空间增大，激发养殖户的养殖热情，养殖规模预计会有所扩大。因各地养殖水域滩涂规划禁养区政策落实、长江十年禁捕、部分海域进入伏季休渔期、病害问题减产等综合因素导致市场供应不足，加之苗种稀缺价格上涨，物流和人力成本加大，成鱼市场行情可能会延续 2020 年向上的走势。

2. 名特优养殖品种保持稳定 名特优鱼类及甲壳类养殖继续保持规模、产量稳定，虾蟹养殖结构和模式不断优化，开展生态养殖模式，品质得到保证，养殖效益受制于销售渠道、时机及成本的控制等因素，呈薄利化的趋势。紫菜养殖随着自然气候影响，继续呈南减北增的趋势，养殖规模进一步下探，综合价格预计保持稳定。

（江苏省渔业技术推广中心）

浙江省养殖渔情分析报告

一、采集点基本情况

2020 年，浙江省养殖渔情信息采集工作继续在余杭区、萧山区、秀洲区、嘉善县、德清县、长兴县、南浔区、上虞区、慈溪市、兰溪市、象山县、苍南县、乐清市、椒江区、三门县、温岭市、普陀区等 17 个县（市、区）开展。共设置数据监测采集点 61 个（其中，淡水养殖 38 个、海水养殖 23 个）。海水养殖采集点面积 190.1 公顷，占全省海水养殖面积的 0.2%；淡水养殖采集点面积 753.6 公顷，占全省淡水养殖面积的 0.4%。主要采集品种有草鱼、鲢、鳙、鲫、鲤、黄颡鱼、加州鲈、乌鳢、海水鲈、大黄鱼、中华鳖、南美白对虾（海、淡水）、梭子蟹、青蟹、蛤、紫菜等海淡水养殖品种。

2020 年采集点数量与 2019 年持平，但有 3 个监测点因不再养殖监测品种，进行了调整。其中，乐清禾润水产养殖专业合作社采集点更换为乐清宏珊水产养殖合作社，长兴义力家庭农场采集点更换为长兴永强家庭农场有限公司，秀洲区的嘉兴市吴越青鱼专业合作社丁寿欢监测点改为嘉兴市科强农业开发有限公司。

二、养殖渔情信息采集分析

1. 出塘量、出塘收入和价格变化 2020 年出塘量、收入和价格与 2019 年对比见表 2-5。呈现以下特点：

表 2-5 2020 年及 2019 年成鱼出塘情况

品种	产量（吨）		收入（万元）		价格（元/千克）	
	2020 年	2019 年	2020 年	2019 年	2020 年	2019 年
淡水鱼类（草鱼、鲢鳙、鲫、鲤、黄颡鱼、加州鲈、乌鳢）	2 924.25	1 347.78	4 300.17	2 431.36	14.71	18.04
淡水甲壳类（南美白对虾）	642.73	626.51	2 600.40	2 591.48	40.46	41.36
海水鱼类（大黄鱼、海水鲈）	1 248.94	1 060.49	6 882.85	5 004.50	55.11	47.19
海水甲壳类（南美白对虾、梭子蟹、青蟹）	278.93	237.05	1 894.47	1 838.67	67.92	77.56
海水贝类（蛤）	218.60	217.56	473.40	623.12	21.66	28.64
海水藻类（紫菜）	336.60	204.75	91.99	40.89	2.73	2.00
淡水其他（中华鳖）	93.35	115.91	847.88	1 108.83	90.83	95.67
小计	5 743.40	3 810.05	17 091.16	13 636.85	—	—

（1）淡水鱼类产销回暖，海水鱼类产销两旺 2020 年，采集点淡水鱼类出塘量较 2019 年增加了 1 576.47 吨，同比增长 116.97%；出塘价格虽然下跌 18.5%，但出塘收入增加了 1 868.81 万元。出塘销售水产品中，秀洲区鲢鳙，德清县黄颡鱼、乌鳢销量增幅较大。其原因是秀洲区采集点主体更换，新采集点面积较 2019 年扩大了 10 倍左右；黄颡鱼、乌鳢则因其 2019 年行情较差，存塘较多，2020 年行情回暖后存塘产品陆续卖出。

淡水养殖主推品种加州鲈，2020 年采集点出塘量减价升。2020 年，采集点加州鲈出塘量达 58.39 吨，较 2019 年下降 77.33 吨，同比减少 56.98%；销售收入 252.44 万元，较 2019 年下降 293.67 万元，同比减少 53.78%；出塘价格 43.23 元/千克，同比上涨 7.54%。随着"优鲈 1 号""优鲈 3 号"等加州鲈新品种的引进以及浙江省"浙鲈 1 号"新品种选育工作的推进，加上配合饲料替代冰鲜鱼养殖模式、池塘内循环流水"跑道"养殖模式等高效绿色发展新模式的推广，加州鲈养殖业发展看好。

海水鱼类出塘量、出塘价格和出塘收入均呈上升趋势。其中，出塘量较 2019 年增加了 188.45 吨，同比增长 17.77%；出塘价格上涨了 7.92 元/千克，同比增长 16.78%；出塘收入增加 1 878.35 万元，同比增长 37.53%。

海水养殖鱼类代表种——大黄鱼，2020 年采集点的出塘量 1 003 吨，较 2019 年减少 11.1 吨，同比下降 1.09%；但出塘价格 60.08 元/千克，较 2019 年增加了 10.1 元/千克，同比上涨 20.2%；销售收入 6026 万元，较 2019 年增加 1 176 万元，同比增长 24.25%。椒江区的铜网衣围栏及深水网箱养殖模式成活率高，产品品质、品牌口碑好，因此养殖效益较好。

（2）淡水甲壳类价格略降，产量、收入略升　浙江省淡水甲壳类养殖的代表种——南美白对虾，2020 年采集点产量 642.7 吨，较 2019 年增加 16.2 吨，同比增长 2.59%；出塘价格 40.5 元/千克，较 2019 年降低 0.9 元/千克，同比下降 2.17%；出塘收入 2 600 万元，较 2019 年增加 9 万元，同比增长 0.34%。2019 年，采集点经过调整，生产逐步恢复，产量销售收入均有大幅回升，势头良好。2020 年，采集点南美白对虾发病较重，对虾养成规格偏小且国内消费需求量萎缩，虾价下跌，但总体收入仍处于正常波动范围。

（3）海水甲壳类产量上升，价格降低　海水甲壳类，包括海水养殖南美白对虾、三疣梭子蟹、青蟹等，2020 年采集点产量 278.9 吨，较 2019 年增加 41.9 吨，同比增长 17.7%；出塘收入 1 894.5 万元，较 2019 年增加 55.8 万元，同比增长 3.0%；出塘价格由 77.56 元/千克降低到 67.92 元/千克，同比下降 12.43%。

2020 年，全省海水养殖蟹类主要代表种——三疣梭子蟹采集点出塘量为 4 925 千克，较 2019 年减少 1 635 千克，同比下降 24.92%；出塘收入 77.0 万元，较 2019 年减少 53.7 万元，同比下降 41.1%；出塘价格则由 2019 年的 199 元/千克下降到 2020 年的 156 元/千克，同比下降 21.6%。由于受新冠肺炎疫情影响，市场需求大幅减少，2020 年上半年价格同比大幅降低，导致养殖户亏损严重，因无法及时出卖塘内的蟹，影响后续养殖，以致无法及时清塘晒塘。同时，受台风、塘租费升高等多因素影响，养殖户压力和风险倍增。

2020 年，全省青蟹采集点出塘量 62.6 吨，较 2019 年增加 6.2 吨，同比增长 11.1%；出塘收入 1 000.5 万元，较 2019 年增加 93.5 万元，同比增长 10.3%；出塘价格 159.9 元/千克，较 2019 年降低 1.1 元/千克，同比下降 0.68%。以浙江三门市场为例，三门县青蟹价格同比上涨明显，在"中秋""国庆"双节期间，青蟹价格达到 260 元/千克，而且供不应求。具体原因是三门青蟹主要供应当地及周边市场，不涉及出口，基本上不受新冠肺炎影响。在"三门青蟹"的品牌效应下，市场上青蟹价格稳定，再加上外地青蟹在疫情期间受交通等原因进入三门市场减少，三门青蟹整体价格比往年反而上涨。同时，经过近几年对青蟹配合饲料的大力推广，采用配合饲料投喂取得较好的养殖效果，病害发生率低、有效节省饵料投入成本和渔药成本，养殖户对青蟹配合饲料的接受程度在不断提高。在饲料投入方面，应用配合饲料的企业将会不断增加，鲜活饵料投入会降低，总体上饵料投入成本和渔药成本会下降，能有效提升养殖效益。

2020 年，全省海水养殖南美白对虾采集点出塘量 211.4 吨，较 2019 年增加 37.3 吨，同比增长 21.4%；出塘收入 817 万元，较 2019 年增加 16 万元，同比增长 2.0%；出塘价格 38.6 元/千克，较 2019 年的 46 元/千克降低了 7.4 元/千克，同比下降 16.0%。采集点养殖亏损，原因是受新冠肺炎疫情影响，产品价格走低。据统计，2020 年全省南美白对虾监测点发病率为 23.6%，比 2019 年的 19.27%、2018 年的 16.17%、2017 年 17.91% 都有增加，养殖风险非常大，产业盈利空间变小，养殖形势严峻，养虾难度越来越大，因此，控制病害仍然是养殖成败的关键。

（4）海水贝类增收减价，藻类丰产丰收　海水蛤类，2020 年采集点产量 218.6 吨，较 2019 年增加 1.0 吨，同比增长 0.46%；但出塘价格 21.7 元/千克，较 2019 年降低 6.9 元/千克，同比下降 24.1%；出塘收入 473.4 万元，较 2019 年减少 149.7 万元，同比下降 24.0%。2020 年的蛤类采集点受人工、天气等因素影响产量有所降低，同时，受新冠肺炎疫情影响，市场销售受阻，价格下跌，养殖整体效益下降。

海水藻类，主要是紫菜。2020 年，采集点的产量 336.6 吨，较 2019 年增加 131.9 吨，同比增长 64.4%；出塘收入 92.0 万元，较 2019 年增加 51.1 万元，同比增长 124.96%；出塘价格 2.73 元/千克，较 2019 年增加 0.73 元/千克，同比上涨 36.5%。紫菜价格继 2018 年大面积减产后，连续 2 年来均有所回升，且增长不少。

（5）中华鳖市场量价齐跌，销售不畅　2020 年，余杭区采集点受到新冠肺炎疫情的影响，年初销售流通渠道不畅，并受到 2019 年暖冬影响，上半年全区甲鱼养殖发病严重，下半年甲鱼销售行情较差。采集点中华鳖 2020 年出塘量 93.4 吨，较 2019 年减少 22.6 吨，同比下降 19.46%；销售收入 847.9 万元，较 2019 年减少 260.9 万元，同比下降 23.53%；价格 90.8 元/千克，较 2019 年下跌 4.9 元/千克，同比下降 5.1%。

2. 渔业生产投入有增有减　2020 年，采集点共投入成本 17 862 万元，相比 2019 年降低了 1 896 万元，同比下降 9.6%（表 2-6）。其中，苗种费 3 225 万元，较 2019 年降低了 7 529 万元，同比下降 70.0%；饲料费用 10 335 万元，较 2019 年增加 4 104 万元，同比增长 65.9%；人员工资 1 635 万元，较 2019 年增加 425 万元，同比增长 35.1%；水域租金 785 万元，较 2019 年增加了 123 万元，同比增长 18.57%；水电费用 818 万元，较 2019 年增加 439 万元，同比增长 115.8%；防病费用 362 万元，较 2019 年增加 132 万元，同比增长 57.27%；基础设施建造和折旧 17.5 万元，较 2019 年降低了 2 万元，同比下降 10.26%；其他费用 54 万元，较 2019 年降低 15 万元，同比下降 21.1%。

表 2-6　2020 年与 2019 年采集点生产成本对比

单位：万元

年份	总费用	饲料费	苗种费	人员工资	防病费	水电费	水域租金	基础设施	其他
2020	17 862	10 335	3 225	1 635	362	818	785	17.5	54
2019	19 758	6 231	10 753	1 210	230	379	662	19.5	69

2020 年，采集点品种平均单价为 29.77 元/千克，较 2019 年的 35.84 元/千克降低了 6.1 元/千克，同比下降 16.9%；2020 年，每千克平均生产投入为 31.09 元，较 2019 年的 51.82 元/千克降低了 20.73 元/千克，同比下降 40.0%。2020 年与 2019 年出塘水产品单位产量成本组成如图 2-28 所示，饲料及苗种投入占总投入的 76%。

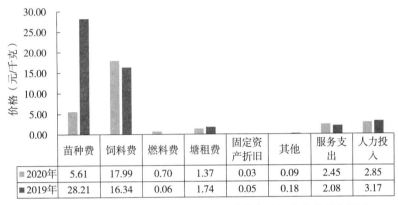

	苗种费	饲料费	燃料费	塘租费	固定资产折旧	其他	服务支出	人力投入
2020年	5.61	17.99	0.70	1.37	0.03	0.09	2.45	2.85
2019年	28.21	16.34	0.06	1.74	0.05	0.18	2.08	3.17

图 2-28　2020 与 2019 年全省采集点出塘水产品单位产量成本组成

相比于 2019 年，2020 年采集点的成本支出总体下降，苗种和饲料依然是决定成本总量最主要的两大因素。苗种、饲料费用占总成本支出的比例分别达 18.1% 和 57.9%，占总成本的 76%。2019 年由于春季气温偏低，梅雨季节雨水偏多，加上秋季超强台风"利奇马"和台风"米娜"先后在浙江登陆，对水产养殖业造成巨大损害，尤其是海水养殖的鲈、大黄鱼、青蟹、南美白对虾等苗种损失量较大，因而补苗成本上涨，2020 年自然灾害影响相对较小，因此苗种投入成本有所回落。受新冠肺炎疫情影响，市场行情惨淡导致存塘量增加及养殖点调整面积增大等原因而使饲料费用、防疫保险费用有所增加，人力水电等投入成本也相应增长。

三、全省水产养殖整体情况

2020 年，全省水产养殖面积 382 万亩，养殖水产品总产量实现 258.8 万吨。其中，淡水养殖产量 121.6 万吨，同比增长 3.85%；海水养殖产量 137.2 万吨，同比增长 8.03%。水产养殖主要呈现出以下 5 个特点。

1. 海水养殖优势品种大黄鱼、缢蛏、泥蚶等产量有所增长，南美白对虾、青蟹、梭子蟹、青蛤等产量有所下降　大黄鱼产量 3.23 万吨，同比增长 34.99%；南美白对虾产量 3.68 万吨，同比下降 1.52%；梭子蟹产量 1.71 万吨，同比下降 15.45%；青蟹产量 2.61 万吨，同比下降 0.69%；紫菜产量 7.49 万吨，同比增长 31.98%；蛏产量 31.5 万吨，同比增长 3.15%；泥蚶产量 14.7 万吨，同比增长 3.70%；蛤产量 9.40 万吨，同比下降 9.02%。

2. 淡水名优鱼类产量增幅明显，大宗淡水鱼类产量稳中有升，虾类产量同比下降，鳖类产量同比微减　中华鳖产量 10.2 万吨，同比下降 0.10%；大宗淡水鱼类（青鱼、草鱼、鲢、鳙、鲤、鲫、鳊鲂）产量 56.1 万吨，同比增长 3.10%；淡水名优鱼类（黄颡鱼、鳜、加州鲈、乌鳢）产量 27.0 万吨，同比增长 10.99%；虾类（南美白对虾、罗氏沼虾、青虾）产量 12.4 万吨，同比下降 2.2%。

3. 海水养殖面积略增，淡水养殖面积有所降低 随着中央环保督察、国家海洋督察整改，地方产业经济结构调整以及养殖水域滩涂规划的禁限养区划定等因素综合影响，2020 年全省淡水养殖面积 17.2 万公顷，同比降低 0.43%，但降幅较上年有所减缓；海水养殖面积 8.3 万公顷，同比增长 0.63%。

4. 淡水鱼类、虾类苗种产量稳步提升，海水贝类苗种产量增长迅速，海水鱼类和鳖苗产量降幅明显 2020 年，全省生产淡水鱼苗 188.03 亿尾，同比增长 1.19%；生产海水鱼苗 3.2 亿尾，同比降低 34.71%；生产虾类苗种 285 亿尾，同比增长 6.46%；生产海水贝类 8 169 亿粒，同比增长 59.48%；生产稚鳖 0.87 亿只，同比降低 18.68%。

5. 养殖从业人员数量减少 2020 年，全省养殖从业人员 16.0 万人，海水养殖 5.0 万人，分别同比下降了 6.56% 和 11.17%，降幅较 2019 年有所增加。

2020 年，全省各品种养殖产量与 2019 年相比，大宗淡水鱼（青鱼、草鱼、鲢、鳙等）、名特优鱼类（黄颡鱼、乌鳢、加州鲈）、海水鲈、紫菜等均呈上升趋势；鳖类、梭子蟹则均呈下降趋势，养殖渔情信息监测点上述各品种养殖产量变化趋势与全省变化趋势相一致。南美白对虾（淡水、海水）、青蟹、蛤产量呈下降趋势，监测点产量呈上升趋势。大黄鱼养殖产量呈上升趋势，监测点产量呈下降趋势。由此可见，养殖渔情信息监测基本上能够反映全省的主要情况。

四、2021 年养殖渔情预测

1. 水产养殖行业总体趋势向好 随着国内新冠肺炎疫情影响的进一步减弱，餐饮消费市场逐步复苏，全省水产养殖行业将逐渐摆脱疫情的影响，走上正轨。其中，大宗淡水鱼类将继续保持平稳运行，淡水名优鱼类产量将进一步提高，价格稳中略降。大黄鱼随着品牌效应提升以及加工电商等的多位发展，市场形势将稳中有升。海水蟹类价格将继续保持高位运行，较 2020 年市场形势会有一定好转。

2. 部分品种仍受新冠肺炎疫情影响 由于国外新冠肺炎疫情仍处于高发阶段，一些对出口依赖程度较高的养殖品种（如海水鲈、泥蚶等），出口形势依旧不乐观，但随着国内市场的慢慢打开，价格会逐渐回升。但国外疫情也会导致水产品的进口量降低，将会给本地水产品的销售带来一定的机遇。

3. 病害仍将对产业造成重大威胁 近几年，南美白对虾病害频发，受此影响，预计 2021 年南美白对虾养殖规模会有所缩减，但随着新冠肺炎疫情影响的减弱，行情受市场需求影响，仍然值得期待。2020 年，全省部分地区黄颡鱼病害严重，影响了养殖效益。2021 年如果能够做好病害防控工作，行情仍然可期。

4. 中华鳖产业有望逐渐复苏 中华鳖是全省的传统优势产业，受新冠肺炎疫情和养殖病害双重影响，2020 年中华鳖产业低迷，量价齐跌。2021 年疫情影响减弱，同时随着中华鳖加工产业的发展，中华鳖市场有望回暖，并恢复到疫情发生前的水平。

（浙江省水产技术推广总站）

安徽省养殖渔情分析报告

一、采集点基本情况

1. 采集点分布　2020 年，全省设置养殖渔情信息采集点共 42 个，分布在铜陵市枞阳县，马鞍山市当涂县，和县，滁州市定远县，明光市和全椒县，池州市东至县，蚌埠市怀远县，六安市金安区，合肥市庐江县和长丰县，安庆市望江县，淮南市寿县，芜湖市芜湖县，宣城市宣州区，阜阳市颍上县，共 12 个市的 16 个县（市、区），监测养殖面积为 34 913 亩。

2. 采集品种　2020 年，全省 42 个渔情信息采集点主要采集品种为淡水鱼类、淡水甲壳类和其他类，共 13 个品种。

（1）淡水鱼类　草鱼、鲢、鳙、鲫、黄颡鱼、泥鳅、黄鳝、鳜。

（2）淡水甲壳类　小龙虾、南美白对虾、河蟹、青虾。

（3）其他类　中华鳖。

3. 采集点面积和产量　2020 年，全省 42 个渔情信息采集点面积 34 913 亩，养殖水产品产量为 6 295.13 吨。

（1）淡水鱼类　22 个采集点，养殖面积 11 035 亩，产量 3 561 893 千克，销售收入 7 657.79 万元，平均销售价格 21.5 元/千克。

（2）淡水甲壳类　17 个采集点，养殖面积 24 233 亩，产量 1 264 251 千克，销售收入 4 319.56 万元，平均销售价格 34.17 元/千克。

①小龙虾：8 个采集点，养殖面积 18 183 亩，产量 964 691 千克，销售收入 1 930.16 万元，平均销售价格 20.01 元/千克。

②河蟹：6 个采集点，养殖面积 5 490 亩，产量 242 640 千克，销售收入 2 150.55 万元，平均销售价格 88.63 元/千克。

③青虾：2 个采集点，养殖面积 280 亩，产量 17 920 千克，销售收入 128.36 万元，平均销售价格 71.63 元/千克。

④南美白对虾：1 个采集点，养殖面积 280 亩，产量 39 000 千克，销售收入 110.5 万元，平均销售价格 28.33 元/千克。

（3）其他类　中华鳖 4 个采集点，养殖面积 1 045 亩，产量 1 468 983 千克，销售收入 6 302.59 万元，平均销售价格 42.9 元/千克。

二、养殖渔情分析

1. 采集点养殖渔情情况

（1）苗种投放与商品鱼出塘情况　2020 年，42 个渔情信息采集点苗种投入费用共 2 674.85 万元，比 2019 年的 2 233.70 万元同比增长 19.75%；商品鱼出售数量 6 295.13 吨，比 2019 年的 7 651.03 吨同比下降 17.72%；商品鱼销售收入 18 279.95 万元，比 2019 年的 25 246.38 万元同比下降 27.59%；所采集品种的出塘综合价格 29.04 元/千克，比 2019 年的 33 元/千克同比下降 0.12%。

（2）生产投入情况 2020 年，42 个采集点生产总投入 12 456.44 万元，比 2019 年的 13 552.97 万元同比减少 0.08%。其中，苗种费 2 674.85 万元，比 2019 年的 2 233.70万元同比增加 19.75%；饲料费 5 792.23 万元，比 2019 年的 6 374.98 万元同比减少 9.14%；水电燃料费 324.96 万元，比 2019 年的 420.26 万元同比减少 22.68%；塘租费 1 756.03 万元，比 2019 年的 2 560.62 万元同比减少 31.42%；防疫费 280.03 万元，比 2019 年 502.3 万元同比减少 44.25%；人力投入 1 199.45 万元，比 2019 年的 984.38 万元同比增长 21.85%；固定资产折旧 275.33 万元，比 2019 年的 418.83 万元同比减少 34.26%；保险费 22.3 万元，比 2019 年的 10.42 万元同比增长 114.01%。

（3）生产损失情况 2020 年，采集点水产品损失 468.52 吨，比 2019 年的 47.22 吨同比增长 892.21%；采集点水产品经济损失 1 502.4 万元，比 2019 年的 59.41 万元同比增长 2 428.87%。主要是受洪涝灾害影响（表 2-7）。

表 2-7 2020 年采集点生产与 2019 年同期情况对比

项目		2019 年	2020 年	增减值	增减率（%）
1. 苗种投放情况	投放费用（万元）	2 233.70	2 674.85	441.15	19.75
2. 出塘情况	出塘数量（吨）	7 651.03	6 295.13	−1 355.9	−17.72
	出塘收入（万元）	25 246.38	18 279.95	−6 966.43	−27.59
	出塘价格（元/千克）	33	29.04	−3.96	−0.12
3. 生产投入情况	总费用（万元）	13 552.97	12 456.44	−1 096.53	−0.08
	苗种费（万元）	2 233.70	2 674.85	441.15	19.75
	饲料费（万元）	6 374.98	5 792.23	−582.75	−9.14
	水电燃料费（万元）	420.26	324.96	−95.3	−22.68
	塘租费（万元）	2 560.62	1 756.03	−804.59	−31.42
	防疫费（万元）	502.30	280.03	−222.27	−44.25
	人力投入（万元）	984.38	1 199.45	215.07	21.85
	固定资产折旧（万元）	418.83	275.33	−143.5	−34.26
	保险费（万元）	10.42	22.3	11.88	114.01
	其他（万元）	42.82	131.26	88.39	206.42
4. 生产损失情况	数量损失（吨）	47.22	468.52	421.3	892.21
	水产品损失（万元）	59.41	1 502.40	1 442.99	2 428.87

从 2019 年生产投入构成来看，按投入比例大小，依次是饲料费占 47.05%、塘租费占 18.89%、苗种费占 16.49 %、人力投入费占 7.27%、防疫费占 3.71%、水电燃料费占 3.1%、固定资产折旧费占 3.09%、其他占 0.32%、保险费占 0.08%（图 2-29）。

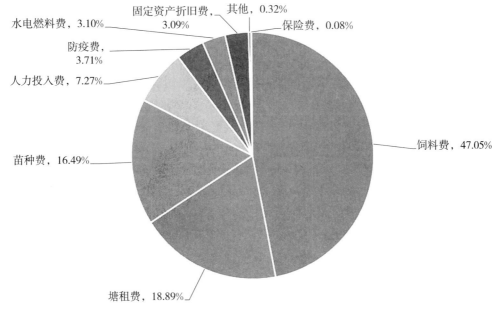

图 2-29　2019 年采集点生产投入的构成比例

　　从 2020 年生产投入构成来看，按投入比例大小，依次是饲料费占 46.5%、苗种费占 21.47%、塘租费占 14.10%、人力投入费占 9.63%、水电燃料费占 2.61%、防疫费占 2.25%、固定资产折旧费占 2.21%、其他占 1.05%、保险费占 0.18%。2020 年由于部分渔情采集点遭受水灾，经当地渔业主管部门协调后，发包方减免部分池塘租金，导致塘租费在投入构成中占比下降（图 2-30）。

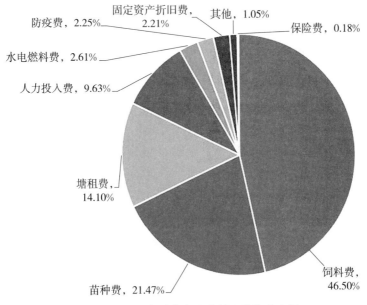

图 2-30　2020 年采集点生产投入的构成比例

（4）2020 年水产品价格特点

①水产品平均价格：2020 年，采集点监测品种（包括虾、蟹、鳖等）销售平均价格为 29.04 元/千克。其中，淡水鱼类平均价格为 21.5 元/千克；淡水甲壳类为 34.17 元/千克，其中，小龙虾平均价格为 20.01 元/千克，河蟹平均价格为 88.63 元/千克，青虾平均价格为 71.63 元/千克，南美白对虾平均价格为 28.33 元/千克；中华鳖平均价格为 42.9 元/千克（表 2-8）。

表 2-8　2020 年与 2019 年同期采集点水产品出塘价格情况

单位：元/千克

项目	2019 年	2020 年	增减量	增减率（%）
水产品平均价格	33.00	29.04	−3.96	−0.12
淡水鱼类	23.96	21.50	−2.46	−10.27
克氏原螯虾	40.47	20.01	−20.46	−50.56
河蟹	71.20	88.63	17.43	24.48
青虾		71.63		
南美白对虾	34.50	28.33	−6.17	17.88
中华鳖	31.91	42.90	10.99	34.44

②部分水产品价格走势：从图 2-31 看出，2020 年 2 月草鱼价格最高，为 16 元/千克；2—5 月呈下降趋势，到 9 月回升到 13.41 元/千克；10—12 月价格一直在 12～13 元/千克徘徊。

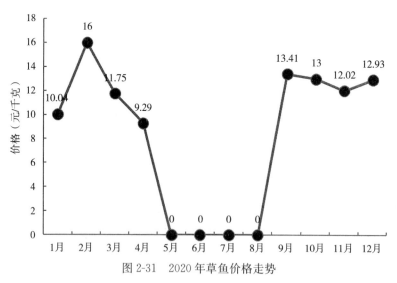

图 2-31　2020 年草鱼价格走势

从图 2-32 看，1—3 月鲫价格为 14～18 元/千克；5—6 月以及 8 月价格最高为 24 元/千克，从 8 月以后呈下降趋势；12 月价格最低为 14.52 元/千克。

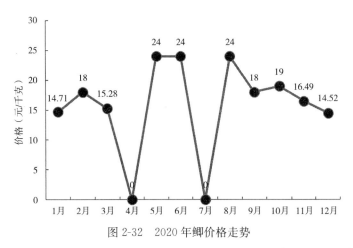

图 2-32 2020 年鲫价格走势

从图 2-33 看，2020 年 1—4 月鳜价格在 36～48 元/千克徘徊；9 月价格达到最高 64 元/千克，然后逐月下跌；12 月为 50 元/千克。

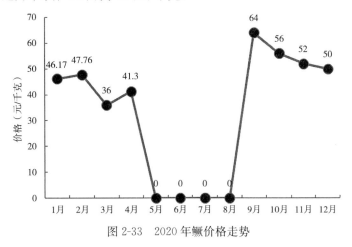

图 2-33 2020 年鳜价格走势

从图 2-34 看，2020 年 2 月小龙虾价格最高 60 元/千克；5 月最低为 15.31 元/千克；6—8 月是缓慢上升阶段；9 月价格又跌至 20 元/千克；10—11 月价格回升，达到 38.79 元/千克。

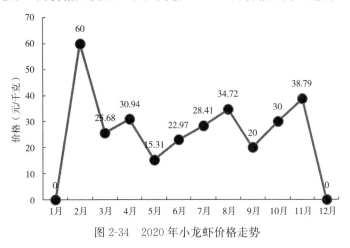

图 2-34 2020 年小龙虾价格走势

从图 2-35 看，2020 年 1—3 月河蟹价格呈下降趋势；4—5 月回升；9 月价格达到最高 121.07 元/千克；10 月价格和 1 月基本持平；11 月价格又攀升到 120.33 元/千克；12 月下降到 63.05 元/千克。

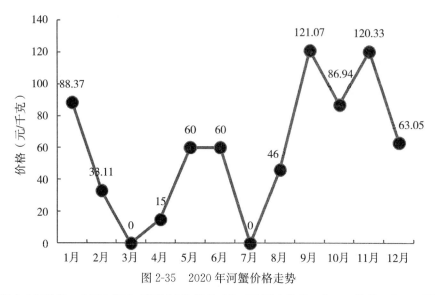

图 2-35　2020 年河蟹价格走势

从图 2-36 看出，2020 年 1 月青虾价格为 78.67 元/千克；2—4 月从 52.73 元/千克攀升至 108.48 元/千克；5—7 月保持在 60 元/千克左右；9—12 月呈上升趋势，从 90 元/千克上涨至 129.36 元/千克。

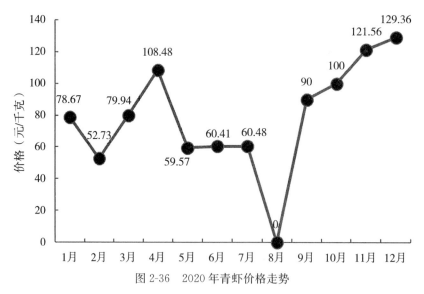

图 2-36　2020 年青虾价格走势

从图 2-37 看出，2020 年 2 月中华鳖价格最高为 320 元/千克；3 月为 85.49 元/千克；4 月又反弹至 215.4 元/千克；5—6 月和 1 月持平，为 36 元/千克左右；7—8 月又涨至 200 元/千克以上；9—10 月下跌到 50～60 元/千克；11 月又涨到 203.87 元/千克；12 月跌至最低 28.08 元/千克。

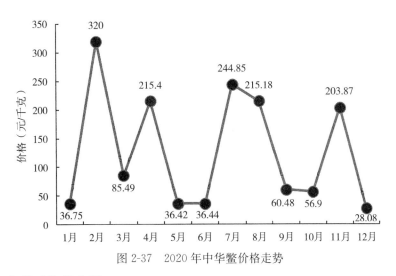

图 2-37 2020 年中华鳖价格走势

2. 2020 年养殖渔情分析

（1）从 2020 年和 2019 年的生产投入对比来看，饲料费在生产投入上仍占第一位。2020 年苗种费、人力投入费、保险费所占比例均较 2019 年高；塘租费、水电燃料费、防疫费、固定资产折旧费均比 2019 年低。

（2）2020 年苗种投入费用共 2 674.85 万元，比 2019 年的 2 233.70 万元同比增加 19.75%；而相应的饲料费、水电燃料费、防疫费同比分别减少 9.14%、22.68%、44.25%，是因为 2020 年夏季全省发生重大洪涝灾害，鱼塘被冲毁，大量养殖鱼类逃失，造成后期的生产费用降低。

（3）水产品价格。2020 年，采集点监测品种平均价格 29.04 元/千克，与 2019 年的 33.00 元/千克相比同比下降 12%。其中，淡水鱼类、小龙虾、南美白对虾的价格同比下降 10.27%、50.56%、17.88%；河蟹、中华鳖的价格同比上涨 24.48%、34.44%。

三、2021 年养殖渔情预测

（1）2021 年，随着长江 10 年退捕禁捕的全面实施，淡水鱼类的价格将总体看涨；淡水甲壳类中，河蟹、小龙虾、南美白对虾价格变化不大，青虾价格会略有上升；中华鳖价格将稳中有降。

（2）生产投入费用中，饲料费、人力投入、保险费所占比例将增加；塘租费、防疫费将降低。

（安徽省水产技术推广总站）

福建省养殖渔情分析报告

一、采集点基本情况

2020 年，福建省的采集品种总数保持不变，共 15 个监测品种，分布于全省 17 个采集县的 67 个采集点。其中，海水采集点共 47 个，包括大黄鱼、鲈、石斑鱼、南美白对虾、青蟹、牡蛎、蛤、鲍、海带、紫菜、海参 11 个海水品种，分布于 12 个县；淡水采集点共 20 个，包括草鱼、鲫、鲢、鳙 4 个淡水品种，分布于 5 个内陆县（表 2-9）。

表 2-9　福建省 2020 年养殖渔情监测采集点分布情况

采集品种	采集点（个）	分布及变化情况
大黄鱼	7	福鼎市 2、蕉城区 2、霞浦县 3
海水鲈	2	福鼎市 1、蕉城区 1，比 2019 年增加 1 个点
石斑鱼	3	东山县 3
南美白对虾（海水）	3	龙海市 2、漳浦县 1
青蟹	3	云霄县 3
牡蛎	4	惠安县 2、秀屿区 2
蛤	4	福清市 3、云霄县 1
鲍	6	连江县 2、东山县 2、秀屿区 2
海带	6	连江县 2、秀屿区 2、霞浦县 2
紫菜	6	惠安县 2、平潭实验区 2、福鼎市 1、霞浦县 1，比 2019 年增加 2 个点
海参	3	霞浦县 3，比 2019 年增加 1 个点
草鱼	5	建瓯市 1、松溪县 1、浦城县 1、连城县 1、清流县 1
鲫	5	建瓯市 1、松溪县 1、浦城县 1、连城县 1、清流县 1
鲢	5	建瓯市 1、松溪县 1、浦城县 1、连城县 1、清流县 1
鳙	5	建瓯市 1、松溪县 1、浦城县 1、连城县 1、清流县 1
合计	67	

二、养殖渔情分析

1. 出塘量、收入总体增加　2020 年，全省采集点水产品出塘总量 8 825.08 吨，同比增加 1 534.39 吨，增幅 21.05%；销售总收入 18 607.85 万元，同比增加 7 213.62 万元，增幅 63.31%（由于 2020 年新增的 1 个福鼎市海水鲈采集点的出塘量与销售收入占比过大，且其无 2019 年数据，故此处未将此采集点数据列入对比）。

草鱼、鲢、鳙、海水鲈、大黄鱼、南美白对虾、紫菜、海参 8 个品种出塘量和销售收入同比增加。其中，增加幅度最大的是大黄鱼，主要由于蕉城区 1 个大黄鱼采集点在 2018—2019 年期间投苗量增长较多，且苗种规格偏大，故 2020 年大黄鱼出塘量较大；其次是紫菜，由于惠安县 1 个紫菜采集点在 2019 年受高温天气影响，产量较差，且 2019 年紫菜价格行情不佳，养殖户惜售待价，而 2020 年紫菜行情较好，存塘紫菜被大量售出，带动紫菜销售量增加。鲫、青蟹、牡蛎、蛤、海带 5 个品种出塘量和销售收入同比减少；石斑鱼与鲍的出塘量同比增加，但销售收入同比减少，主要由于 2020 年石斑鱼和鲍普遍存在供大于求情况，成品价格低迷，虽然产量增加，但收入反而下降，养殖亏损面有所扩大（表 2-10）。

表 2-10　2020 年与 2019 年监测品种出塘量和销售收入对比

品种		出塘量（吨）			销售收入（万元）		
		2020 年	2019 年	增减率（%）	2020 年	2019 年	增减率（%）
淡水鱼类	草鱼	648.43	600.80	7.93	761.23	664.71	14.52
	鲢	40.47	27.04	49.67	25.63	16.51	55.20
	鳙	58.27	58.01	0.45	70.12	64.68	8.41
	鲫	43.97	94.34	−53.39	62.82	133.83	−53.06
海水鱼类	海水鲈	365.00	350.00	4.29	1 243.00	1 046.00	18.83
	大黄鱼	2 995.21	1 031.98	190.24	9 979.71	2 751.37	262.72
	石斑鱼	47.35	35.70	32.63	214.71	221.14	-2.91
海水虾蟹类	南美白对虾	266.50	196.09	35.90	1 377.25	1 119.75	23.00
	青蟹	2.26	3.14	−27.84	41.81	42.65	−1.97
海水贝类	牡蛎	916.93	1 648.18	−44.37	88.23	182.64	−51.69
	鲍	121.97	118.90	2.59	1 012.02	1 193.95	−15.24
	蛤	1 731.00	2 085.00	−16.98	1 710.45	2 109.64	−18.92
海水藻类	海带	522.14	580.21	−10.01	130.60	144.36	−9.53
	紫菜	958.53	389.31	146.22	542.48	379.92	42.79
海水其他类	海参	107.05	72.00	48.68	1 347.80	1 323.09	1.87

2. 水产品价格涨跌互现　在监测的 15 个品种中，8 个品种价格同比上涨，依次为青蟹、海水鲈、大黄鱼、鳙、草鱼、鲢、鲫、海带，上涨幅度分别为 35.85%、32.39%、24.98%、7.89%、6.15%、3.60%、0.70% 和 0.40%；7 个品种价格同比下降，依次为海参、紫菜、石斑鱼、鲍、牡蛎、南美白对虾、蛤，下降幅度分别为 31.49%、27.02%、26.78%、16.54%、13.51%、9.49% 和 2.37%。2020 年采集品种价格见表 2-11 与图 2-38。

表 2-11　2020 年 1—12 月监测品种价格

单位：元/千克

品种名称	1 月	2 月	3 月	4 月	5 月	6 月	7 月	8 月	9 月	10 月	11 月	12 月
草鱼	11.51	11.08	11.46	13.42	14.2	13.79	12.68	12.84	11.72	11.38	10.77	11.5
鲢	6.88	6.75	5.37	6.65	4.48	—	5.11	5.02	5.3	5.1	7.25	7.47
鳙	13.4	12.16	11.82	12.26	12.92	13.56	11.78	11.74	11.99	11.1	11.24	11.74

（续）

品种名称	1月	2月	3月	4月	5月	6月	7月	8月	9月	10月	11月	12月
鲫	17.53	9.36	18.56	14.92	16.93	15.91	14.2	8.9	13.88	16.47	8.25	16.52
海水鲈	41.45	38	38.5	40	37.51	40.73	40.15	39.04	38.05	39.49	40.09	39.08
大黄鱼	23.59	27	23.04	31	23.62	26.02	29	35.57	46.79	49.09	59.68	24
石斑鱼	60	—	—	—	40	40	40	—	—	36.29	40	60
南美白对虾	66.17	58	—	69.38	56.12	52.27	41.29	46.86	42	46.39	53.72	53.67
青蟹	240	—	—	180	—	—	—	150	180	143.24	159	—
牡蛎	—	0.9	0.89	1.15	—	0.3	0.6	1.06	—	—	1	1.29
鲍	115.35	92	84.52	52	55.92	70	98.55	70.55	90	107.24	94.15	89.48
蛤	—	—	—	12	9.96	11	9.4	9.37	—	6	—	—
海带	—	0.7	0.61	0.69	5.22	7.09	—	—	—	—	—	—
紫菜	1	2	—	—	—	—	—	—	—	18.1	3.53	3.03
海参	—	—	123.43	128	—	—	—	—	—	—	—	—

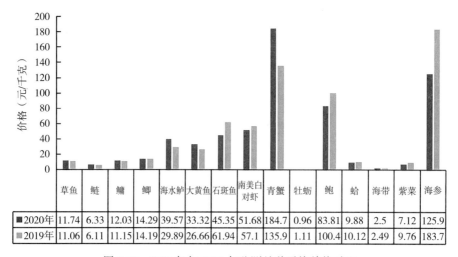

图 2-38 2020 年与 2019 年监测品种平均单价对比

3. 生产投入同比减少 2020 年，采集点生产投入共 16 565.75 万元，同比减少 98.23 万元，降幅 0.59 %。其中，饲料费、燃料费、塘租费、服务支出同比增加；苗种费、固定资产折旧、人力投入和其他费用同比减少（表 2-12）。通过图 2-39 可以看出，生产投入主要集中在饲料费、苗种费、人力投入上，占总投入的 93.46%。

表 2-12 2020 年与 2019 年采集点生产投入情况

指标	金额（万元）			
	2020 年	2019 年	增减值	增减率（%）
生产投入	16 565.75	16 663.98	−98.23	−0.59
（一）物质投入	14 739.71	14 810.89	−71.18	−0.48

（续）

指标	金额（万元）			
	2020 年	2019 年	增减值	增减率（%）
1. 苗种投放	3 462.51	4 931.06	−1 468.55	−29.78
投苗情况	3 220.52	4 558.21	−1 337.70	−29.35
投种情况	241.99	320.45	−78.46	−24.48
2. 饲料费	10 704.41	9 302.43	1 401.98	15.07
原料性饲料	7 555.10	6 615.93	939.16	14.20
配合饲料	3 098.88	2 635.16	463.72	17.60
其他	50.43	51.33	−0.90	−1.75
3. 燃料费	71.86	70.34	1.52	2.15
柴油	61.10	57.85	3.25	5.62
其他	10.75	12.49	−1.74	−13.91
4. 塘租费	250.11	240.30	9.81	4.08
5. 固定资产折旧费	207.63	218.04	−10.41	−4.77
6. 其他	43.20	48.72	−5.52	−11.34
（二）服务支出	511.39	509.86	1.53	0.30
1. 电费	173.72	186.19	−12.47	−6.70
2. 水费	10.19	10.14	0.05	0.46
3. 防疫费	154.43	155.60	−1.17	−0.75
4. 保险费	3.80	0.00	3.80	0.00
5. 其他费用	169.25	157.92	11.32	7.17
（三）人力投入	1 314.66	1 343.24	−28.58	−2.13
1. 雇工	861.43	830.45	30.98	3.73
2. 本户（单位）人员	453.23	512.79	−59.56	−11.61

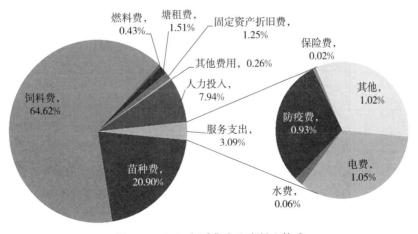

图 2-39 2020 年采集点生产投入构成

4. 生产损失同比下降 2020 年，采集点受灾损失 255.07 吨，同比下降 24.97％；经济损失 643.91 万元，同比下降 26.38％。损失类型主要分为病害、自然灾害和其他灾害三个方面。其中，病害损失数量 54.1 吨，损失金额 164.34 万元；其他灾害损失数量 200.97 吨，损失金额 479.57 万元；2020 年全省连续阴雨天气较少，气温相对稳定，采集点没有发生自然灾害损失（表 2-13）。

表 2-13　2020 年与 2019 年采集点生产损失情况

损失种类	金额（万元）			
	2020 年	2019 年	增减值	增减率（％）
受灾损失	643.91	874.64	−230.73	−26.38
1. 病害	164.34	212.37	−48.03	−22.62
2. 自然灾害	0.00	67.09	−67.09	−100.00
3. 其他灾害	479.57	595.18	−115.61	−19.42

病害主要是大黄鱼的白鳃病、内脏白点病、刺激隐核虫病、盾纤毛虫病、溃疡病等；南美白对虾的红体病、桃拉病毒综合征、白斑病、肌肉变白等；海参的吐肠、肿嘴、化皮等（表 2-14）。

表 2-14　2020 年监测品种生产损失情况

品种	受灾损失			
	病害		其他灾害	
	数量（吨）	金额（万元）	数量（吨）	金额（万元）
草鱼	0.69	1.02	7.00	8.40
鲻	2.10	2.94	6.45	5.82
海水鲈	0	0	14.70	44.30
大黄鱼	36.58	76.31	167.20	389.05
石斑鱼	0.09	0.39	0	0
南美白对虾	14.38	74.94	0	0
鲍	0	0	5.62	32.00
海参	0.27	8.74	0	0
合计	54.10	164.34	200.97	479.57

5. 2020 年末监测品种存塘情况 2020 年年末，各监测品种存塘量同比增幅最大的 4 个品种依次为蛤、青蟹、牡蛎、海参。蛤存塘量的陡增，主要由于云霄县 1 个蛤采集点在 2020 年年末投放的苗种较小，未至收成期；青蟹由于春节临近，蟹价上涨趋势大，养殖户普遍惜售；牡蛎由于在 12 月时成品肥满度偏瘦，整体偏小，无法出售；海参为跨年生产品种（表 2-15）。

表 2-15　2020 年与 2019 年监测品种存塘情况

品种	2020 年末存塘量（吨）	2019 年末存塘量（吨）	同比增减率（%）
草鱼	341.50	419.90	−18.67
鲢	35.63	27.87	27.81
鳙	11.60	32.00	−63.75
鲫	22.03	24.82	−11.24
海水鲈	1 811.75	1 931.00	−6.18
大黄鱼	4 247.00	3 042.00	39.61
石斑鱼	15.25	15.50	−1.61
南美白对虾	9.25	15.00	−38.33
青蟹	5.30	1.06	400.00
牡蛎	1 489.50	490.00	203.98
鲍	68.00	133.25	−48.97
蛤	300.00	50.00	500.00
海带	0.00	0.00	—
紫菜	4.38	4.00	9.38
海参	143.67	71.70	100.38

三、特点和特情分析

1. 紫菜养殖生产积极性高，养殖形势向好　由于近年来紫菜养殖量和加工库存减少，2020 年紫菜单价有所回升。如 2020 年惠安县头水紫菜干品价格 200 元/千克，头水价格较为稳定；后期紫菜湿菜价格 2.4 元/千克，2019 年同期价格为 1.2 元/千克；2020 年福鼎市采集点三四水紫菜价格为 4.6～5.2 元/千克，相比于 2019 年同期 2～2.4 元/千克，价格翻番。2020 年紫菜市场需求旺盛，养殖户投产热情较高，生产形势向好。

2. 鲍和石斑鱼供大于求　2020 年，鲍和石斑鱼成品供大于求，价格一直维持低位，又遇到新冠肺炎疫情，销售受阻，价格急速下挫，创历史新低。随着疫情控制逐渐好转，销量开始上升，但价格仍然偏低。受生产需要和资金压力影响，养殖户不得不抛售产品，少数保本经营，大部分出现亏本现象。2020 年年初，成鲍滞销较为严重，成鲍价格低迷，下半年成鲍价格止跌回暖。

3. 大黄鱼季节性鱼病明显　每年的季节性鱼病，是大黄鱼受损的主要原因。3—4 月多为内脏白点病；7 月主要为刺激隐核虫病；8—10 月为白鳃症严重月份，且期间出现盾纤毛虫病等；11—12 月病害减轻，多为继发性细菌感染的溃烂病（包括烂头烂尾）。

四、2021 年养殖渔情预测

1. 淡水鱼类　淡水养殖产品产销基本保持稳定状态，但受周边省份淡水水产调入的冲击，养殖效益将有所下跌。养殖户需适时调整池塘养殖品种或养殖模式，提升水产品质量。如草鱼可采用投喂优质牧草与配合饲料相结合的养殖模式；有条件的养殖户，可考虑发展生态型的稻渔综合种养模式。

2. 海水鱼类　随着大部分大黄鱼养殖户将普通传统网箱改造成大面积的深水大网箱，预计大黄鱼产量和质量将再上一个台阶，价格也将会上扬。2021 年，石斑鱼价格将有所回升，但涨幅不大，盈利空间有限。石斑鱼养殖从青斑逐渐更替为龙胆石斑、云龙石斑和其他石斑品种，提高养殖成活率和产品质量，降低养殖成本，挖掘利润空间。水产品精深加工发展是大势所趋，未来海水鱼类加工产品的消费市场将有所增长。

3. 虾类　虾类养殖形势依然严峻，由于国内国外疫情影响，终端消费量减少，加上养殖环境治理投入提高，生产成本增加，养殖盈利更加困难，预计 2021 年虾价将持续低迷。养殖户需保持良好的养殖水环境，科学投饲，减少虾病，提高养殖效益。

4. 海水贝类　牡蛎需求量平稳，价格将持续走强，预计牡蛎养殖生产规模会扩大。鲍市场较低迷，预计 2021 年成品鲍产量呈现下降趋势，出塘价有一定的上扬空间。鲍养殖应逐渐推广绿盘鲍等优质品种比例，提升产品价值，达到增效目的。蛤养殖生产相对稳定，未来价格将会稳中有升。

5. 海水藻类　海带利润空间较大，是沿海渔民收入较稳定的大宗品种，预计市场需求量逐渐上升，价格上涨。随着消费者对海带品质要求的提升，采用吊挂晒干无沙的海带价格将回升。紫菜价格将保持上涨劲头，预计 2021 年紫菜养殖面积有所增加。

6. 海参　目前，市场上的海参质量显著提升。2020 年秋冬季的涨价，实际上是整体品质提升后的价值回归；2021 年海参的市场需求量将进一步扩大，海参价格将稳步上涨。

（福建省水产技术推广总站）

江西省养殖渔情分析报告

一、采集点基本情况

2020 年，江西省在进贤县、鄱阳县、余干县、玉山县、都昌县、上高县、新干县、彭泽县、瑞金县、南丰县 10 个县设置了 32 个采集点、13 个采集品种。其中，常规鱼类 4 种，为草鱼、鲢、鳙、鲫；名优鱼类 6 种，为黄颡鱼、泥鳅、黄鳝、加州鲈、鳜、乌鳢；另有小龙虾、河蟹、鳖，均为淡水养殖。

二、养殖渔情分析

根据 10 个采集县、32 个采集点上报的全年养殖渔情数据，结合全省水产养殖生产形势，2020 年全省采集品种的销售量、销售额、销售单价和生产投入均同比下降，生产损失同比增加。

1. 水产品销售量、销售额同比大幅减少　全省采集点共销售水产品 1 698 444 千克、同比下降 17.37 ％；销售额 40 291 510 元、同比下降 20.36％。其中，鱼类销售量、销售额分别为 1 446 062 千克、27 800 747 元，同比分别下降 15.94％、23.33％；虾蟹类销售量、销售额分别为 144 417 千克、5 024 930 元，同比分别下降 22.89％、30.56％；鳖类销售量、销售额分别为 107 965 千克、7 465 833 元，同比分别下降 27.57％、增幅 5.18％。

从表 2-16 可以看出，13 个采集品种仅常规品种草鱼、鳙的销售量、销售额同比上涨；其他品种，特别是名特优品种销售量、销售额同比大幅下降。受新冠肺炎疫情的影响，2020 年年初各监测品种，尤其是名特优水产品的出塘量、销售额极低。

2-16　2020 年和 2019 年采集品种销售量、销售额情况对比

品种	销售量（千克）		增减率（%）	销售额（元）		增减率（%）
	2019 年	2020 年		2019 年	2020 年	
草鱼	393 282	551 845	38.91	3 727 684	6 044 737	62.16
鲢	133 313	101 499	−27.83	1 429 181	1 164 437	−18.52
鳙	89 680	139 088	52.54	1 479 628	2 131 102	44.03
鲫	325 051	124 364	−61.74	3 844 200	2 590 991	−32.60
黄颡鱼	475 273	386 491	−21.18	12 257 779	9 403 072	−23.29
泥鳅	26 757	21 795	−18.54	703 770	595 998	−15.31
黄鳝	155 175	68 737	−55.70	8 145 955	4 401 514	−45.97
加州鲈	40 173	15 348	−61.80	1 439 000	682 435	−52.58
鳜	47 843	7 945	−81.58	2 782 546	381 538	−86.22

（续）

品种	销售量（千克）		增减率（%）	销售额（元）		增减率（%）
	2019 年	2020 年		2019 年	2020 年	
乌鳢	33 750	28 950	−14.22	452 276	404 923	−10.47
小龙虾	139 950	103 860	−22.89	3 584 833	1 936 900	−45.97
河蟹	47 332	40 557	−25.79	3 650 960	3 088 030	−15.42
鳖	149 009	107 965	−27.57	7 098 477	7 465 833	5.18
合计	2 056 588	1 699 314	−17.37	41 316 860	40 291 510	−20.36

2. 出塘价格　从表 2-17 可知，在监测的 13 个采集品种中，有 7 个品种的综合销售平均价格同比增加，6 个品种综合销售平均价格同比减少。价格上涨的 7 个品种分别为草鱼、鲢、鲫、黄颡鱼、黄鳝、加州鲈、河蟹，涨幅依次为 7.91%、0.7%、14.34%、25.54%、33.98%、28.27%、8.76%；价格下降的品种分别为鳙、泥鳅、鳜、乌鳢、小龙虾、鳖，下跌幅度依次为 6.07%、9.05%、16.65%、42.52%、24.65%、15.64%。

表 2-17　各采集品种成鱼的销售价格情况

单位：元/千克

品种	品种	2020 年	2019 年	增减率（%）
鱼类	草鱼	10.92	10.12	7.91
	鲢	11.47	11.39	0.7
	鳙	15.32	16.31	−6.07
	鲫	13.16	11.51	14.34
	黄颡鱼	24.33	19.38	25.54
	泥鳅	27.35	30.07	−9.05
	黄鳝	64.03	47.79	33.98
	加州鲈	44.46	34.66	28.27
	鳜	48.02	57.61	−16.65
	乌鳢	13.99	24.34	−42.52
虾蟹类	小龙虾	18.65	24.75	−24.65
	河蟹	76.14	70.01	8.76
鳖类	甲鱼（生态）	69.15	81.97	−15.64

从图 2-40 可知，2020 年年初采集鱼类品种的综合销售平均价格呈下降趋势，远远低于 2019 年同期；3 月之后，价格回升，6 月鱼类销售综合单价到达最高，同比增长 22%；6—7 月，价格回落；7—9 月价格略有回升，与 2019 年同期持平；9—10 月价格回落，略高于 2019 年。由此可见，新冠肺炎疫情对 2020 年上半年鱼类的价格影响较大，下半年价格趋向于平稳。

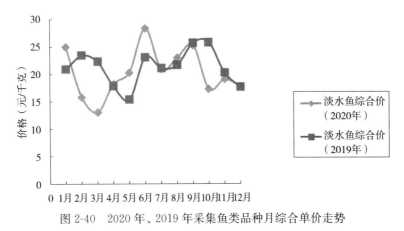

图 2-40　2020 年、2019 年采集鱼类品种月综合单价走势

3. 养殖生产投入同比下降，饲料、苗种、人工开支占比较大　全年渔情信息采集点总投入 3 458.87 万元，同比下降 23.75％。物质投入 2 607.33 万元，占 75.38％，同比下降 27.68％。其中，饲料费 1 758.05 万元，占 50.83 ％；苗种费用 492.32 万元，占 14.23 ％；塘租费 259.62 万元，占 7.51％；燃料费、固定资产折旧等其他费用 112.90 万元，占 3.26％；水电、防疫等服务支出费 204.51 万元，占 5.91％；人力投入费用 631.47 万元，占 18.26 ％。可以看出，生产投入主要集中在饲料费、苗种费、人力投入上，占总投入的 83.32 ％（表 2-18 及图 2-41）。

表 2-18　2020 年、2019 年生产投入对比

单位：万元

年份	总投入	饲料费	苗种费	人力费	水电、防疫费	塘租费	燃料费等其他
2020	3 458.87	1 758.05	492.32	631.47	204.51	259.62	112.90
2019	4 523.16	2 397.08	809.98	706.31	216.71	264.77	128.70
增减率（％）	−23.53	−26.66	−39.22	−10.59	−5.63	−1.95	−12.28

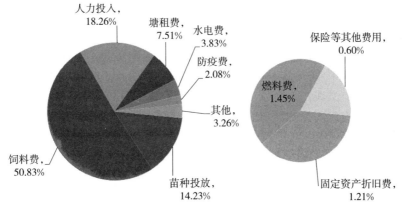

图 2-41　2020 年养殖渔情点生产投入情况

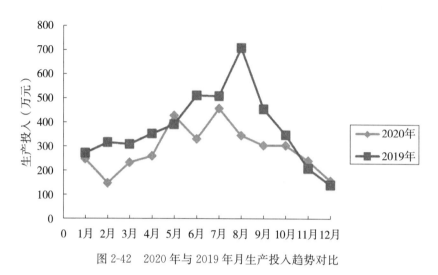

图 2-42　2020 年与 2019 年月生产投入趋势对比

由图 2-42 可以看出，与 2019 年相比，2020 年月投入趋势有所改变。2019 年，从 1 月开始，月生产投入逐步增加；至 8 月生产投入达到最高；9 月以后，生产投入逐步减少。2020 年，1—2 月生产投入降低，随后逐步增加；5 月和 7 月的月投入较高；8 月后生产投入减少。这可能是受年初新冠肺炎疫情的影响，鱼种的投放时间推迟，受 7 月中旬至 8 月的汛情影响，全省个别渔情采集点被洪水淹没，中断了渔业生产。

4. 养殖生产损失严重　2020 年，全省养殖渔情采集点生产损失大幅增加，水产品损失量和经济损失分别为 278 413.4 千克、834.56 万元。其中，自然灾害损失量 252 800 千克、经济损失 758.65 万元；病害损失量 25 556 千克、经济损失 71.44 万元。自然灾害主要是由于全省 7—8 月大雨引起洪涝，使个别渔情采集点完全淹没，损失惨重。受灾品种包括鲫、鳜、草鱼、鳙、鲢、黄颡鱼、小龙虾、鳖。病害损失主要发生在 5—6 月，草鱼、鳜和鳖病害损失较高，占病害总损失的 99%。

三、养殖生产形势分析

1. 一季度受新冠肺炎疫情影响，渔业生产遭受有史以来最大滑坡　在疫情管控措施下，物流几乎中断，市场交易严重下滑，餐饮消费减少，名优特鱼类销量降低，价格下降。据统计，一季度全省水产品产量为 64.6 万吨，同比下降 6.6%；水产品压塘最高峰达 17 万吨，水产品价格进入低谷。以常规水产品草鱼为例，3 月塘边交易价格为 7.6～8.6 元/千克，直逼成本线。

2. 二季度受特大洪灾影响，水产养殖业损失惨重　7 月的特大洪涝灾害，全省沿鄱阳湖区 185 座单退圩堤全部泄洪，造成渔业经济损失 29.9 亿元，受灾面积 135.9 万亩，水产品损失 12.2 万吨。有个别采集点完全被洪水淹没，被迫暂停了所有养殖行为。

3. 水产品价格后期向好　全省渔业企业复工复产和灾后重建良好，养殖生产保持稳定，水产品供应充足。水产品价格回升，养殖形势稳定向好。

四、2021 年养殖渔情预测

在经历新冠肺炎疫情和特大洪灾后，结合 2020 年渔情监测数据和全省水产养殖生产实际情况，从市场需求方面分析，预测 2021 年会继续调优养殖品种结构，加大名特优水产品养殖，水产品价格保持较好的价位运行，水产养殖生产形势较为乐观。

（江西省水产技术推广站）

山东省养殖渔情分析报告

一、采集点基本情况

1. 采集点设置 2020 年在 23 个市（县、区）设置 51 个养殖渔情信息采集点。其中，海、淡水养殖采集市（县、区）分别为 14 个和 9 个，海、淡水养殖采集点分别为 32 个和 19 个。采集点涵盖养殖面积 11 692 公顷。其中，淡水池塘 1 186 公顷，海水池塘 1 500 公顷，筏式养殖 1 220 公顷，底播养殖 7 120 公顷，网箱养殖 666 公顷，工厂化养殖 12 100 米^2。

2. 采集品种及养殖方式 采集品种有 16 个。大宗淡水鱼类包括草鱼、鲢、鳙、鲤、鲫；名优淡水鱼为乌鳢；海水鱼包括大菱鲆和鲈；虾蟹类有南美白对虾（海、淡水）、梭子蟹；贝类有鲍、扇贝、牡蛎、蛤；藻类为海带；其他类为海参。养殖方式涵盖池塘养殖、网箱养殖、筏式养殖、底播养殖和工厂化养殖。采集点经营主体包括养殖户、规模企业和渔业专业合作社。

二、整体概况

根据山东省养殖渔情监测系统数据及延伸调研资料显示，2020 年山东省水产品产量呈现整体下降态势，由此带来养殖收入、生产投入的降低。水产品价格总体走低，在 16 个采集品种中，有 12 个品种的全年综合出塘价格出现下降（表 2-19）。海水养殖品种波动较大，淡水养殖品种相对稳定，病害和自然灾害造成的损失总体可控。新冠肺炎疫情对海水养殖品种具有较大的影响。突发事件对行业的负面影响正逐步减小。

表 2-19 1—12 月采集品种综合出塘价格

单位：元/千克

类别	品种	2019 年	2020 年	增减率（%）
大宗淡水鱼	草鱼	10.93	10.47	−4.21
	鲢	3.87	5.33	37.73
	鳙	10.34	9.47	−8.41
	鲤	9.95	10.26	3.12
	鲫	11.08	8.42	−24.01
名优淡水鱼	乌鳢	18.85	18.58	−1.43
海水鱼	大菱鲆	55.75	38.37	−31.17
	鲈	84.22	51.93	−38.34
虾蟹类	南美白对虾（淡水）	43.00	40.63	−5.51
	南美白对虾（海水）	30.64	28.37	−7.41
	梭子蟹	95.92	118.80	23.85

（续）

类别	品种	2019 年	2020 年	增减率（%）
贝类	鲍	102.18	80.81	−20.91
	扇贝	3.47	4.77	37.46
	牡蛎	10.87	8.53	−21.53
	蛤	6.66	6.95	4.35
藻类	海带	2.29	1.41	−38.43
其他	海参	165.26	140.29	−15.11

1. 水产品出塘量和出塘收入同比下降　采集点出塘量 8.23 万吨，同比下降 43.11%；出塘收入 6.07 亿元，同比下降 47.88%。

2. 生产投入同比降低　采集点生产投入 2.91 亿元，同比降低 51.57%。除防疫费增加 132.6% 外，苗种费、饲料费、燃料费、塘租费、电费、水费、保险费、人力投入分别降低 61.07%、45.41%、73.13%、6.41%、16.34%、19.45%、57.53% 和 19.05%。各生产投入要素比例图 2-43。

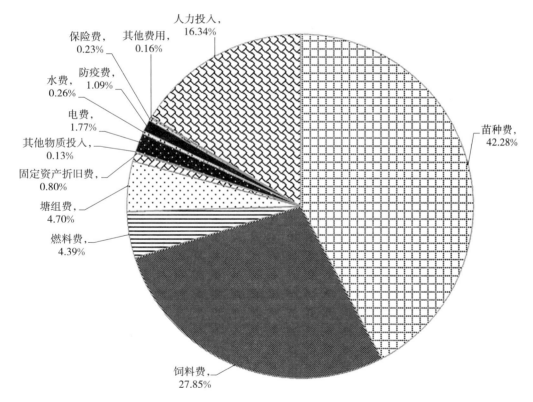

图 2-43　生产投入要素比例图

3. 生产损失同比减少　受灾损失 263.83 万元，同比减少 82.90%；病害和自然灾害水产品损失分别为 50.09 吨和 69.92 吨；经济损失分别为 124.65 万元和 139.18 万元。

三、重点品种分析

1. 大宗淡水鱼类　各个品种价格走势不一。其中，价格波动幅度较大的鲢，综合平均出塘价格为 5.33 元/千克，同比上涨 37.73%；鲫平均出塘平均价格 8.42 元/千克，同比下降 24.01%；草鱼、鳙综合平均出塘价格分别为 10.47 元/千克和 9.47 元/千克，同比分别下降 4.21% 和 8.41%；鲤平均出塘价格为 10.26 元/千克，同比上涨 3.12%。从近 5 年的价格范围看，大宗淡水鱼平均出塘价格仍然在合理的范围内浮动。

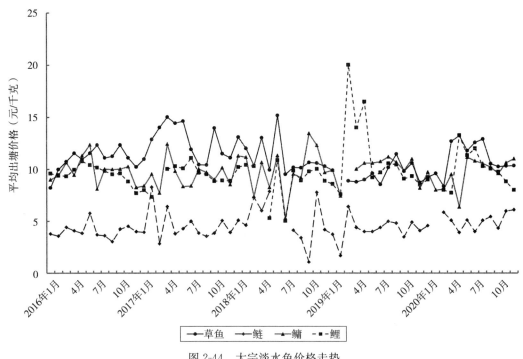

图 2-44　大宗淡水鱼价格走势

2. 名优淡水鱼类　乌鳢综合平均出塘价格 18.58 元/千克，与 2019 年基本持平。采集点出塘量 5 070.21 吨，同比下降 19.05%；出塘收入 9 422.55 万元，同比下降 20.20%。目前，山东省是乌鳢的第二大产区，从产业分布看，集中于微山和东平两地，产业聚集度较高，消费市场有限但较为稳定，因此，其价格在近几年平稳运行。

3. 海水鱼类　受新冠肺炎疫情影响，海水鱼类平均出塘价格出现明显跌幅，大菱鲆和鲈综合平均出塘价格分别为 38.37 元/千克和 51.93 元千克，同比分别下跌 31.17% 和 38.34%。从出塘量上看，采集点大菱鲆出塘 75.33 吨，同比下降 13.28%；出塘收入 289.10 万元，同比下降 40.31%。鲈鱼出塘 545.77 吨，同比增加 15.58%；出塘收入 2 834.21 万元，同比减少 28.73%。

4. 虾蟹类　梭子蟹价格上涨，南美白对虾价格微跌。梭子蟹综合平均出塘价格为 118.80 元/千克，同比增长 23.85%。2020 年由于雨水量较大，海水池塘较长时间盐度突变，导致三疣梭子蟹死亡率创近年来历史最高。从采集点情况看，亩产量约 14.47 千克，同比减少 33.43%。海、淡水南美白对虾综合平均出塘价格分别为 28.37 元/千克和 40.63 元/千克，同比分别为下降 7.41% 和 5.51%。近年来，南美白对虾经济效益总体较好，养殖积极性较高。从出塘情况看，采集点海、淡水南美白对虾出塘量分别为 1 239.64 吨和 337.61 吨，同比分别增加 20.22% 和 19.03%；出塘收入同比分别增加 11.32% 和 12.48%。

5. 贝类　牡蛎、鲍平均出塘价格同比下降 21.53% 和 20.91%，分别为 8.53 元/千克和 80.81 元/千克。主要是受新冠肺炎疫情影响，酒店餐饮为其主要消费渠道，疫情期间线下销售几近停滞，线上销售也不景气。采集点扇贝和蛤的出塘量分别为 813.63 吨和 18 152.87吨，同比分别减少 46.58% 和 81.74%；受出塘量下降影响，扇贝和蛤平均出塘价格同比增长 37.46% 和 4.35%，分别达到 4.77 元/千克和 6.95 元/千克。

6. 藻类　海带出塘价格由 2019 年的 2.29 元/千克下降至 2020 年的 1.41 元/千克，降幅达 38.43%；但采集点出塘量同比增加 102.07%，出塘收入也实现了 24.44% 的增长。

7. 其他类　采集点海参综合平均出塘价格 140.29 元/千克，同比降低 15.11%；出塘量达到 1 028.94 吨，同比增加 73.71%；出塘收入增加 47.46%。整体来看，2020 年海参养殖度夏比较成功，海参价格也处于一个比较合理水平，增强了养殖户生产信心。虽然央视 3.15 晚会对即墨区的海参不良养殖者进行了曝光，经省、市、区三级渔业主管部门调查，绝大多数海参从业者均遵纪守法，并没有在养殖过程施用违禁药物，加上视频说明的问题较为片面，海参生产销售只是在事件发生初期受到略微影响，后期一切恢复如初。随着人们养生理念的转变和养生意识的提高，选择海参为滋补品的消费人群正在快速壮大，带动市场需求日益扩大。

四、新冠肺炎疫情影响

2020 年春季暴发的新冠肺炎疫情，不可避免地对水产养殖业带来一定的影响。但综合各地情况，总体上看，疫情对养殖生产的影响有限，且不同品种的影响程度也不同。从品种看，疫情对淡水养殖品种影响不大。此次疫情在 4 月以后已有很大程度地缓解，淡水养殖品种的放苗时间一般在 4 月下旬至 5 月上旬，疫情期间大部分淡水池塘尚未开始生产，且全省淡水池塘基本是由当地养殖人员进行生产，由疫情带来的交通封闭、人员短缺、物资缺乏等因素，对淡水养殖的影响可以忽略。与之相比，海水品种受到的影响要相对较大，一方面，以大菱鲆、南美白对虾为代表的养殖品种，养殖户由于回收资金的需要，急于出售，而疫情造成的道路封闭，出现产品积压，东营河口地区出现了 25 万千克南美白对虾滞销的情况；另一方面，海水养殖品种在生产过程中，很大程度上需要外地技术人员及苗种，疫情造成了人员、苗种等的短缺，也很大程度地影响了渔业生产活动。

五、2021 年养殖渔情预测

2020 年初暴发的新冠肺炎疫情，让整条渔业产业链都迎来危机，水产品产销对接极不畅通。疫情管控措施下，物流几乎中断，餐饮企业退单严重，水产品加工企业持续停工，市场交易量严重不足，导致上游养殖者压塘现象严重。待疫情结束后，预计大众会出现报复性消费现象，届时水产品市场将逐步回暖。在国家逐步发布政策法律禁止野味交易的情况下，水产品或实现替代需求导致的增长，大菱鲆、刺参等部分养殖品种价格可能还有上涨空间。

（山东省渔业发展和资源养护总站）

河南省养殖渔情分析报告

一、养殖渔情分析

2020 年，全省共有 10 个信息采集县、27 个养殖渔情信息采集点。淡水养殖监测代表品种 7 个，分别为草鱼、鲤、鲢、鳙、鲫、南美白对虾（淡水）、小龙虾；重点关注品种 3 个，分别为河蟹、南美白对虾（淡水）、小龙虾。27 个采集点共售出水产品 1 794.747 吨，销售收入 2 458.109 7 万元，生产投入总计 2 692.198 5 万元，其中，物质投入所占比例最大为 85.41%。受灾损失 31.067 万元，其中，病害损失 4 504 千克、经济损失 5.129 万元。

（1）水产品销售量 1—12 月，27 个采集点共售出水产品 1 794.747 吨，同比降低 15.95%；销售收入 2 458.109 7 万元，同比降低 28.16%（表 2-20）。其中，淡水鱼类销

表 2-20 2020 年和 2019 年各品种销售量和销售收入对比

品种名称	销售额（万元）			销售数量（吨）		
	2019 年	2020 年	同比（%）	2019 年	2020 年	同比（%）
草鱼	610.85	299.50	−50.97	267.58	246.97	−7.70
鲢	52.19	57.36	9.92	57.95	65.40	12.86
鳙	65.49	38.85	−40.68	42.40	26.00	−38.68
鲤	1 050.49	1 072.02	2.05	1 327.82	1 130.95	−14.83
鲫	255.46	163.50	−36.00	148.90	98.60	−33.78
小龙虾	280.26	388.39	38.58	108.44	136.63	26.00
南美白对虾（淡水）	322.30	244.39	−24.17	86.55	56.99	−34.15
河蟹	784.48	194.10	−75.26	95.73	33.20	−65.32
合计	3 421.51	2 458.11	−28.16	2 135.37	1 794.75	−15.95

售量 1 567.92 吨，销售收入 1 631.23 万元；淡水甲壳类销售量 226.823 吨，销售收入 826.881 万元。淡水鱼类中，鲤销量和销售额最大，分别占淡水鱼类总销量和总销售额的 72.13 和 65.72%；其次是草鱼，销量和销售额分别占淡水鱼类总销量和总销售额的 15.75% 和 18.36%。淡水甲壳类中，小龙虾销量和销售额最大，分别占淡水甲壳类总销量和总销售额的 60.24 和 46.97%；其次是南美白对虾（淡水），分别占淡水甲壳类总销量和总销售额的 25.13% 和 29.56%（表 2-21，图 2-45、图 2-46）。

表 2-21 2020 年 1—12 月各品种销售量

单位：吨

品种名称	月 份											
	1	2	3	4	5	6	7	8	9	10	11	12
淡水鱼类	440.16	101.00	71.27	79.62	29.32	0.00	0.00	0.00	325.00	118.25	111.50	288.55
草鱼	92.96	0.00	33.77	70.32	25.42	0.00	0.00	0.00	0.00	0.00	0.00	21.25

（续）

品种名称	月　份											
	1	2	3	4	5	6	7	8	9	10	11	12
鲢	0.00	0.00	4.00	6.00	3.40	0.00	0.00	0.00	0.00	0.00	0.00	52.00
鳙	0.00	0.00	1.00	3.30	0.50	0.00	0.00	0.00	0.00	0.00	0.00	21.20
鲤	279.20	101.00	32.50	0.00	0.00	0.00	0.00	0.00	325.00	118.25	111.50	163.50
鲫	68.00	0.00	0.00	0.00	0.00	0.00	0.00	0.00	0.00	0.00	0.00	30.60
淡水甲壳类	0.00	0.00	0.75	13.14	35.95	28.75	47.60	52.55	11.87	22.32	6.40	7.50
小龙虾	0.00	0.00	0.75	13.14	35.95	28.75	27.10	26.55	2.97	1.43	0.00	0.00
南美白对虾（淡水）	0.00	0.00	0.00	0.00	0.00	0.00	20.50	26.00	8.90	1.59	0.00	0.00
河蟹	0.00	0.00	0.00	0.00	0.00	0.00	0.00	0.00	0.00	19.30	6.40	7.50

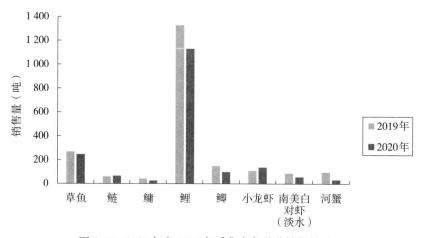

图 2-45　2020 年和 2019 年采集点各品种销售量对比

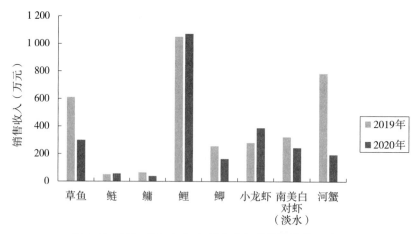

图 2-46　2020 年和 2019 年采集点各品种销售收入对比

（2）出塘价格　27 个采集点草鱼、鲢、鳙和鲫 6 月以后基本处于有价无市状态，在春节前后的 12 月和 1 月出塘价格相对较高，鲢达到 10 元/千克、鳙达到 16.72 元/千克。主要原因是春节前后是活鱼供应的热潮，大部分鱼塘鲢、鳙出塘规格大，达到 2 500 克/条以上；而 3—5 月鲢、鳙价格低迷，鲢只有 4 元/千克、鳙只有 7～8 元/千克。主要是因为尉氏县采集点这个季节出塘的大部分为草鱼苗种，规格较小，价格偏低（表 2-22）。

小龙虾近几年成为市场热宠，3—4 月时节市场需求旺盛，但此时小龙虾刚刚上市，出塘量不高。随着出塘量的增加，5 月以后价格大跌。由于 2020 年 5 月疫情稍有缓解，各地逐步解封，因此消费迅速上涨，导致 2020 年 5—7 月小龙虾价格较 2019 年有所上涨。8 月以后，价格逐步恢复与往年相似的趋势。

表 2-22 2020 年每个月各品种出塘价格走势

单位：元/千克

品种名称	月　份											
	1	2	3	4	5	6	7	8	9	10	11	12
草鱼	10.19	0.00	9.52	9.15	9.93	0.00	0.00	0.00	0.00	0.00	0.00	10.61
鲢	0.00	0.00	4.00	4.00	4.00	0.00	0.00	0.00	0.00	0.00	0.00	10.00
鳙	0.00	0.00	7.00	7.00	8.00	0.00	0.00	0.00	0.00	0.00	0.00	16.72
鲤	9.89	9.20	8.20	0.00	0.00	0.00	0.00	0.00	9.40	9.37	9.38	9.51
鲫	15.04	0.00	0.00	0.00	0.00	0.00	0.00	0.00	0.00	0.00	0.00	20.00
小龙虾	0.00	0.00	32.85	34.89	26.52	24.44	25.46	35.04	30.44	23.92	0.00	0.00
南美白对虾（淡水）	0.00	0.00	0.00	0.00	0.00	0.00	42.93	42.69	43.60	41.45	0.00	0.00
河蟹	0.00	0.00	0.00	0.00	0.00	0.00	0.00	0.00	0.00	43.34	43.67	110.00

（3）生产投入 1—12 月生产投入总计 2 692.1985 万元，同比降低 12.96%。其中，物质投入 2 299.329 4 万元、服务支出 204.559 4 万元，同比分别降低 14.63%、5.08%；人力投入 188.309 7 万元，同比增长 2.2%（表 2-23，图 2-47）。

2020 年生产投入同比降低，主要体现在苗种投放、饲料费、燃料费、塘租费及其他费用的下降，同比分别下降 32.83%、18.39%、81.81%、13.94%、82.36%；而水费、电费略有上涨，分别上涨 24.03% 和 3.86%（表 2-23）。

表 2-23 2020 年和 2019 年生产投入对比

单位：万元

指标	2019 年	2020 年	增减率（%）
生产投入	3 093.10	2 692.20	−12.96
（一）物化投入	2 693.35	2 299.33	−14.63
1. 苗种投放	426.97	286.80	−32.83
2. 饲料	1 185.59	967.51	−18.39
3. 燃料	14.16	2.58	−81.78
4. 塘租费	302.79	260.59	−13.94
5. 固定资产折旧	771.13	779.45	1.08

（续）

指标	2019 年	2020 年	增减率（%）
6. 其他	1.58	2.40	51.90
（二）服务支出	215.50	204.56	−5.08
1. 电费	115.47	119.92	3.85
2. 水费	12.45	15.40	23.69
3. 防疫费	66.99	65.40	−2.37
4. 保险费	0.02	0.00	−100.00
5. 其他费用	21.74	3.84	−82.34
（三）人力投入	184.25	188.31	2.20
1. 雇工	144.40	147.43	2.10
2. 本户（单位）人员	42.07	40.88	−2.83

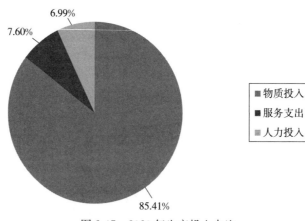

图 2-47　2020 年生产投入占比

（4）生产损失　2020 年，全省养殖渔情信息采集点灾害多发，但由于新冠肺炎疫情影响，存塘量少，因此表现出损失下降的趋势。这其中以自然灾害为主，小龙虾在 2020 年损失较大。1—12 月采集点受灾损失 15.534 万元，同比下降 63.1%。其中，病害损失 4 504 千克、经济损失 5.129 万元，同比下降 74.7% 和 79.6%；自然灾害损失 4 265 千克、经济损失 10.41 万元，同比增加 20.3% 和 10.1%（表 2-24）。

表 2-24　2020 年全年各品种受灾损失情况

品种名称	受灾损失（万元）		病害（万元）		病害（千克）		自然灾害（万元）		自然灾害（吨）	
	1—12 月	同比增减率（%）	1—12 月	同比增减率（%）	1—12 月	同比增减率（%）	1—12 月	同比增减率（%）	1—12 月	同比增减率（%）
草鱼	1.04	−48.56	1.04	−48.56	657.00	−68.34	0.00	0.00	0.00	0.00
鲢	0.62	8.61	0.19	−14.93	215.00	−67.08	0.43	23.56	580.00	52.63
鳙	0.90	79.68	0.19	170.42	152.00	204.00	0.71	64.73	540.00	86.21
鲤	3.25	−14.64	3.25	−14.64	3 400.00	−10.36	0.00	0.00	0.00	0.00

（续）

品种名称	受灾损失（万元）		病害（万元）		病害（千克）		自然灾害（万元）		自然灾害（吨）	
	1—12 月	同比增减率（％）	1—12 月	同比增减率（％）	1—12 月	同比增减率（％）	1—12 月	同比增减率（％）	1—12 月	同比增减率（％）
鲫	0.41	25.64	0.15	159.13	80.00	105.13	0.27	−2.57	145.00	−2.68
小龙虾	9.00	3.45	0.00	−100.00	0.00	−100.00	9.00	233.33	3 000.00	200.00
南美白对虾（淡水）	0.00	−100.00	0.00	−100.00	0.00	0.00	0.00	0.00	0.00	0.00
河蟹	0.31	−73.22	0.31	60.00	0.00	0.00	0.00	−100.00	0.00	−100.00
合计	15.53		5.13		4 504.00		10.41		4 265.00	

二、特点和特情分析

（1）淡水鱼类销售量集中在 1—3 月和 9—12 月，但整体与 2019 年相比，销量是下降的。其中，1 月销量达到最大，为 440.16 吨。淡水甲壳类 8 月达到最大销量，为 52.55 吨。

鲤虽然在 2020 年总体销售量下降不明显，但月度出售数量有变化，9 月鲤大量出塘与新冠肺炎疫情后期消费量上涨有关。但总体来看，受疫情影响，水产品不管是销售量还是销售收入都不同幅度地下降，河蟹下降得最为明显。

（2）水产品单价分析来看，鲤 1 月价格到达最高 9.89 元/千克，但全年价格波动不大；鲢、鳙、鲫均在 12 月平均出塘价格达到最高。克氏原敖虾 8 月价格最高；南美白对虾（淡水）9 月价格最高，达 43.60 元/千克；河蟹 12 月平均出塘价达到 110 元/千克。

（3）生产投入中，饲料费占比最大，为 39.15％；其次是固定资产折旧、苗种投放和塘租费；但物质投入总体较 2019 年下降 15.86％。

（4）受灾损失方面，小龙虾损失最为严重，主要原因是河南省小龙虾养殖集中在信阳淮河流域。2020 年，淮河流域连续雨水天气引发洪水灾害，为减轻下游压力，淮河中上游倍受泄洪压力，虽然各采集点采取各种措施，但还是造成严重损失。

三、2021 年养殖渔情预测

因新冠肺炎疫情的持续影响，2020 年水产养殖总体情况较 2019 年更加严峻，上半年由于消费减少，导致优质水产品种需求减少，因而价格较 2019 年略有下降，直到下半年供货量才恢复至往年水平。2021 年新冠肺炎疫情将大大缓解，水产品价格可能会有所回升，但由于环保要求愈来愈严格，受水产养殖投入品规范化等一系列外部因素影响，养殖生产成本可能会有上涨。大宗鱼类养殖（草鱼、鲤、鲢、鳙、鲫）和特色水产品养殖（小龙虾、南美白对虾、河蟹）如何在提高水产品质量的同时，逐步稳定价格，实现经济利益最大化，顺应时代发展，将成为渔业主管部门和科研及技术推广机构关注点的重中之重。

（河南省水产技术推广站）

湖北省养殖渔情分析报告

一、主要监测指标变动

1. 成鱼出塘量同比减少，水产品综合价格同比下降 相较 2019 年同期，采集点水产品销售量减产 63 468 千克，下降了 5.26%。其中，常规淡水鱼类增长了 18.91%，淡水甲壳类下降了 22.54%，其他类下降了 97.87%。综合价格同比减少 1.92 元/千克，下降了 6.02%。在 12 个监测品种中，价格上涨和下降的品种各有 6 个。其中，在价格下降的 6 个品种中，名优品种占到了 5 个。经济效益同比减少 4 216 万元，下降了 10.97%（表 2-25，图 2-48、图 2-49）。

表 2-25 2020 年监测点出塘量和出塘收入

品种	出塘量（千克）	同比增长率（%）	销售收入（元）	同比增长率（%）
合计	1 142 352	−5.26	34 225 312	−10.97
淡水鱼类	621 769	18.91	12 865 285	7.56
草鱼	277 439	95.10	2 608 397	114.57
鲢	32 857	59.00	181 340	80.00
鳙	16 313	80.49	210 870	103.17
鲫	10 575	−34.10	125 680	−38.40
黄颡鱼	47 980	−44.84	975 340	−50.46
泥 鳅	139 850	−10.24	3 158 500	−10.89
黄鳝	63 007	−18.33	4 138 706	−49.84
鳜	33 748	−13.52	1 466 452	−28.86
淡水甲壳类	517 381	−22.54	21 165 027	−17.53
小龙虾	287 170	−17.93	7 033 451	−34.07
南美白对虾	23 853	−35.52	1 162 000	−41.94
河蟹	206 358	−26.57	12 969 576	−0.23
淡水其他	3 202	−97.87	195 000	−75.99
中华鳖	3 202	−97.87	195 000	−75.99

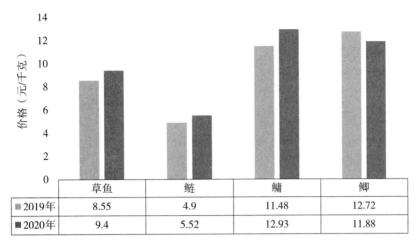

图 2-48　2019—2020 年常规品种出塘价格比较

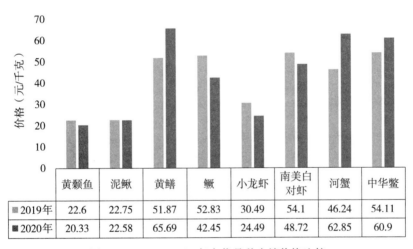

图 2-49　2019—2020 年名优品种出塘价格比较

2. 鱼苗投放量同比减少，鱼种投放量同比增加，苗种投入同比增长　因受新冠肺炎疫情防控影响，苗种场春季鱼苗繁殖工作滞后，早期鱼苗繁殖量减少，加上省内外人车不能流动，外地苗种购进困难。2020 年，湖北省淡水养殖苗种投放都以大规格鱼种为主。从监测数据看，采集点共投放鱼苗 3 267.6 万尾，同比减少 6 733.4 万尾，下降了 67.32%；投放鱼种 12.8 万千克，同比增加 5.65 万千克，增长了 79.02%；苗种投入共 520.6 万元，同比增加 103.6 万元，增长了 24.84%。

3. 生产投入同比增长　监测点全年生产总投入 2 847.6 万元，同比增加 375.6 万元，增长了 15.19%。其中，物质投入 2 173.5 万元，增加 317.9 万元，增长了 17.13%（苗种投入 520.6 万元、饲料投入 1 123.7 万元、燃料费 4.3 万元、塘租费 444.0 万元、固定资产折旧费 45.8 万元、其他 35.1 万元）；服务支出 461.5 万元，同比增加 74.3 万元，增长了 19.19%（水电费 200.8 万元、防疫费 232.0 万元、其他 28.7 万元）；人力投入 212.6 万元，同比减少 13.6 万元，下降了 7.2%（图 2-50）。

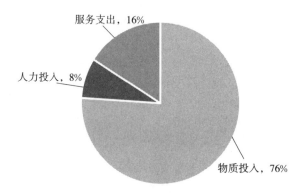

图 2-50   2020 年各项生产投入占比

4. 灾害损失同比增加，洪涝灾害损失占近七成   因湖北省 6 月中下旬发生了洪涝灾害，水产品损失与 2019 年同比有大幅增长。从监测数据看，监测点共计损失水产品产量 44 790.5 千克，同比增加 35 054.5 千克，上涨了 360.05％；水产品经济损失 129.01 万元，同比增加 111.25 万元，上涨了 626.39％。其中，自然灾害数量损失增加 32 400 千克，是 2019 年的 324 倍，占当年灾害数量损失的 72.56％；经济损失增加 848 000 元，比 2019 年损失提高了 626.39％，占当年经济损失的 65.81％；病害经济损失下降了 2.79％；其他经济损失增长了 341.18％。

二、养殖特情分析

1. 投入增加，水产品出塘总产量减少   1—4 月，因新冠疫情防控影响，水产品销售受阻、养殖生产停滞；6 月受洪涝灾害影响，水产养殖动物大量逃逸或死亡，虽然生产投入同比增加了 15.19％，但出塘量同比却下降 5.3％。

2. 常规品种产量大幅增加，名优品种减产幅度较大   苗种投放期间，省内名优苗种生产滞后，省外名优苗种运输遇阻，正常水产养殖秩序受到干扰，养殖者不得不改变养殖品种结构。如草鱼、鲢、鳙、鲫等常规品种出塘量同比增长了 79.50％；黄颡鱼、泥鳅、黄鳝、鳜等名优鱼类总出塘量同比下降了 15.10％；淡水甲壳类总出塘量同比下降了 22.54％；淡水其他类同比下降了 97.9％。

3. 常规品种价格普遍上涨，名优品种价格大部分下降   从监测数据和实际情况看，因水产品总体产量的下降，带来了市场供求关系的新变化。在平均出塘价格方面，常规品种价格同比上涨，如草鱼、鲢和鳙等价格分别上涨了 9.94％、12.65％和 12.63％；而名优品种价格同比下降，如黄颡鱼、鳜、小龙虾等分别下降了 10.16％、17.76％、19.68％。

4. 应季水产品受损较为严重   2—4 月，正是上年存塘河蟹销售时间、当年小龙虾生长关键季节。受新冠肺炎疫情防控，市场及餐饮业停滞等影响，河蟹销售出现困难，小龙虾不能开展投喂管理。结果是存塘河蟹价格同比下降 50％以上，小龙虾生长缓慢，规格偏小，市场价格同比偏低。

5. 养殖比较效益下降   "双灾情"对水产养殖效益造成较大程度影响，比较效益降低。从监测产量与产值看，2020 年出塘量下降 5.3％，出塘销售额下降了 10.7％。从投入与产出比看，2019年投入产出比为1：1.56，2020年为1：1.20，同比效益下降了64.28％。

三、2021年养殖渔情预测

湖北省渔业生产虽然历经了2020年的"双灾情"打击，但渔业生产的基本面没有发生根本性的变化，从业者在技术、市场等方面仍保有信心，相较2020年养殖渔业的较低基数指标，预计2021年渔业总体前景乐观看好。与此同时，养殖者也应注意做好生产管理、防灾减灾等工作，特别是要防止个别品种的高度集中过量养殖，造成增产不增收的情况发生。

（湖北省水产技术推广总站）

湖南省养殖渔情分析报告

一、养殖渔情分析

2020 年，湖南省养殖渔情信息采集监测工作在湘乡市、衡阳县、平江县、湘阴县、津市、汉寿县、澧县、沅江市、南县、大通湖区、祁阳县 11 个县（市、区）开展，共 34 个监测点。监测品种为淡水鱼类和淡水甲壳类中的 10 个品种。其中，淡水鱼类为草鱼、鲢、鳙、鲫、黄颡鱼、黄鳝、鳜、乌鳢 8 个品种；淡水甲壳类为小龙虾、河蟹 2 个品种。养殖模式涉及到主养、混养、精养及综合种养等多种形式。经营组织以龙头企业和基地渔场为主。

1. 2020 年淡水鱼类出塘量比 2019 年有所减少，出塘收入同比略有下降，较 2018 年降幅更大 2020 年，全省养殖渔情监测点淡水鱼类成鱼出塘量 4 250.51 吨，同比减少 376.08 吨，减幅 8.13%；出塘收入 5 036.34 万元，同比减少 161.38 万元，减幅 3.10%。由于综合平均出塘价格上涨原因，出塘收入降幅明显低于出塘量降幅。另外，出塘量增减的品种分化明显。其中，草鱼、鲢、黄颡鱼、乌鳢出塘量分别增长 2.56%、10.66%、64.93%、81.96%；鳙、鲫、黄鳝和鳜出塘量分别减少 5.26%、50%、40.95%、6.39%（图2-51、图 2-52）。

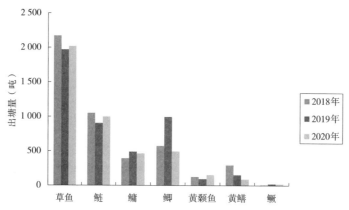

图 2-51 2018 年至 2020 年采集点主要淡水鱼类出塘量变化情况

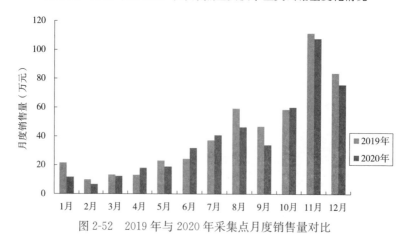

图 2-52 2019 年与 2020 年采集点月度销售量对比

2. 淡水甲壳类出塘收入大幅下降，出塘量变化不一，价格起伏是影响品种出塘收入震荡变化主要原因　2020年，全省监测点淡水甲壳类出塘量396.60吨，同比减少2.26%；出塘收入1 273.85万元，同比降低32.01%。其中，小龙虾出塘量336.87吨，同比增加9.53%，出塘价下降了40.65%，出塘收入下降35%；河蟹出塘量同比下降39.17%，出塘价上涨了17.78%，出塘收入下降27.97%，较出塘量降幅收窄11个百分点。

3. 2020年生产投入比2019年减少，由于新冠肺炎疫情影响，投入构成的变化不大　监测点2020年生产投入3 469.92万元，同比减少5.33%。其中，饲料费1 377.82万元，同比减少12.29%，占投入比重的44%；苗种费806.91万元，同比减少3.25%，占投入比重的24%；人力投入681.93万元，同比增加1.03%，占投入比重的19%；塘租费303.09万元，同比增加3.09%，占投入比重的8%；水电费支出124.33万元，同比增加5.45%，占投入比重的3%（图2-53、图2-54）。

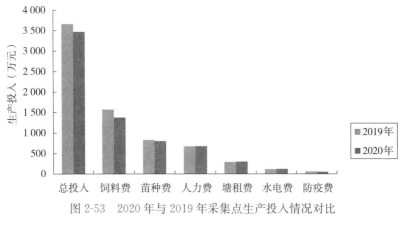

图2-53　2020年与2019年采集点生产投入情况对比

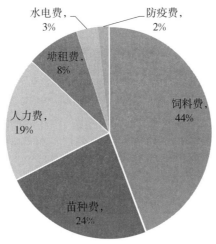

图2-54　2020年采集点主要投入结构情况

4. 2020年病害损失同比减少，防疫费同步下降，2020年病害损失相比2018年减幅更大，气候适宜为主要原因　监测点2020年防疫费51.11万元，较2019年、2018年分别减少 9.65 万元、24.75 万元，减幅分别为 15.88％、32.63％。2020 年监测点病害数量损失 18.73 吨，较 2019 年减少 8.55 吨，减幅为 31.34％；2020 年监测点病害经济损失 34.29 万元，较 2019 年、2018 年分别减少 1.49 万元、19.29 万元，减幅分别为 4.16％、36％（图 2-55 至图 2-57）。

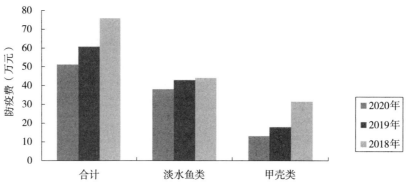

图 2-55　2018—2020 年采集点防疫费金额对比

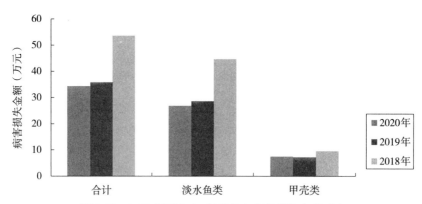

图 2-56　2018 年至 2020 年采集点病害损失金额对比

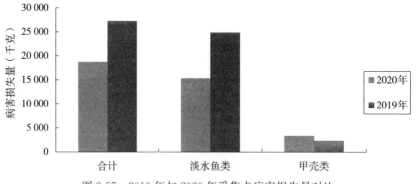

图 2-57　2019 年与 2020 年采集点病害损失量对比

5. 从渔情监测点情况看，2020 年湖南省水产养殖塘边起水价有较大的变化　2020 年，全省监测点淡水鱼类的塘边综合均价 11.85 元/千克，比 2019 年增长了 5.53％。其中，草鱼、鲢、鳙和鲫等大宗淡水鱼塘边起水价格 10.26 元/千克、6.66 元/千克、11.4 元/

千克、13.38 元/千克，较 2019 年分别上涨了 18.07％、18.29％、7.75％和 33.8％，河蟹、乌鳢、鳜塘边价分别上涨 17.78％、11.66％、2.73％。小龙虾、黄颡鱼及黄鳝价格则呈下降趋势，其中，小龙虾、黄颡鱼塘边起水价下降幅度分别为 40.65％、19.83％。全省大部分渔民基本上是以四大家鱼等大宗淡水鱼类为主要养殖品种，大宗淡水鱼类塘边起水价格的强势上涨，大幅提升了养殖户的收入（图 2-58、图 2-59）。

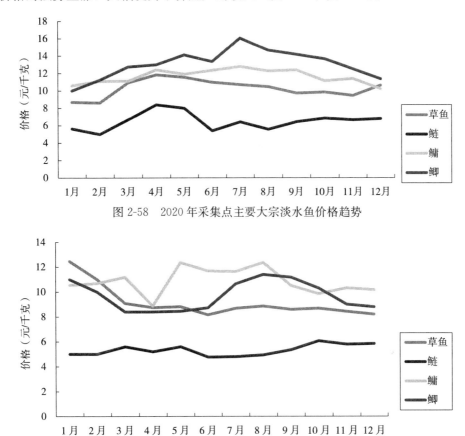

图 2-58　2020 年采集点主要大宗淡水鱼价格趋势

图 2-59　2019 年采集点主要大宗淡水鱼价格趋势

二、特点和特情分析

　　2020 年，突如其来的新冠肺炎疫情给湖南省水产养殖生产带来很大影响。1 月下旬至 2 月，渔业生产活动基本停滞。从监测点销售量数据来看，与 2019 年相比，1—3 月销售量下降明显，经过 4—5 月的起伏之后，销售量逐渐恢复（图 2-52）。从监测点平均出塘价格数据来看，2 月大宗淡水鱼平均出塘价格有一个明显下降，尽管全年出塘量有一定幅度的减少，但由于大宗淡水鱼综合价格上涨，监测点渔业收入变化不大（图 2-58、图 2-59）。4 月以后，新冠肺炎疫情对渔业生产短期影响有所缓解，渔业生产基本恢复到正常水平。成鱼出塘、销售、苗种销售等一些水产养殖生产环节恢复正常，苗种价格和成鱼平均出塘价格已恢复到 2019 年同期水平，成鱼压塘已降至最低水平。疫情防控常态化背景下，必须做好应对可能发生困难的各种准备，切实保证渔业生产健康可持续发展。

三、2021 年养殖渔情预测

（1）由于 2020 年年末存塘量减少，大宗淡水鱼类出塘价格上涨。预计 2021 年气候正常的情况下，大宗淡水鱼类苗种投放量同比将有一定幅度的增长；名特优品种苗种投放量预计将随价格起伏不同，品种有增有减。

（2）2021 年，生产投入费用预计不会有太大变化。人员工资、基础设施建设等成本预计将有小幅增加，大宗投入品饲料、苗种价格调整余地不大，新冠肺炎疫情影响暂时难以短时间消解，生产投入预期难有大的增长。

（3）2021 年，由于猪肉供需矛盾短期无法缓解，价格应该会持续居高不下。受此影响，加上 2020 年存塘量减少，2021 年水产品综合平均出塘价格预计将保持稳中略涨，渔业生产销售收入预期将得到提高，渔民收入会进一步增长。

（4）随着各地大力推广绿色健康养殖、生态养殖和精养鱼池标准化升级改造，养殖尾水排放得到有效管控，渔业病害发生的损失将有所减少。

（湖南省畜牧水产事务中心）

广东省养殖渔情分析报告

一、养殖渔情分析

广东省在徐闻县、雷州市、廉江市、海陵岛试验区、台山市、金湾区、澄海区、饶平县、阳春市、东莞市、中山市、番禺区、白云区、斗门区、博罗县、高州市、茂南区、高要区等 18 个县（市、区）设 46 个监测点，监测面积有淡水池塘养殖 490.6 公顷，海水池塘养殖 830.67 公顷，筏式 346.67 公顷，普通网箱 29 200 米²，工厂化 6 000 立方水体。监测品种有鲈、卵形鲳鲹、石斑鱼、南美白对虾、青蟹、牡蛎、扇贝、草鱼、鲢、鳙、鲫、黄颡鱼、鳜、加州鲈、乌鳢、罗非鱼等。

根据广东省水产养殖渔情信息采集数据，2020 年全省水产养殖生产总体态势良好，主要生产投入指标同比出现增长。一是养殖结构优化趋势明显，苗种投放大幅增加，养殖生产形势比较乐观；二是受新冠肺炎疫情影响，增产却不增收，主要是综合平均出塘价格有所下降，造成出塘收入同比减少；三是养殖生产投入总体有所增加，主要是苗种费、饲料费、塘租费、防疫费等投入对养殖生产增收压力增大；四是受灾经济损失同比大幅度减少，受损以养殖病害为主。

1. 主要指标变动情况

监测品种销售额、销售数量总体淡增海减　2020 年，广东省水产养殖渔情信息监测品种共有 17 个。其中，草鱼、鲢、罗非鱼、黄颡鱼、鳜、乌鳢、南美白对虾（淡水）、海水鲈、牡蛎 9 个品种销售额和销售量同比增加，其中增加幅度最大的是乌鳢，销售额增加 602.53%，销售量增加 429.14%；鳙、鲫、加州鲈、石斑鱼、卵形鲳鲹、南美白对虾（海水）、青蟹、扇贝 8 个品种销售额和销售量同比减少，其中下降幅度最大的是加州鲈，销售额减少 93.92%、销售量减少 93.59%（表 2-26）。原因是养殖密度大，影响生长。2020 年年末价格不好，存塘养到 2021 年春节前后价格好点才销售。

表 2-26　养殖渔情监测品种销售额和销售数量情况

养殖品种	销售额（万元）				销售数量（万千克）			
	2019 年	2020 年	增减值	增减率（%）	2019 年	2020 年	增减值	增减率（%）
草鱼	316.09	527.78	211.69	66.97	27.28	36.47	9.19	33.70
鲢	8.36	8.41	0.05	0.65	1.81	1.21	−0.60	−33.08
鳙	106.18	94.66	−11.52	−10.85	9.27	7.62	−1.65	−17.77
鲫	20.20	18.87	−1.33	−6.59	1.55	1.18	−0.37	−24.17
罗非鱼	3 917.69	6 246.13	2 328.44	59.43	418.17	773.21	355.04	84.90
黄颡鱼	394.58	678.40	283.82	71.93	22.25	33.32	11.07	49.77
加州鲈	2 284.77	138.90	−2 145.87	−93.92	81.82	5.24	−76.58	−93.59
鳜	247.20	524.50	277.30	112.18	4.51	9.85	5.34	118.60

（续）

养殖品种	销售额（万元）				销售数量（万千克）			
	2019 年	2020 年	增减值	增减率（%）	2019 年	2020 年	增减值	增减率（%）
乌鳢	512.66	3 601.55	3 088.90	602.53	43.76	231.55	187.79	429.14
南美白对虾（淡水）	1 158.14	1 373.45	215.31	18.59	22.80	34.69	11.89	52.16
海水鲈	1 149.72	1 291.89	142.17	12.37	50.08	74.52	24.44	48.80
石斑鱼	3 219.83	1 691.45	−1 528.37	−47.47	42.60	27.73	−14.87	−34.90
卵形鲳鲹	2 403.63	1 469.81	−933.83	−38.85	83.12	48.69	−34.43	−41.42
南美白对虾（海水）	9 762.33	6 561.08	−3 201.25	−32.79	258.88	199.15	−59.73	−23.07
青蟹	1 674.92	1 328.07	−346.85	−20.71	7.12	5.79	−1.32	−18.59
牡蛎	375.80	461.60	85.80	22.83	34.40	40.88	6.48	18.84
扇贝	432.45	62.69	−369.76	−85.50	94.96	13.68	−81.29	−85.60

2. 监测品种综合平均出塘价格涨跌各半 2020 年，草鱼、鲢、鳙、鲫、黄颡鱼、乌鳢、卵形鲳鲹、牡蛎、扇贝 9 个品种综合平均出塘价格同比上涨，涨幅为 0.66%～50.33%；罗非鱼、加州鲈、鳜、南美白对虾（淡水）、海水鲈、石斑鱼、南美白对虾（海水）、青蟹 8 个品种综合平均出塘价格稍有下跌，跌幅在 2.6%～24.48%（表 2-27）。

表 2-27 养殖渔情监测品种综合平均出塘价格情况

养殖品种	综合平均出塘价格（元/千克）			
	2019 年	2020 年	增减值	增减率（%）
草鱼	11.59	14.47	2.88	24.85
鲢	4.61	6.93	2.32	50.33
鳙	11.45	12.42	0.97	8.47
鲫	13.03	16.05	3.02	23.18
罗非鱼	9.37	8.08	−1.29	−13.77
黄颡鱼	17.73	20.36	2.63	14.83
加州鲈	27.92	26.5	−1.42	−5.09
鳜	54.86	53.25	−1.61	−2.93
乌鳢	11.72	15.55	3.83	32.68
南美白对虾（淡水）	50.79	39.59	−11.2	−22.05
海水鲈	22.96	17.34	−5.62	−24.48
石斑鱼	75.58	61	−14.58	−19.29
卵形鲳鲹	28.92	30.19	1.27	4.39
南美白对虾（海水）	37.71	32.94	−4.77	−12.65
青蟹	235.34	229.21	−6.13	−2.60

（续）

养殖品种	综合平均出塘价格（元/千克）			
	2019 年	2020 年	增减值	增减率（%）
牡蛎	10.92	11.29	0.37	3.39
扇贝	4.55	4.58	0.03	0.66

3. 养殖生产投入同比有所增加　2020 年，养殖渔情监测采集点生产投入 26 354.04 万元，同比增加 18.57%。其中，物质投入 21 279.33 万元，同比增加 23.28%，占生产投入的 80.74%；服务支出 2 255.89 万元，同比增加 5.74%，占生产投入的 8.65%；人力投入 2 818.82 万元，同比减少 0.47%，占生产投入的 10.70%（表 2-28）。

表 2-28　养殖渔情监测品种生产投入情况

指标	金额（万元）			
	2019 年	2020 年	增减值	增减率（%）
生产投入	22 226.34	26 354.04	4 127.71	18.57
（一）物质投入	17 260.84	21 279.33	4 018.50	23.28
1. 苗种投放	2 813.64	3 604.48	790.84	28.11
投苗情况	2 709.04	3 126.21	417.17	15.40
投种情况	104.61	478.27	373.66	357.21
2. 饲料费	11 342.18	14 522.75	3 180.56	28.04
原料性饲料	1 938.91	2 689.27	750.35	38.70
配合饲料	9 373.88	11 819.48	2 445.60	26.09
其他	29.40	14.00	−15.40	−52.37
3. 燃料费	91.06	75.01	−16.05	−17.62
柴油	86.84	68.34	−18.50	−21.30
其他	4.22	6.67	2.45	57.95
4. 塘租费	2 765.41	2 779.03	13.62	0.49
5. 固定资产折旧费	24.18	30.05	5.86	24.25
6. 其他	224.35	268.02	43.67	19.46
（二）服务支出	2 133.38	2 255.89	122.51	5.74
1. 电费	1 378.22	1 524.95	146.73	10.65
2. 水费	67.73	54.35	−13.38	−19.75
3. 防疫费	299.70	363.56	63.86	21.31
4. 保险费	4.36	11.26	6.90	158.11
5. 其他费用	383.38	301.78	−81.60	−21.28
（三）人力投入	2 832.12	2 818.82	−13.30	−0.47
1. 雇工	572.40	342.37	−230.03	−40.19
2. 本户（单位）人员	2 259.72	2 476.45	216.72	9.59

4. 生产损失同比大幅度减少 2020 年，全省养殖渔情监测采集点水产养殖灾害多发，但灾害程度较小。监测点数据显示，灾害造成经济损失 141.67 万元，同比减少 86%。其中，以养殖病害经济损失为主，受灾经济损失 115.34 万元，同比增加 6.11%；相反，自然灾害经济损失 6.88 万元，同比减少 99.22%；其他灾害造成的经济损失 19.46 万元，同比增加 17.8%（表 2-29）。

表 2-29　养殖渔情监测品种生产损失情况

损失种类	金额（万元）			
	2019 年	2020 年	增减值	增减率（%）
受灾损失	1 012.21	141.67	−870.54	−86.00
1. 病害	108.70	115.34	6.64	6.11
2. 自然灾害	887.00	6.88	−880.12	−99.22
3. 其他灾害	16.52	19.46	2.94	17.80

二、特点和特情分析

（1）2020 年年初，受新冠肺炎疫情影响，导致人员流通大幅减少，酒席聚餐等终端消费量断崖式下跌，流通不畅通等问题，水产品交易大幅减少，水产品压塘情况十分严重，价格持续下跌。绝大多数品种塘头收购价格低于生产成本，全线亏损，甚至出现卖鱼难。如商品规格鳜的塘头收购价已经低于 42 元/千克，石斑鱼低于 50 元/千克、乌鳢低于 11 元/千克。到 2020 年下半年，监测品种平均出塘价格才慢慢回涨。

（2）2020 年，生产投入同比增加 18.57%，物质投入占生产投入 80.74%，而物质投入以苗种费、饲料费、塘租费等 3 项占生产投入的 98.25%。特别是 2020 年投苗时间比往年迟点，但苗种费同比增加幅度最大，主要是养殖企业和养殖户对 2020 年水产养殖业行情看好，积极调整养殖模式。投大规格鱼种，生长快，大幅度地增加草鱼、乌鳢、加州鲈、青蟹、牡蛎苗种投放。苗种投放量的增加，推动了饲料用量增加，饲料成本也相应增加。塘租费也是每年递增，对养殖企业和养殖户发展生产带来一定的成本压力。

（3）2020 年水产品受灾损失比 2019 年同期大幅度减少，主要是 2020 年没有发生特大的自然灾害，以常见养殖病害和其他灾害为主。病害主要集中在鱼类出血病、烂鳃病、肠炎病、细菌性败血症、溃疡病、车轮虫、指环虫、链球菌病、对虾偷死病和红体病等病害上；其他灾害由于停电致缺氧死亡造成损失。

三、2021 年养殖渔情预测

根据全省养殖渔情采集点反映情况，2020 年苗种投放、生产投入大幅增长，加上在经济利益和市场供求驱动下，预计 2021 年包括养殖渔情采集点在内的全省水产养殖经济形势将会保持稳定发展趋势，各项经济指标也将稳定增长，呈现全面增产增收的局面。

（广东省渔业技术推广总站）

广西壮族自治区养殖渔情分析报告

一、采集点基本情况

1. 采集区域和采集点 2020 年，广西养殖渔情信息采集点分布在全区 15 个市（区、县），分别是大化县、东兴市、港北区、桂平市、合浦县、临桂区、宁明县、钦州市、铁山港区、上林县、覃塘区、藤县、兴宾区、玉州区和宾阳县，全区养殖渔情信息采集点共有 36 个。

2. 主要采集品种和养殖方式 2020 年，采集点采集品种淡水鱼类有草鱼、鲢、鳙、鲫、罗非鱼；海水鱼类有卵形鲳鲹；虾蟹类有南美白对虾（海水）；海水贝类有牡蛎；淡水其他类有鳖。养殖方式包括淡水池塘、海水池塘、深水网箱、筏式、底播等。

3. 采集点产量和面积 2020 年，36 个采集点养殖面积分别为：淡水养殖面积 3 022 亩，海水池塘养殖 1 752 亩，筏式养殖 807 亩，深水网箱养殖 110 250 米^3，滩涂底播养殖 120 亩。

二、养殖渔情分析

1. 养殖水产品总体出塘量、销售收入和价格变化 2020 年，因受新冠肺炎疫情影响，有的采集点在投苗后很长一段时间内处于无人管理的状态，加上销售和运输不畅，市场需求低迷，导致多数水产品压塘。2020 年，全区水产养殖生产总体态势下滑，许多生产指标同比出现较大幅度的下降。

（1）淡水鱼类 2020 年，采集点淡水鱼类出塘量较 2019 年减少了 333.53 吨，降幅 30.89%。其中，草鱼的养殖量大幅减少，出塘量较 2019 年减少了 359.3 吨，降幅 80.45%。原因是大宗淡水鱼近年来价格低迷，养殖户预判 2020 年草鱼的行情不好，纷纷减少草鱼的苗种投放量，草鱼价格前期与 2019 年同期相近，但下半年后由于存塘量少、需求量大，在 12 月达到 12 元/千克以上，价格比 2019 年涨了 1～1.5 元/千克。受 2019 年病害严重和担心 2020 年加工厂收购不力的影响，2020 年罗非鱼出塘量也大幅减少，出塘量相比 2019 年减少 18.32%。2020 年，广西的养鳖业持续下滑，采集点鳖出塘量同比减少 18.83 吨，降幅 70.15%，价格较 2019 年下跌 6.62 元/千克，销售额同比减少 254.63 万元。其他淡水鱼类出塘量、销售收入等指标，与 2019 年基本持平或略有增加。

（2）海水鱼类 广西的海水养殖品种以卵形鲳鲹为主，2020 年，由于采集点新建的网箱投入使用，使用深水网箱养殖的企业持续增加，深水网箱总数达到 305 口，卵形鲳鲹出塘量大幅增加，较 2019 年增长了 257 吨，增幅 179.72%。2020 年 4、5 月，因受新冠肺炎疫情影响，水产品市场供应紧缺，卵形鲳鲹出塘价达到史无前例的 40 元/千克；10—12 月达到成鱼收获期时，冰鲜鱼价格受冰冻产品携带新冠病毒等新闻的负面影响，500 克以上规格的收购价在 21 元/千克，部分养殖户将鱼冷冻等待价格回升。

（3）海水虾蟹类 全区海水虾蟹类主要代表品种是南美白对虾。2020 年采集点南美白对虾的出塘量为 458.5 吨，较 2019 年增长了 166.75 吨，增幅 57.16%。

（4）海水贝类　海水贝类主要代表品种是牡蛎和蛤。2020 年，牡蛎出塘量 616.46 吨，较 2019 年减少 640.28 吨，减幅 50.89%。受铁山港海区及廉州湾海区养殖规划发布及蚝排清理影响，监测点养殖面积有所减少。2020 年以来，成品牡蛎塘边价自 6 月起保持较平稳的价格，6 月大规格牡蛎塘边价为 9～10 元/千克；7 月大规格牡蛎塘边价为 10 元/千克；8 月大规格牡蛎塘边价上涨为 9～12 元/千克（表 2-30）。

表 2-30　2020 年监测品种出塘量、销售收入和价格情况

品种名称	出塘量（吨）		销售额（万元）		出塘价格（元/千克）	
	2019 年	2020 年	2019 年	2020 年	2019 年	2020 年
淡水鱼类	1 079.84	746.31	1 192.68	836.21	11.04	11.20
草鱼	446.63	87.33	534.95	105.52	11.98	12.08
鲢	18.53	34.12	9.21	22.55	4.97	6.61
鳙	57.97	68.84	39.20	50.87	6.76	7.39
鲫	413.41	438.97	472.75	552.70	11.44	12.59
罗非鱼	143.30	117.05	136.58	104.56	9.53	8.93
淡水其他	26.84	8.01	355.39	100.77	132.42	125.80
鳖	26.84	8.01	355.39	100.77	132.42	125.80
海水鱼类	143.00	400.00	348.00	560.00	24.34	14.00
卵形鲳鲹	143.00	400.00	348.00	560.00	24.34	14.00
海水虾蟹类	291.75	458.50	1 206.20	1 456.65	41.34	31.77
南美白对虾（海水）	291.75	458.50	1 206.20	1 456.65	41.34	31.77
海水贝类	1 265.04	624.76	1 155.95	627.79	9.14	10.05
牡蛎	1 255.24	616.46	1 124.55	614.87	8.96	9.97
蛤	9.80	8.30	31.40	12.92	32.04	15.57

2. 生产投入　2020 年，采集点生产投入共 6 494.68 万元，同比增加 2 313.68 万元，增幅 55.34%。其中，物质投入 4 611.61 万元，同比增加 1 098.76 万元，增幅 31.28%，占生产投入的 91.57%；服务支出 147.25 万元，同比增加 41.25 万元，增幅 38.92 万元，占生产投入的 2.22%；人力投入 411.39 万元，同比减少 4.61 万元，降幅 1.11%，占生产投入的 6.21%（图 2-60）。

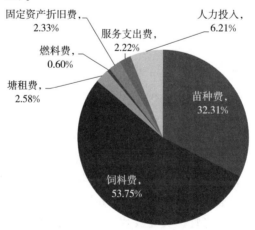

图 2-60　2020 年采集点生产投入结构

3. 养殖生产损失情况 2020 年，采集点受灾损失 10.79 万元，同比减少 31.38 万元，降幅 74.41%。其中，以自然灾害为主，受灾经济损失 13.97 万元，同比增加 10.46 万元，增幅 298.01%；养殖病害经济损失 10.04 万元，同比减少 27.52 万元，降幅 73.27%；其他灾害造成的经济损失 1.15 万元，同比减少 1.76 万元，降幅 60.43%（表 2-31）。

表 2-31 2020 年采集点养殖生产损失情况

损失类型	金额（万元）			
	2019 年	2020 年	增减值	增减率（%）
受灾损失	42.17	10.79	−31.38	−74.41
1. 病害	37.56	10.04	−27.52	−73.27
2. 自然灾害	3.51	13.97	10.46	298.01
3. 其他灾害	2.91	1.15	−1.76	−60.43

三、2021 年养殖渔情预测

进入 2021 年，由于受外部复杂的贸易环境影响，国内原料市场诱发因素不断增加，预计 2021 年饲料价格将继续升高；养殖水产品总体价格上升的可能性较小，水产养殖继续是微利行业。建议做好鱼病防治措施，做到"防重于治"，减少放养密度，避免病害的暴发和流行，才能确保养殖收益。

（广西壮族自治区水产技术推广站）

海南省养殖渔情分析报告

一、采集点基本情况

1. 采集区域和采集点 2020 年，海南省养殖渔情信息采集区域分布在全省 14 个市（县），分别是文昌市、琼海市、儋州市、临高县、定安县、屯昌县、琼中县、万宁市、海口市、乐东县、澄迈县、保亭县、白沙县和陵水县，全省渔情信息采集点共有 33 个，相比 2019 年减少 1 个采集点（三亚工厂化养殖石斑鱼采集点）。

2. 主要采集品种和养殖方式 2020 年，主要采集品种主要有海水鱼类卵形鲳鲹、石斑鱼；虾蟹类有南美白对虾（海、淡水）、青蟹；大宗淡水鱼类有鲢、鳙、鲫；淡水名特优鱼类有罗非鱼。养殖方式以池塘养殖和网箱养殖为主。

3. 采集点产量和面积 2020 年，33 个采集点养殖面积和成品出售产量：海水池塘养殖面积为 3 072 亩，出塘量 391.53 吨；淡水池塘养殖面积 9 639 亩，出塘量 4 698.15 吨；深水网箱养殖水体为 126.81 万米^3，出塘量为 10 718.40 吨。截至 2020 年 12 月，全省减少三亚工厂化养殖石斑鱼采集点 1 个。

二、养殖渔情分析

2020 年养殖渔情特点

（1）2020 年水产品出塘量同比下降 2020 年，33 个采集点出塘量为 16 160.06 吨，较 2019 年增加 423.35 吨，增幅为 2.69％。其中，海水养殖鱼类的石斑鱼和卵形鲳鲹出塘量分别为 60.13 吨和 8 832.50 吨，同比均下降，减幅分别为 51.98％和 17.59％；大宗淡水鱼类的鲢、鳙、鲫出塘量同比都减少，减幅分别为 60.67％、39.19％和 67.22％；淡水名特优鱼类的罗非鱼出塘量同比增加，增幅 54.15％；淡水南美白对虾、海水南美白对虾和海水池塘养殖青蟹的出塘量同比都有所减少，减幅分别为 50.09％、37.72％和 30.85％。（表 2-32）。

表 2-32 2020 年与 2019 年同期采集点成鱼（鱼、虾、蟹）出塘量情况

养殖品种	出塘量（吨）			
	2020 年	2019 年	增减量	增减率（％）
石斑鱼、卵形鲳鲹	8 892.62	10 843.61	−1 950.99	−17.99
鲢、鳙、鲫	66.75	125.88	−59.13	−46.97
罗非鱼	7 028.55	4 559.7	2 468.85	54.15
淡水南美白对虾	6.28	12.58	−6.30	−50.11
海水南美白对虾	82.60	145.92	−63.32	−43.40
青蟹	83.26	118.47	−35.21	−29.72

（2）2020 年水产品销售收入同比下降　2020 年，全省采集点水产品出塘总体收入 26 329.13 万元，同比下降 10 253.92 万元，减幅 33.40％。其中，海水鱼类的石斑鱼和卵形鲳鲹 2020 年的销售收入为 19 523.60 万元，同比减少 11 176.73 万元，减幅为 36.41％；大宗淡水鱼类的鲢、鳙、鲫销售收入为 70.24 万元，同比下降 44.27％；淡水名特优鱼类罗非鱼销售收入同比增长 58.03％；青蟹、海水南美白对虾和淡水南美白对虾销售收入同比分别下降 30.45％、59.66％和 62.43％（表 2-33）。

表 2-33　2020 年与 2019 年同期采集点成鱼（鱼、虾、蟹）销售收入情况

品种	销售收入（万元）			
	2020 年	2019 年	增减量	同比增减率（％）
石斑鱼、卵形鲳鲹	19 523.60	30 700.33	−11 176.73	−36.41
鲢、鳙、鲫	70.24	126.03	−55.79	−44.27
罗非鱼	5 337.13	3 377.37	1 959.76	58.03
淡水南美白对虾	18.58	49.46	−30.88	−62.43
海水南美白对虾	333.20	826.03	−492.83	−59.66
青蟹	1 046.39	1 504.42	−458.03	−30.45

（3）综合平均出塘单价总体呈现下降趋势　淡水鱼类综合平均出塘单价 7.62 元/千克，同比上涨 1.87％；淡水南美白对虾综合平均出塘单价 29.59 元/千克，同比下跌 23.24％；海水鱼类综合平均出塘单价 21.95 元/千克，同比下跌 22.46％；海水虾蟹类综合平均出塘单价 83.18 元/千克，同比下跌 4.93％（表 2-34）。

表 2-34　2019 年与 2018 年同期各采集点水产品综合平均出塘单价情况

品种名称	综合平均出塘单价（元/千克）			
	2020 年	2019 年	增减量	增减率（％）
鲢	7.56	6.95	0.61	8.77
鳙	10.79	9.82	0.97	9.87
鲫	17.97	21.49	−3.52	−16.38
罗非鱼	7.59	7.41	0.18	0.03
南美白对虾（淡水）	29.59	39.33	−9.74	−24.76
石斑鱼	150.20	191.35	−41.15	−21.5
卵形鲳鲹	21.08	26.41	−5.33	−20.18
南美白对虾（海水）	40.34	56.57	−16.23	−28.69
青蟹	125.68	124.95	0.73	0.58

与 2019 年相比，2020 年海南省海水养殖品种综合平均出塘单价都下降，淡水养殖鲢、鳙和罗非鱼等品种价格略有上升（图 2-61 至图 2-69）。

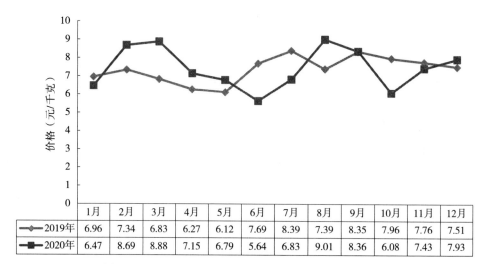

	1月	2月	3月	4月	5月	6月	7月	8月	9月	10月	11月	12月
2019年	6.96	7.34	6.83	6.27	6.12	7.69	8.39	7.39	8.35	7.96	7.76	7.51
2020年	6.47	8.69	8.88	7.15	6.79	5.64	6.83	9.01	8.36	6.08	7.43	7.93

图 2-61　2019—2020 年养殖渔情采集点鲢平均出塘价格

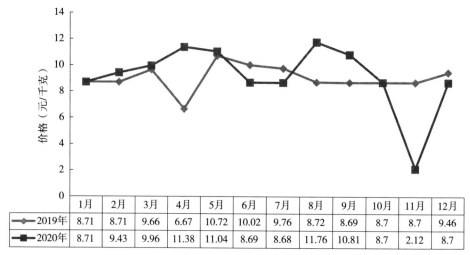

	1月	2月	3月	4月	5月	6月	7月	8月	9月	10月	11月	12月
2019年	8.71	8.71	9.66	6.67	10.72	10.02	9.76	8.72	8.69	8.7	8.7	9.46
2020年	8.71	9.43	9.96	11.38	11.04	8.69	8.68	11.76	10.81	8.7	2.12	8.7

图 2-62　2019—2020 年养殖渔情采集点鳙平均出塘价格

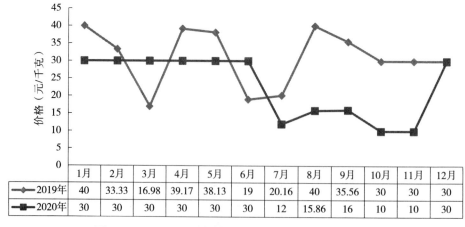

	1月	2月	3月	4月	5月	6月	7月	8月	9月	10月	11月	12月
2019年	40	33.33	16.98	39.17	38.13	19	20.16	40	35.56	30	30	30
2020年	30	30	30	30	30	30	12	15.86	16	10	10	30

图 2-63　2019—2020 年养殖渔情采集点鲫平均出塘价格

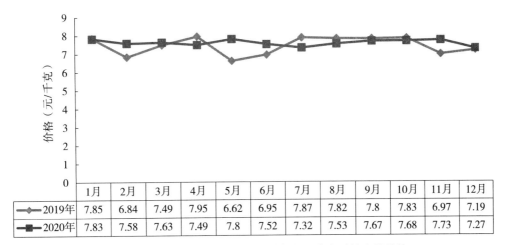

	1月	2月	3月	4月	5月	6月	7月	8月	9月	10月	11月	12月
2019年	7.85	6.84	7.49	7.95	6.62	6.95	7.87	7.82	7.8	7.83	6.97	7.19
2020年	7.83	7.58	7.63	7.49	7.8	7.52	7.32	7.53	7.67	7.68	7.73	7.27

图 2-64 2019—2020 年养殖渔情采集点罗非鱼平均出塘价格

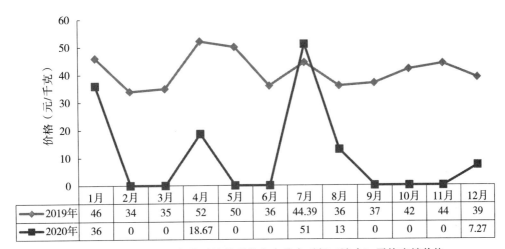

	1月	2月	3月	4月	5月	6月	7月	8月	9月	10月	11月	12月
2019年	46	34	35	52	50	36	44.39	36	37	42	44	39
2020年	36	0	0	18.67	0	0	51	13	0	0	0	7.27

图 2-65 2019—2020 年养殖渔情采集点南美白对虾（淡水）平均出塘价格

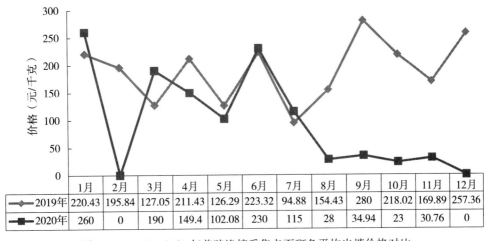

	1月	2月	3月	4月	5月	6月	7月	8月	9月	10月	11月	12月
2019年	220.43	195.84	127.05	211.43	126.29	223.32	94.88	154.43	280	218.02	169.89	257.36
2020年	260	0	190	149.4	102.08	230	115	28	34.94	23	30.76	0

图 2-66 2019—2020 年养殖渔情采集点石斑鱼平均出塘价格对比

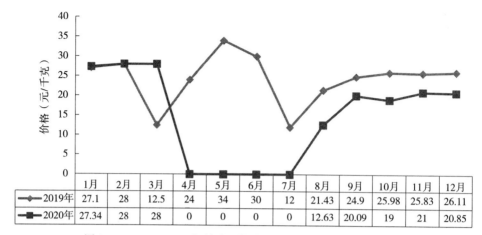

图 2-67　2019—2020 年养殖渔情采集点卵形鲳鲹平均出塘价格

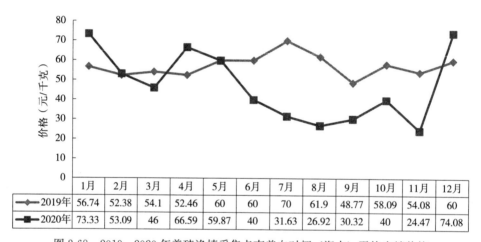

图 2-68　2019—2020 年养殖渔情采集点南美白对虾（海水）平均出塘价格

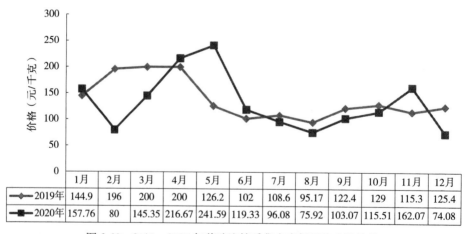

图 2-69　2019—2020 年养殖渔情采集点青蟹平均出塘价格

（4）养殖生产投入　2020 年，全省养殖渔情信息采集生产总投入 26 287.43 万元。

其中，饲料费23 220.06万元，占总投入的88.33%；燃料费152.52万元，占总生产投入的0.58%；塘租费502.56万元，占总生产投入的1.91%；固定资产折旧费180.49万元，占总生产投入的0.69%；服务支出513.49万元，占总生产投入的1.95%；人力投入1 592.78万元，占总生产投入的6.06%；其他费用为125.53万元（表2-35，图2-70）。

表2-35 养殖渔情采集点生产投入情况

费用种类	生产投入（万元）			
	2020年	2019年	增减量	增减率（%）
饲料费	23 220.06	24 297.48	−1 077.42.02	−4.43
燃料费	152.52	191.43	−38.91	−20.33
塘租费	502.56	363.17	139.39	38.38
固定资产折旧费	180.49	325.53	145.04	44.56
服务支出	513.49	655.61	−142.12	−21.68
人力投入	1 592.78	1 547.79	44.99	2.91
其他费用	125.53	103.12	22.41	21.73
合计	26 287.43	27 484.13	−1 196.7	−4.35

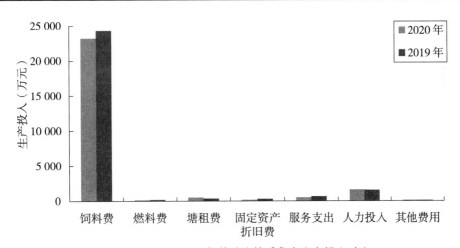

图2-70 2019—2020年养殖渔情采集点生产投入对比

相比于2019年，饲料投入、燃料费和服务支出均有所减少，塘租费则有所增加。

（5）2020年生产损失上升 2020年养殖渔情信息采集点受灾损失数量2 552吨，同比增长106.47%；经济损失为1 555.26万元，同比增长87.18%。损失类型主要分为病害、自然灾害和其他灾害三个方面。其中，病害损失数量851.81吨，经济损失759.15万元；自然灾害损失数量1 480.28吨，经济损失631.97万元；其他灾害损失数量220.23吨，经济损失164.14万元（表2-36）。

表 2-36　2020 年全省采集点生产损失情况

监测类型	监测品种	受灾损失					
		1. 病害		2. 自然灾害		3. 其他灾害	
		数量（吨）	金额（万元）	数量（吨）	金额（万元）	数量（吨）	金额（万元）
关注品种	罗非鱼	0	0	0	0	0	0
	南美白对虾（淡水）	0.5	1	0	0	0	0
	南美白对虾（海水）	0	0	0	0	0	0
监测品种	鲢	0	0	0	0	0	0
	鳙	0	0	0	0	0	0
	鲫	0	0	200	4	0	0
	石斑鱼	1.30	24.05	0.25	0.72	110.23	84.14
	卵形鲳鲹	841	727.3	1 280.03	627.25	110	80
	青蟹	9.51	7.8	0	0	0	0
合计		851.81	759.15	1 480.28	631.97	220.23	164.14

从表 2-36 可看出，损失较大的监测品种是卵形鲳鲹，损失数量为 2 121.03 吨，占总损失量的 83.11%；经济损失 1 354.55 万元，占总经济损失的 87.09%。主要是因为 2020 年气候和台风天气影响，网箱养殖卵形鲳鲹感染刺激隐核虫病严重，损失较大。

三、2021 年养殖渔情预测

（1）根据 2020 年养殖渔情信息采集数据和渔业实际生产情况，大部分品种的出塘量和价格相比于 2019 年均有所下降。主要原因为 2020 年年初受新冠肺炎疫情影响，部分水产品滞销；下半年受台风天气影响较大，损失较多。预计 2021 年，成鱼平均出塘价格总体会稳中有升。

（2）2021 年，水产品市场需求预期将会好于 2020 年。水产品养殖密度和养殖规模都会不断增加，养殖病害问题会更加突出，养殖成本会增加。因此，2021 年广大养殖户要提前做好病害预防工作，保证养殖效益。

（海南省海洋与渔业科学院）

四川省养殖渔情分析报告

2020 年，四川省在安岳、安州、富顺、东坡、彭州、仁寿 6 个县共设置 26 个养殖渔情信息采集点。其中，草鱼、鲤、鲢、鳙各分布 5 个点，鲫分布 4 个点，加州鲈、黄颡鱼各分布 3 个点，泥鳅、鲑鳟各分布 2 个点。重点关注品种为草鱼、鲤、鲢、鳙和鲫；代表品种为黄颡鱼、加州鲈、泥鳅和鲑鳟。共计采集面积 3 126 亩。

一、生产与销售

1. 采集点面积组成 26 个养殖渔情采集点共 3 126 亩，但由于部分品种为混养，实际采集品种累积面积为 3 943 亩，具体组成如表 2-37。

表 2-37 分品种采集面积统计

品种	鲫	草鱼	鲤	加州鲈	黄颡鱼	泥鳅	鲢	鳙	鲑鳟	合计
采集面积（亩）	78	528	296	373	290	100	1 050	1 050	178	3 943

2. 销售情况 采集点全年总销售量 1 221.1 吨，销售额 2 108.7 万元，分品种销售量和全年综合平均出塘价格见表 2-38。

表 2-38 分品种销售情况统计

品种名称	出塘量（千克）	销售额（元）	单价（元/千克）	面积（亩）	亩均销售额（元/亩）
草鱼	153 544	1 846 223	12.02	528	3 496.63
鲢	66 000	195 500	2.96	1 050	186.19
鳙	39 000	227 500	5.83	1 050	216.67
鲤	5 315	76 040	14.31	296	256.89
鲫	12 840	248 000	19.31	78	3 179.49
黄颡鱼	326 830	6 414 700	19.63	290	22 119.66
泥鳅	324 600	4 523 680	13.94	100	45 236.80
加州鲈	29 577	930 930	31.47	373	2 495.79
鲑鳟鱼	263 436	6 623 969	25.14	178	37 213.31
合计	1 221 142	21 086 542		3 943	5 347.84

重点关注品种中，3—7 月综合平均出塘单价较为稳定。2020 年加州鲈综合平均出塘单价最高，达到 31.47 元/千克（表 2-39，图 2-71）。

表 2-39　重点关注品销售情况统计

月份	黄颡鱼		泥鳅		加州鲈		鲑鳟		合计		综合单价
	销售量（千克）	销售额（元）	销售量（千克）	销售额（元）	销售量（千克）	销售额（元）	销售量（千克）	销售额（元）	销售量（千克）	销售额（元）	（元/千克）
1月	24 700	543 400	20 700	372 600	4 000	104 000	18 530	496 454	67 930	1 516 454	22.32
2月	26 800	643 200	16 600	298 800	2 400	67 200	56	1 503	45 856	1 010 703	22.04
3月	33 500	770 500	19 100	317 400	100	2 800	3 175	121 757	55 875	1 212 457	21.70
4月	31 200	717 600	21 600	345 600	507	15 210	20 315	616 813	73 622	1 695 223	23.03
5月	19 700	453 100	17 400	236 640	0	0	34 298	984 924	71 398	1 674 664	23.46
6月	17 680	369 600	18 300	208 620	3 560	150 160	38 349	978 261	77 889	1 706 641	21.91
7月	14 950	269 100	22 300	312 200	0	0	27 571	751 997	64 821	1 333 297	20.57
8月	18 600	353 400	30 300	387 840	3 000	120 000	37 321	879 455	89 221	1 740 695	19.51
9月	49 600	822 600	38 300	482 580	4 470	150 400	30 121	379 729	122 491	1 835 309	14.98
10月	29 500	472 000	43 000	497 000	6 240	212 160	36 254	966 954	114 994	2 148 114	18.68
11月	30 000	480 000	43 000	602 000	5 300	109 000	10 865	280 474	89 165	1 471 474	16.50
12月	30 600	520 200	34 000	462 400	0	0	6 581	165 648	71 181	1 148 248	16.13
合计	326 830	6 414 700	324 600	4 523 680	29 577	930 930	263 436	6 623 969	944 443	18 493 279	19.58

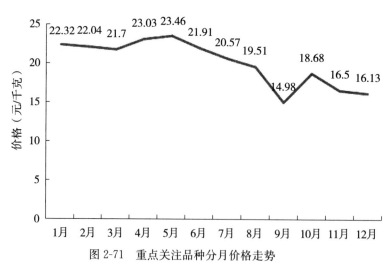

图 2-71　重点关注品种分月价格走势

代表品种中，鲫全年综合平均出塘单价最高，达到 19.31 元/千克。

与 2019 年综合平均出塘单价相比，2020 年草鱼、鲤、鲫价格上涨，其余各采集品种价格均出现不同幅度下跌（表 2-40，图 2-72）。

表2-40　分品种综合平均出塘价格对比

品种名称	综合平均出塘单价（元/千克）		增减率（%）
	2020年	2019年	
草鱼	12.02	10.63	11.56
鲢	2.96	3.04	−2.70
鳙	5.83	6.33	−8.58
鲤	14.31	14.3	0.07
鲫	19.31	17.07	11.60
黄颡鱼	19.63	22.68	−15.54
泥鳅	13.94	16.59	−19.01
加州鲈	31.47	33.57	−6.67
鲑鳟	25.14	28.51	−13.40

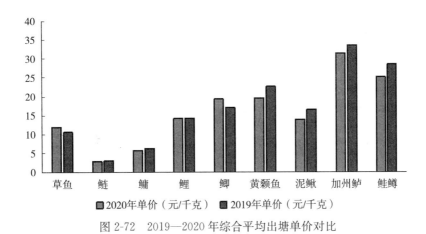

图2-72　2019—2020年综合平均出塘单价对比

与2019年采集点销售量和销售额相比，2020年销售量稳定，但销售额有所降低。除草鱼、鲢和泥鳅三个品种外，其他监测品种出塘量和销售额均降低，尤其鲤出塘量和销售额降幅最大（表2-41）。

表2-41　2019—2020年监测品种销售情况

品种名称	销售额（元）				出塘量（千克）			
	2019年	2020年	增减值	增减率（%）	2019年	2020年	增减值	增减率（%）
淡水鱼类	24 915 657	21 086 542	−3 829 115	−15.37	1 204 559	1 221 142	16 583	1.38
草鱼	858 372	1 846 223	987 851	115.08	80 713	153 544	72 831	90.23
鲢	166 180	195 500	29 320	17.64	54 700	66 000	11 300	20.66
鳙	263 240	227 500	−35 740	−13.58	41 570	39 000	−2 570	−6.18
鲤	338 924	76 040	−262 884	−77.56	23 697	5 315	−18 382	−77.57
鲫	645 270	248 000	−397 270	−61.57	37 800	12 840	−24 960	−66.03

（续）

品种名称	销售额（元）				出塘量（千克）			
	2019 年	2020 年	增减值	增减率（%）	2019 年	2020 年	增减值	增减率（%）
黄颡鱼	7 582 900	6 414 700	−1 168 200	−15.41	334 300	326 830	−7 470	−2.23
泥鳅	4 497 930	4 523 680	25 750	0.57	271 200	324 600	53 400	19.69
加州鲈	1 881 140	930 930	−950 210	−50.51	56 040	29 577	−26 463	−47.22
鲑鳟	8 681 701	6 623 969	−2 057 732	−23.70	304 539	263 436	−41 103	−13.50

二、生产投入

采集点全年生产投入苗种费、饲料费、燃料费、塘租费、人力和服务支出等共 3 066.453 5 万元。其中，物质投入占总投入的 73.11%；人力投入占总投入的 15.9%，服务支出占总投入的 10.99%（图 2-73）。

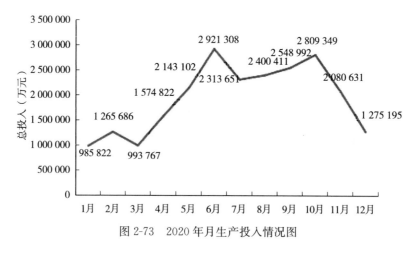

图 2-73　2020 年月生产投入情况图

三、受灾损失情况

2020 年，采集点受灾损失共计 85.96 万元，病害损失占总损失的 47.41%，自然灾害损失占比 52.34%（表 2-42，图 2-74）。

表 2-42　受灾损失情况统计

品种名称	受灾损失（元）	病害（元）	自然灾害（元）	其他灾害（元）
	1—12 月	1—12 月	1—12 月	1—12 月
草鱼	106 630	40 430	66 200	0
加州鲈	77 298	77 298	0	0
鲑鳟	859 599	377 028	479 939	2 632
淡水鱼类	1 043 527	494 756	546 139	2 632
占比（%）		47.41	52.34	0.25

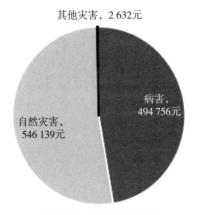

其他灾害，2 632元

病害，494 756元

自然灾害，546 139元

图 2-74 受灾损失占比

四、2021 年养殖渔情预测

从系统采集数据来看，四川省 2020 年除草鱼、鲫和鲤价格较 2019 年有所上升外，其余大宗淡水鱼类和名优品种均价格下跌，预计养殖生产者将根据价格走势调整品种放养结构；受价格走势影响，价格跌幅较大的品种，由于销售热情低迷存塘量相对较大，预计泥鳅、黄颡鱼投苗量和投种量将有所减少；加州鲈效益稳定，投苗量保持稳定增长趋势；结合新冠肺炎疫情对鲑鳟类影响逐渐减轻，鲑鳟投苗量将增加。

（四川省水产技术推广总站）

第三章　2020 年主要养殖品种渔情分析报告

草鱼专题报告

一、采集点基本情况

2020 年，全国水产技术推广总站在湖北、广东、湖南等 15 个省份开展了草鱼渔情信息采集工作，共设置采集点 110 个。采集点共投放了价值 11 395 771 元的苗种，累计生产投入 66 984 294 元；出塘量 5 187 008 千克，销售额 55 375 563 元；全国草鱼出塘均价 10.68 元/千克。采集点养殖方式主要以池塘套养为主。

二、生产形势分析

1. 生产投入情况　2020 年，全国采集点累计生产投入 66 984 294 元，同比下降 58.40%；物质投入 58 961 934 元，同比下降 57.90%；服务支出 3 605 598 元，同比下降 66.11%；人力投入 4 416 762 元，同比下降 57.22%。物质投入中，苗种投入 11 395 771 元，同比下降 54.13%；饲料费 37 770 639 元，同比下降 62.87%；燃料费 33 784 元，同比下降 74.87%；塘租费 7 167 745 元，同比下降 21.38%；固定资产折旧 2 283 426 元，同比下降 45.31%；其他费用 55 091 元，同比下降 82.21%。服务支出中，电费 1 567 269 元，同比下降 68.60%；水费 147 785 元，同比下降 81.60%；防疫费 1 677 919 元，同比下降 59.33%；保险费 6 600 元，同比下降 80.52%；其他费用 216 955 元，同比下降 70.22%。人力投入中，监测采集点本户（单位）人员费用 2 290 421 元，同比下降 57.18%；雇工费 2 164 041 元，同比增长 57.32%（表 3-1）。

表 3-1　2020 年全国草鱼生产投入与 2019 年同期情况对比

项目	2019 年	2020 年	增减值	增减率（%）
生产投入（元）	161 008 714	66 984 294	−94 024 420	−58.40
一、物质投入（元）	140 046 184	58 961 934	−81 084 250	−57.90
1. 苗种费（元）	24 843 766	11 395 771	−13 447 995	−54.13
2. 饲料费（元）	101 713 070	37 770 639	−63 942 431	−62.87
3. 燃料费（元）	134 461	33 784	−100 677	−74.87
4. 塘租费（元）	9 116 372	7 167 745	−1 948 627	−21.38

（续）

项目	2019 年	2020 年	增减值	增减率（%）
5. 固定资产折旧费(元)	4 175 388	2 283 426	−1 891 962	−45.31
6. 其他（元）	309 687	55 091	−254 596	−82.21
二、服务支出（元）	10 638 876	3 605 598	−7 033 278	−66.11
1. 电费（元）	4 990 794	1 567 269	−3 423 525	−68.60
2. 水费（元）	802 972	147 785	−655 187	−81.60
3. 防疫费（元）	4 125 241	1 677 919	−2 447 322	−59.33
4. 保险费（元）	33 887	6 600	−27 287	−80.52
5. 其他（元）	728 578	216 955	−511 623	−70.22
三、人力投入（元）	10 323 654	4 416 762	−5 906 892	−57.22
1. 本户（单位）人员费用（元）	5 348 932	2 290 421	−3 058 511	−57.18
2. 雇工费用（元）	5 070 522	2 164 041	−2 906 481	−57.32

2020年全国采集点草鱼生产投入中，物质投入占比88.02%，服务支出占比5.38%，人力投入占比6.6%（图3-1）。物质投入中，苗种费占比19.41%，饲料费占比64.34%，燃料费占比0.06%，塘租费占比12.21%，固定资产折旧费占比3.89%，其他占比0.09%（图3-2）。服务支出中，电费占比43.34%，水费占比4.09%，防疫费占比46.39%，保险费占比0.18%，其他占比6.00%（图3-3）。人力投入中，监测采集点本户（单位）人员费用占比51.42%，雇工费用占比48.58%（图3-4）。

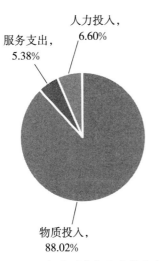

图 3-1　2020 年全国草鱼生产投入占比

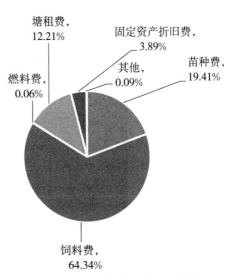

图 3-2　2020 年全国草鱼物质投入占比

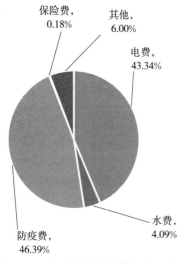

图 3-3　2020 年全国草鱼服务支出占比

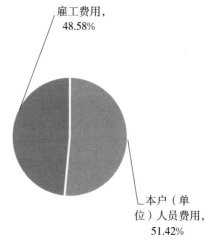

图 3-4　2020 年全国草鱼人力投入占比

2. 产量、收入及价格情况　2020 年，全国采集点草鱼全年出塘量 5 187 008 千克，同比下降 70.60%；销售额 55 375 563 元，同比下降 69.70%。草鱼出塘高峰期主要集中在 1 月、2 月、3 月、9 月；出塘淡季集中在 10 月、11 月、12 月。其中，1 月出塘量最大，达 1 462 626 千克，同比下降 42.62%；销售额 13 505 040 元，同比下降 48.44%。10—11 月出塘量大幅减少，分别为 5 120 千克、4 780 千克，同比分别下降 99.81%、99.74%。12 月无草鱼出塘（表 3-2）。

表 3-2　2019 年 1—12 月、2020 年 1—12 月全国草鱼出塘量和销售额

月份	出塘量（千克）		出塘量增减率（%）	销售额（元）		销售额增减率（%）
	2019 年	2020 年		2019 年	2020 年	
1	2 548 828	1 462 626	−42.62	26 193 919	13 505 040	−48.44
2	604 451	916 991	51.71	6 962 685	8 521 641	22.39
3	1 179 338	813 784	−31.00	10 642 886	8 093 191	−23.96
4	230 405	317 942	37.99	2 620 508	4 079 039	55.66
5	185 737	278 478	49.93	2 401 439	3 483 231	45.05
6	214 130	110 293	−48.49	2 319 030	1 404 610	−39.43
7	372 231	207 183	−44.34	3 727 750	2 560 954	−31.30
8	667 949	379 840	−43.13	6 588 287	5 079 825	−22.90
9	5 053 520	689 971	−86.35	57 411 846	8 519 332	−85.16
10	2 729 315	5 120	−99.81	25 474 726	66 560	−99.74
11	184 949	4 780	−99.74	18 290 314	62 140	−99.66
12	2 015 421	0	−100	20 135 219	0	−100
合计	17 643 274	5 187 008	−70.60	182 768 609	55 375 563	−69.70

2020 年，全国采集点草鱼全年出塘均价达 10.68 元/千克，同比增长 3.09%。个别省份涨幅较大，如湖北省涨幅近 10%。1—12 月，草鱼出塘价稳定在 9.23~13.37 元/千克。其中，8 月出塘价最高，达 13.37 元/千克；1 月出塘价最低，仅为 9.23 元/千克（表 3-3，图 3-5）。

表 3-3 2019 年 1—12 月、2020 年 1—12 月全国草鱼出塘价格

草鱼	月度出塘价（元/千克）											
	1 月	2 月	3 月	4 月	5 月	6 月	7 月	8 月	9 月	10 月	11 月	12 月
2019 年	10.28	11.52	9.02	11.37	12.93	10.83	10.01	9.86	11.36	9.33	9.93	9.99
2020 年	9.23	9.29	9.95	12.83	12.51	12.74	12.36	13.37	12.35	13.00	13.00	0

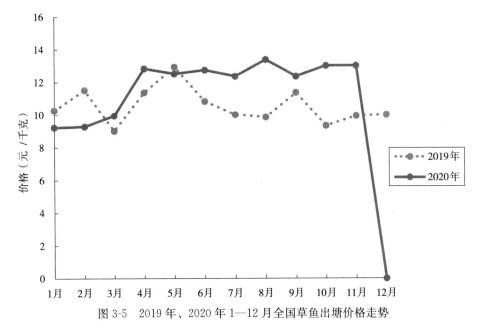

图 3-5 2019 年、2020 年 1—12 月全国草鱼出塘价格走势

三、结果分析

1. 生产投入分析 全年草鱼生产投入各项均呈大幅下降趋势，说明 2020 年年初受新冠肺炎疫情影响，整体草鱼生产投入减少。物质投入大幅下降，降略低于生产总投入，塘租费、固定资产折旧费用每年投入相对固定，波动较小，降幅不超过 50%，其他投入同比下降幅度均超过 50%，其中，饲料费、燃料费降幅均超过物质投入降幅，说明早期疫情期间，交通运输不便、饲料投喂减少，影响了饲料、燃料投入规模；服务支出大幅下降，特别是水费、电费支出下降幅度大于生产总投入降幅；人力投入大幅下降，幅度略低于生产总投入，说明草鱼生产季节性强，雇工、本户人员投入符合生产总投入的趋势，相对稳定。

生产投入中，物质投入占比最大，其次是服务支出。物质投入中，饲料费占比最大，其次是苗种费占比，与 2019 年相比，饲料费和苗种费占物质投入比重变化不大；服务支出中，电费投入占比最大，其次是防疫费用占比，2020 年采集点受年初新冠肺炎疫情影响，管理投入少，加上部分地区年中洪涝灾害影响，草鱼病害发生较为严重，防疫支出占比有上升的趋势；人力投入中，本户（单位）人员费用比雇工费用占比略高，较 2019 年占比基本保持稳定。

2. 产量、收入及价格分析 2020 年，采集点草鱼出塘量大幅下降，均价略有上升，但总销售额仍大幅下降。从全年各个月份的情况来看，采集点草鱼出塘旺季集中 1 月、2 月、3 月、9 月，特别是 1 月，达到出塘量峰值；出塘淡季则在 10—12 月。同时，与 2019 年相比，2020 年采集点草鱼出塘量集中在 1 月、2 月、3 月，主要是出售 2019 年部分存塘草鱼，而 2 月、4 月、5 月出塘量较 2019 年有所增加，主要是为了保障新冠疫情期间水产品市场持续、稳定供应，从而提高了草鱼出塘量；而 2020 年年初受新冠疫情影响，苗种供应、生产管理等方面，均受到影响，全年草鱼养殖投入大幅降低，其他月份草鱼出塘量均低于 2019 年同期水平，9 月鱼价较高，出塘量大，形成峰值，10—12 月草鱼存塘量较少，大多数地区处于没有多少鱼的现象，出塘量少。

四、2021 年生产形势预测

1. 提高草鱼养殖抵御灾害能力 2020 年是灾害频发的一年，新冠肺炎疫情暴发初期，人员出入严格管控，养殖池塘日常管理难以持续，加之交通运输道路中断，苗种、饲料等物资供应难，销售无法得到保障；年中部分地区暴雨频发，低地势地区洪水倒灌，草鱼出逃，积水长期无法排出，造成养殖水体污染，草鱼病害频发。湖北、江西等重灾区的草鱼生产和销售均受到严重影响。

2020 年的特殊灾情影响，对草鱼养殖抵御灾害能力提出了更高的要求。①完善渠道，开设绿色运输通道，保障苗种、饲料等生产物资的运输，畅通销售渠道，确保特殊时期水产品及时、平稳供应；②完善设施，检修加固塘堤、养殖大棚、流道等养殖设施，防止大雨和大风摧毁；③提高保险意识，部分养殖户对灾害预防意识不强，要加强宣传，做好前期准备，有条件的生产主体可以购买水产养殖保险，减少受灾损失。

2. 加速发展设施渔业 虽然部分地区草鱼养殖逐步设施化，但大多数地区仍采用传统草鱼养殖模式，多为分散的小规模养殖户，养殖技术水平参差不齐，生产管理不规范，养殖标准缺少依据，综合效率相对较低。今后应加大投入，创新模式，降低人工养殖成本，提升整体的生产效率和养殖品质，加快转向草鱼规模化养殖，满足市场需求。

3. 保障优质苗种供应 优质苗种仍然是养殖业发展的基础。目前，草鱼人工繁育制种能力相对下降，存在生殖质量下降、存活率低、生长缓慢、抗逆差异、体形和体色偏差等问题，部分养殖场草鱼近亲繁殖严重，生产能力弱，远远无法满足高质量发展需求。需要科研机构着手保护和培育苗种，同时，政府、学校、研究单位和企业在政策、资金、人力和技术领域持续性进行产学研合作，加强养殖场的建设，繁育优良品种。

4. 疾病防疫防控持续跟进 草鱼疾病防疫防控仍然是目前关注的重点，草鱼出血病、烂鳃病、肠炎病、赤皮病、细菌性败血症等多种疾病在全国各地流行，部分受洪涝灾害影响的地区，水体受到污染，防疫投入成本大，草鱼病害仍然严重。今后草鱼疾病防疫防控工作需要以预防为主，采用养殖环境管理、水产动保技术、免疫预防技术、药物防治技术、综合防控技术等方式，加强草鱼疾病的防疫防控。

5. 加快养殖结构性转型升级 近些年，草鱼市场趋向饱和，受2020年年初新冠肺炎疫情影响，部分地区草鱼养殖转型升级，2020年草鱼出塘量的减少，草鱼市场需求量相对增加，特别是高品质草鱼市场进一步扩大，草鱼价格小幅上升，养殖户经济效益逐渐提高。

下一步要从以下几方面，继续加快全国草鱼养殖结构性转型升级，提高养殖户经济效益。①草鱼主产区适量平衡养殖量，避免过量生产；②转变养殖模式，发展绿色高效生态养殖，提升草鱼养殖品质，进一步提升草鱼市场价值；③控制草鱼全年均衡上市，稳定价格，保障草鱼全年的供给需求；④池塘养殖以套养混养为主，减少养殖风险。

（程成立）

鲢、鳙专题报告

一、鲢专题报告

（一）采集点基本情况

2020 年，全国水产技术推广总站在湖北、广东、湖南等 15 个省（自治区）开展了鲢的渔情信息采集工作，共设置采集点 110 个。采集点共投放了价值 1 756 259 元的苗种，累计生产投入 3 974 989 元；销售量 800 694 千克，销售额 3 931 584 元；全国综合平均出塘价格为 4.91 元/千克。采集点养殖方式主要以池塘套养为主。

（二）生产形势分析

1. 生产投入情况　2020 年，全国采集点累计生产投入 3 974 989 元。其中，物质投入 3 194 013 元，占比 81.02%；服务支出 419 350 元，占比 10.64%；人力投入 329 037 元，占比 8.34%（图 3-6）。在物质投入中，苗种投入 1 756 259 元，占比 54.34%；饲料投入 756 148 元，占比 23.40%；燃料投入 581 元，占比 0.02%；塘租费 305 206 元，占比 9.44%；固定资产折旧费 393 834 元，占比 12.18%；其他费用 19 970 元，占比 0.62%（图 3-7）。在服务支出中，电费 325 474 元，占比 72.28%；水费 44 500 元，占比 9.88%；防疫费 76 468 元，占比 16.98%；其他服务支出 3 858 元，占比 0.86%（图 3-8）。人力投入中，雇工费 248 517 元，占比 62.55%；本户人员费用 148 820 元，占比 37.45%（图 3-9）。

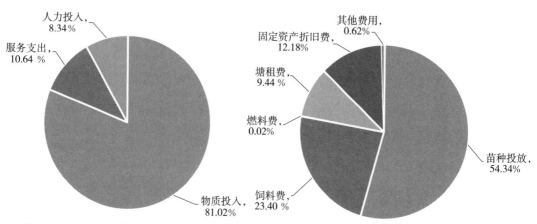

图 3-6　2020 年全国鲢生产投入占比情况　　　图 3-7　2020 年全国鲢物质投入占比情况

从图 3-6 至图 3-9 数据分析可知，一是在生产投入中，物质投入占比最大，达到 81.02%；其次是服务支出，占比 10.64%，两项合计占全部投入的 91.66%。二是在物质投入中，苗种投放占比最大，达到 54.34%；其次是饲料，占比 23.40%，两项合计占全部投入的 77.74%。三是在服务支出方面，电费支出占比最大，达到 72.28%；其次是防

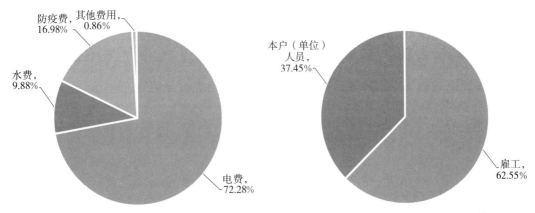

图 3-8　2020年全国鲢服务支出占比情况　　　图 3-9　2020年全国鲢人力投入占比情况

疫费和水费，分别占比 16.98%、9.88%，三项合计占全部支出的 99.14%。四是防疫费偏高，防疫费（主要是药品费和水质改良剂）占全部支出的 16.98%，与大宗水产品平均防疫费相比，仍然偏高，说明采集点鲢的病害还是比较严重的，对生产的影响也比较大。五是人员经费下降，人力投入中，雇工费 248 517 元，占人力投入的 62.55%，占全部生产投入的 7.97%，同比下降 76.72%；本户人员 148 820 元，占人力投入的 37.45%，占全部生产投入的 0.04%，同比下降 86.53%；雇工、本户人员成本相对 2019 年均大幅下降，一定程度上反映了鲢的养殖规模有下降趋势。

2. 产量、收入及价格情况　2020年，采集点 11 月和 12 月没有鲢的销售数据。2020年，全国采集点鲢销售量 800 694 千克，同比下降 76.63%，销售额 3 931 584 元，同比下降 78.01%，全国平均出塘价格为 4.91 元/千克，同比下降 5.92%，与 2020 年大宗淡水鱼价格普遍下降的形势吻合。全年采集点鲢的价格运行情况，基本上反映了市场供需关系的变化规律。2020年采集点的价格运行在 4.17～6.00 元/千克，月份统计数据基本反映了真实的市场价格变化（表 3-4、图 3-10）。销售量最高的是 1 月，其次是 2 月，最低的是 6 月（图 3-11）。销售额最高的是 1 月，其次是 2 月，最低的是 6 月（图 3-12）。销售量与销售额的变化规律与鲢一般在冬季集中上市的生产特点完全相符。

表 3-4　2019 年、2020 年 1—12 月全国鲢出塘价、销售量和销售额

月份	出塘价（元）		销售量（千克）		销售额（元）	
	2019 年	2020 年	2019 年	2020 年	2019 年	2020 年
1	4.43	4.86	517 543	295 503	2 290 708	1 437 127
2	5.01	4.42	218 964	210 306	1 097 540	929 946
3	4.50	5.67	296 956	98 545	1 335 181	558 498
4	4.23	4.17	164 084	53 308	693 503	222 130
5	7.10	5.14	87 080	14 574	618 081	74 983
6	7.72	4.48	46 260	4 058	357 281	18 187
7	6.20	4.98	45 173	21 096	280 287	105 062
8	5.52	5.69	130 139	17 480	717 975	99 539
9	5.38	5.57	186 456	66 984	1 002 338	373 072
10	5.62	6.00	404 733	18 840	2 273 559	113 040

（续）

月份	出塘价（元）		销售量（千克）		销售额（元）	
	2019 年	2020 年	2019 年	2020 年	2019 年	2020 年
11	5.55	0.00	587 540	0	3 258 767	0
12	5.34	0.00	741 133	0	3 956 125	0

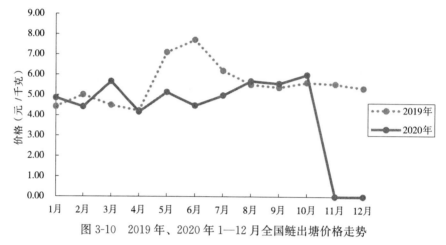

图 3-10　2019 年、2020 年 1—12 月全国鲢出塘价格走势

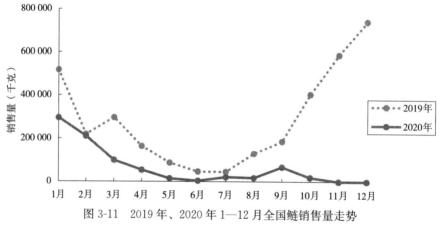

图 3-11　2019 年、2020 年 1—12 月全国鲢销售量走势

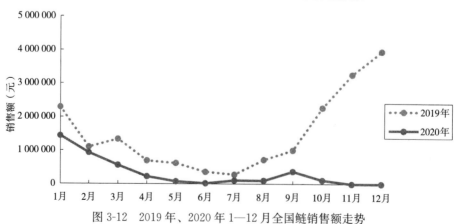

图 3-12　2019 年、2020 年 1—12 月全国鲢销售额走势

二、鳙专题报告

（一）采集点基本情况

2020 年，全国水产技术推广总站在湖北、广东、湖南等 15 个省（自治区）开展了鳙的渔情信息采集工作，共设置采集点 110 个。采集点共投放了价值 4 309 543 元的苗种，累计生产投入 10 629 232 元；销售量 615 424 千克，销售额 6 355 615 元；全国平均出塘价格为 10.33 元/千克。采集点养殖方式主要以池塘套养为主。

（二）生产形势分析

1. 生产投入情况 2020 年，全国采集点累计生产投入 10 629 232 元。其中，物质投入 9 173 848 元，占比 86.31%；服务支出 591 744 元，占比 5.57%；人力投入 863 640 元，占比 8.12%（图 3-13）。在物质投入中，苗种投入 4 309 543 元，占比 46.98%；饲料投入 3 985 651 元，占比 43.45%；燃料投入 1 224 元，占比 0.01%；塘租费 794 719 元，占比 8.66%；固定资产折旧费 49 576 元，占比 0.54%；其他费用 33 135 元，占比 0.36%（图 3-14）。在服务支出中，电费 370 519 元，占比 59.87%；水费 80 533 元，占比 13.02%；防疫费 115 423 元，占比 18.65%；其他费用 52 369 元，占比 8.46%（图 3-15）。人力投入中，雇工费 502 500 元，占比 56.23%；本户人员费用 391 140 元，占比 43.77%（图 3-16）。

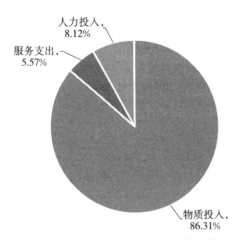

图 3-13 2020 年全国鳙生产投入占比情况

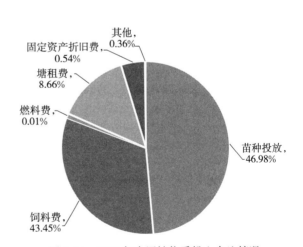

图 3-14 2020 年全国鳙物质投入占比情况

从图 3-13 至图 3-16 分析可知，一是在生产投入中，物质投入占比最大，达到 86.31%；其次是人力投入，占比 8.12%，两项合计占全部投入的 94.43%。二是在物质投入中，苗种投放占比最大，达到 46.98%；其次是饲料费，占比 43.45%，两项合计占全部投入的 90.43%。三是在服务支出方面，电费投入占比最大，达到 59.87%；其次是防疫费，占比 18.65%，两项合计占全部投入的 78.52%。四是人员经费下降，人力投入中，雇工费 502 500 元，占人力投入的 56.23%，占全部生产投入的 0.05%，较 2019 年同比

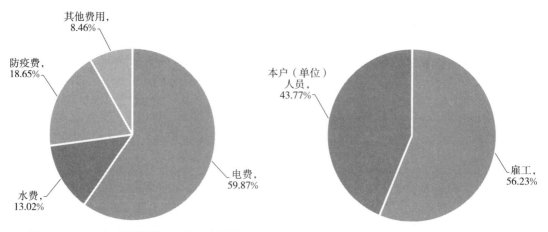

图 3-15 2020 年全国鳙服务支出占比情况   图 3-16 2020 年全国鳙人力投入占比情况

下降 57.44％；本户人员费用 391 140 元，占人力投入的 43.77％，占全部生产投入的 0.04％，较 2019 年同比下降 44.19％；雇工、本户人员成本相对 2019 年，均大幅下降，一定程度上反映了鳙的养殖规模呈下降趋势。

2. 产量、收入及价格情况 2020 年，采集点 12 月没有鳙的销售数据。2020 年，全国采集点鳙销售量 615 424 千克，同比下降 73.94％；销售额 6 355 615 元，同比下降 73.82％；全国平均出塘价格为 10.33 元/千克，与 2019 年的出塘价格 10.28 元/千克基本持平。全年采集点鳙的价格运行情况，基本上反映了市场供需关系的变化规律。2020 年，采集点的价格运行为 8.00～10.99 元/千克，月份统计数据基本反映了真实的市场价格变化（表 3-5，图 3-17）。销售量最高的是 2 月，其次是 1 月，最低的是 11 月（图 3-18）。销售额最高的是 2 月，其次是 1 月，最低的是 11 月（图 3-19）。销售量与销售额的变化规律与鳙一般在冬季集中上市的生产特点基本相符。

表 3-5 2019 年、2020 年 1—12 月全国鳙出塘价、销售量和销售额

月份	出塘价（元）		销售量（千克）		销售额（元）	
	2019 年	2020 年	2019 年	2020 年	2019 年	2020 年
1	10.01	10.66	600 378	126 026	6 009 307	1 343 927
2	10.84	10.37	166 316	153 239	1 802 646	1 589 114
3	10.18	10.00	174 131	115 704	1 772 779	1 157 206
4	10.18	9.95	51 814	40 472	527 560	402 542
5	10.91	10.56	94 526	17 190	1 030 875	181 563
6	11.62	10.60	69 957	9 187	812 869	97 344
7	11.69	9.84	48 952	36 628	572 320	360 300
8	11.18	10.99	111 015	45 209	1 241 492	496 854
9	10.97	10.50	87 990	59 809	965 584	628 025
10	10.25	8.00	186 238	6 860	1 909 572	54 880
11	10.30	8.60	343 098	5 100	3 534 734	43 860
12	9.60	0.00	426 877	0	4 098 167	0

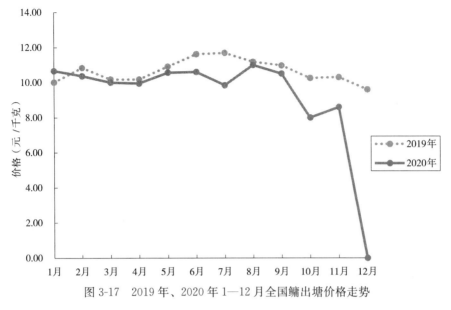

图 3-17 2019 年、2020 年 1—12 月全国鳙出塘价格走势

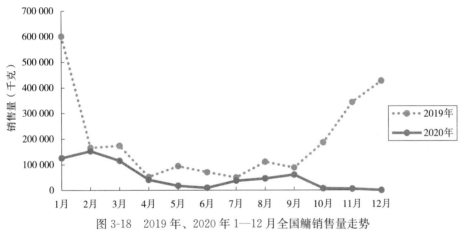

图 3-18 2019 年、2020 年 1—12 月全国鳙销售量走势

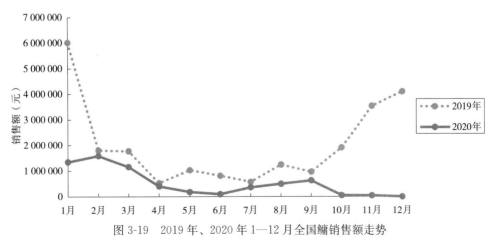

图 3-19 2019 年、2020 年 1—12 月全国鳙销售额走势

三、2021 年生产形势预测

1. 鲢、鳙养殖面积略有增加 预计 2021 年，鲢、鳙养殖面积会略有增加。主要原因在于 2020 年长江中下游部分省份发生洪涝灾害，导致年底鲢、鳙市场供应量明显减少，因此，鲢、鳙价格一路飙升。鲢、鳙价格的上升，对提高养殖户的生产积极性有明显的促进作用。但这种促进作用，又会受到苗种供应量相对不足的制约，因此养殖面积略有增加。

2. 鳙鱼种放养量稳中有升，鲢鱼种放养量相对平稳 鳙鱼种放养量稳中有升的原因，主要是 2020 年鳙价稳中有升，并且年底受市场供应量减少的影响导致价格一路飙升，养殖面积会略有增加，并且由于鳙受欢迎程度相对较高，养殖户也不会降低鳙的投放密度。鲢鱼种投放相对平稳的原因有：①2020 年鲢市场价格总体略有下降；②2020 年年底受市场供应量减少的影响，导致价格明显上升；③养殖户投苗积极性提高，但苗种投放量受到供应量相对不足的制约。

3. 鳙、鲢市场价格比较乐观 2020 年因洪涝灾害的影响，2021 年上半年鲢、鳙市场供应量相对不足，因此价格会在高位运行。洪涝灾害同样对苗种生产产生较大的影响，因此 2021 年年初，鲢、鳙鱼种会出现供不应求的局面，价格上升也是必然。2021 年下半年，鲢、鳙市场供应量不足的情况虽然会有所缓解，但苗种价格的上升会增加养殖户的生产成本，因此，市场价格预计不会出现大幅下跌。

（汤亚斌）

鲤专题报告

一、基本情况

1. 采集点基本情况　全国共有 16 个省、227 个县、716 个养殖渔情信息采集点。在 16 个养殖渔情信息采集省（自治区）中，有 8 个省份采集了鲤养殖数据，分别是河北、辽宁、吉林、江苏、山东、浙江、河南和四川；8 个省份没有采集鲤养殖数据，分别是安徽、福建、江西、湖北、湖南、广东、广西、海南。

2. 全年养殖情况　根据各省份渔情上报结果分析，2020 年年初和 2020 年年底价格偏低。受新冠肺炎疫情影响，5 月以前鲤销售市场极度萎缩；6—7 月价格最高达到 11.69 元/千克；9 月以后价格回落；至 12 月底一直在 9.30 元/千克左右。受鲤消费市场持续萎缩和市场销售价格较低的影响，鲤养殖利润大幅降低，行情低迷、盈利薄弱，甚至出现亏损。鲤养殖面积同比下降 40% 左右，放养密度同比也有所下降。鲤全价配合颗粒饲料平均价格略高于 2019 年，上涨为 100～150 元/吨。越来越多的养殖户开始探索新模式和新品种养殖，以寻求生存和发展。

3. 采集指标变化情况

（1）出塘量及销售收入　2020 年 1—12 月，采集点共出售商品鲤 5 711.10 吨，销售收入 5 406.03 万元。与 2019 年相比，出塘量和销售收入分别下降了 43.41% 和 38.35%；对比 2018 年，上述 2 个指标也有所下降，是近 3 年最低值（表 3-6）。

表 3-6　近 3 年鲤出塘量和销售收入

月份	2020 年		2019 年		2018 年	
	销售量（吨）	销售收入（万元）	销售量（吨）	销售收入（万元）	销售量（吨）	销售收入（万元）
1	464.45	426.36	2 903.25	2 478.85	634.24	500.99
2	167.60	140.99	758.84	697.09	1 732.06	1 839.10
3	41.63	34.66	137.74	132.55	200.12	216.94
4	954.13	886.07	349.21	309.79	300.19	276.00
5	201.99	224.04	395.91	409.37	112.96	93.07
6	77.37	90.43	121.30	132.07	147.32	156.77
7	66.58	75.64	51.81	53.79	69.55	51.67
8	30.74	33.41	157.63	171.45	91.84	94.61
9	614.51	561.83	445.08	453.30	624.35	622.23
10	2 450.19	2 275.40	3 138.79	2 904.31	2 315.33	2 033.37
11	478.38	501.69	559.52	603.26	364.83	370.61
12	163.54	155.53	1 072.70	875.91	359.58	333.82
合计	5 711.10	5 406.03	10 091.78	8 768.44	6 952.37	6 589.18

（2）出塘价格　2020 年鲤塘边价格变化趋势与 2018 年和 2019 年的情况略有差异，2020 年年初和年末价格偏低，月度平均价格高点在 6 月，达到 11.69 元/千克（表 3-7）。

表 3-7　近 3 年鲤塘边价格变化

单位：元/千克

年份	月　份											
	1	2	3	4	5	6	7	8	9	10	11	12
2020	9.18	8.41	9.32	9.29	11.09	11.69	11.36	10.87	9.14	9.29	10.49	9.51
2019	9.80	10.31	8.60	8.60	10.00	9.90	9.90	9.90	9.80	9.60	10.03	10.11
2018	10.66	10.62	10.84	9.19	8.24	10.64	7.43	10.3	9.97	8.78	10.16	9.28

各省域鲤信息采集点价格显示如表 3-8，四川省塘边价格最高，在 1 月达到 15.79 元/千克，并且在之后保持高价格状态一直到 8 月；河北和江苏省的鲤塘边价格偏低，最低只卖到 7.13 元/千克。

表 3-8　2020 年 1—12 月各省份鲤塘边价

省份	月　份											
	1	2	3	4	5	6	7	8	9	10	11	12
全国平均	9.18	8.41	8.32	9.29	11.09	11.69	11.36	10.87	9.14	9.29	10.49	9.51
河北	8.20	0.00	8.00	8.56	9.93	0.00	10.80	0.00	0.00	9.60	0.00	0.00
辽宁	0.00	0.00	0.00	10.19	0.00	0.00	0.00	0.00	10.00	9.27	10.96	0.00
吉林	0.00	0.00	0.00	11.00	12.16	12.00	12.00	11.00	7.49	0.00	0.00	0.00
江苏	7.73	7.22	0.00	0.00	0.00	10.00	9.00	9.00	0.00	7.13	0.00	0.00
浙江	0.00	0.00	0.00	0.00	0.00	0.00	0.00	0.00	0.00	0.00	0.00	0.00
山东	9.00	0.00	8.00	7.73	13.23	11.32	12.00	10.29	10.05	9.75	8.83	8.00
河南	9.89	9.20	8.20	0.00	0.00	0.00	0.00	0.00	9.40	9.37	9.38	9.51
四川	15.79	0.00	12.55	14.87	14.95	14.93	14.72	15.07	0.00	0.00	0.00	0.00

（3）生产投入情况　2020 年 1—12 月，采集点鲤生产投入占比如图 3-20。物质投入占 85.98%，服务支出占 8.96%，人力投入占 5.06%。

二、结果分析

1. 商品鱼销售要求规格大但销售价格偏低　2020 年上半年，商品鱼销售个体规格要求很严格，每尾规格（0.75～1.50 千克）的价格为 9.0～9.6 元/千克；规格偏大和偏小的价格相对较为便宜，每尾个体小于 0.75 千克和大于 1.50 千克的销售价格为 7.0 元/千克左右。

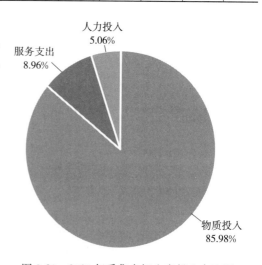

图 3-20　2020 年采集点鲤生产投入占比图

2. 消费市场情况在变化　全国各地养殖的鲤主要满足本地市场，河南养殖的鲤除本省销售外，还销往西北及北京以北。湖北省的鲤都是混养，由于在秋冬季集中出塘，价格较低，部分产品销往河南，从而对河南的鲤价格有拉低影响。

3. 养殖面积在萎缩　由于消费习惯的影响，鲤销售价格持续低迷。再加上鲤急性烂鳃病引起的恐慌，全国各地养殖面积在缩小。如河南省鲤养殖面积在急剧萎缩，尤其是郑州沿黄地区。据统计，2019年郑州地区鲤养殖面积减少一大半，河南省全省养殖总量里斑点叉尾鮰占比80%，鲤仅占15%，其他种类（鲈、短盖巨脂鲤、草鱼等）占5%。

4. 成本升高及利润下降　2020年，鲤价格9.2元/千克。各地养殖成本为7.8～8.6元/千克，不发生鲤暴发性疾病尚有微利。

5. 鲤养殖的地域性特点　受消费习惯和市场供求关系及销售价格的影响，鲤主养和混养都有明显的地域性特点。在沿黄省区，由于鲤养殖技术稳定成熟、苗种容易获得，市场销售价格每隔几年都有一个高点出现。虽然池塘主养鲤是高投入、高产量、低效益的养殖方式，多年来很多养殖户赔赔赚赚，但依然坚持鲤高产养殖模式，期盼翌年出现价格大幅度上涨高点。

三、存在的问题

我国鲤养殖目前出现了许多问题，主要表现为：一是养殖产量与销售价格的矛盾，即高产不高效问题；二是由于产量高，生长快，产品品质下降问题；三是养殖环境带来的水污染压力问题；四是鲤病害问题，近几年鲤暴发性烂鳃病发病急、死亡率高，难预防和难治疗。

四、鲤养殖形势及发展思路

1. 养殖形势　鲤广泛分布于欧亚大陆，是世界主要水产养殖种类之一。目前有100多个国家和地区养殖，2018年的年产量379万吨；我国是最大的鲤养殖国和消费国，年产量296万吨，占世界总产量的80%。鲤是中国的"国鱼"，是第四大淡水鱼，目前有14个地理标志产品。黄河鲤是我国四大淡水名鱼之一，有"吉祥"的象征。

我国是鲤养殖品种最多、最集中的国家，目前经全国水产原种和良种审定委员会审定和公布，适宜推广的鲤优良养殖品种有39个。

鲤含有丰富的蛋白质，营养价值丰富。2016年，我国鲤淡水养殖产量高达349.80万吨。但近几年，由于鲤商品鱼价格一直低迷，养殖产量稳中有降，2019年、2020年的下降幅度更大（图3-21）。

鲤是我国黄河流域省份、辽宁地区及江苏北部重要养殖品种和日常消费食用对象。2019年辽宁省鲤产量达30.8万吨，位居全国首位；其次山东省，产量为23.1万吨；河南省鲤产量为21.3万吨（图3-22）。

鲤作为大宗淡水鱼的主要品种之一，由于苗种来源容易、抗病力强、食性广、生长快、耐低氧、获得高产容易、产品运输方便等优点，特别适合淡水池塘养殖。

目前，在我国鲤养殖仍然具有一定的发展地位，主要原因有：①由于我国鲤养殖历

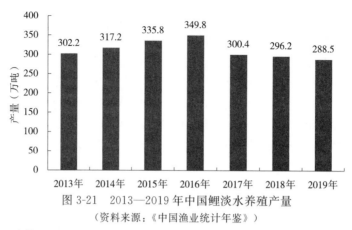

图 3-21　2013—2019 年中国鲤淡水养殖产量

（资料来源：《中国渔业统计年鉴》）

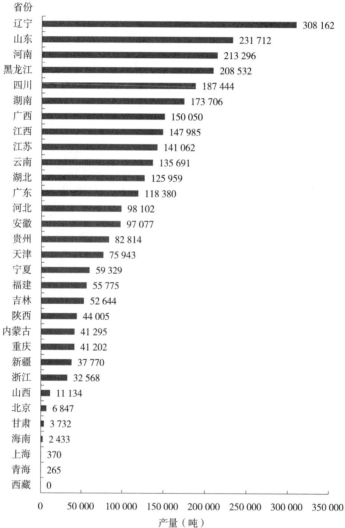

图 3-22　2019 年我国各省份淡水养殖鲤产量

（资料来源：《中国渔业统计年鉴》）

史悠久，技术成熟，鲤消费在国内市场还很大；②"鲤鱼跳龙门""无鲤不成席""卧冰求鲤"等，鲤文化深厚；③鲤的地标产品和无公害、有机及绿色"三品"建设开展得很多；④鲤的品牌打造最好，如河南的黄河金、黄河贡等品牌鲤就有20多个；⑤我国的鲤育种工作做得最多，已经培育出建鲤、福瑞鲤、津新鲤、豫选黄河鲤、全雌鲤、红鲤、松浦镜鲤、易捕鲤等生产性能好，抗逆能力强的优良品种；⑥全球对鲤营养需要和饲料配方的研究是最深入、最全面的；⑦新技术、新品种、新模式的不断创新，加上悠久的养殖历史和丰富的养殖经验，将为提高鲤养殖水平和效益创造条件。

2. 发展思路 根据新时期水产养殖业绿色发展要求，结合现代水产健康养殖技术，提出鲤养殖业绿色发展意见和建议：①要转方向、调结构，鲤养殖要向质量效益方向发展，产量要适中，不能一味追求高产；②要大力开展健康生态养殖，提高养殖过程中鲤的生存和生长"福利"，提升鲤品质；③要结合当地实际养殖优良品种，养殖的品种要从生长快、饲料系数低、好销售、价格高等综合考虑；④要打造"品牌"，提升价格空间，品牌建设可以带动产业升级；⑤要深挖和发扬鲤文化，开拓鲤消费渠道；⑥要研发鲤初加工和深加工技术和设备。

五、2021年生产形势预测

作为大宗淡水鱼主要品种的鲤，为满足人民群众对水产品的需求做出了巨大贡献。尽管近几年由于价格一直低迷、病害频发，养殖利润微薄，各地养殖结构都在调整养殖名优水产品，鲤养殖面积明显萎缩。再加上环保要求，很多大水面里的网箱养殖被取缔，各种生态保护区里的养殖池塘被拆迁，鲤养殖的总产量在逐渐减少。但市场是一双无形的手，养殖面积萎缩，养殖产量减少，将会改变供求关系，市场的调节机制随时会体现，一旦商品鲤销售价格上涨，鲤的养殖热情会迅速高涨。

（李同国　郜小龙）

鲫专题报告

2020 年，全国鲫养殖渔情信息采集区域涉及河北、辽宁、吉林、江苏、浙江等 16 个省份的采集县 165 个、采集点 473 个。

一、生产情况

1. 采集点出塘量、销售收入同比减少　全国采集点鲫出塘总量为 5 859.32 吨，同比减少 27.3%；销售收入 8 615.75 万元，同比减少 2.72%。出塘量大幅减少的原因是，2020 年鲫养殖渔情采集点及采集面积有较大幅度调整（表 3-9）。

表 3-9　2019—2020 年全国及部分省份出塘量和销售收入情况

省份	销售收入（元）			出塘量（千克）		
	2019 年	2020 年	增减率（%）	2019 年	2020 年	增减率（%）
全国	88 563 758	86 157 503	−2.72	8 059 804	5 859 316	−27.30
江苏	57 634 521	57 434 886	−0.35	5 384 085	3 977 788	−26.12
江西	3 844 200	2 590 991	−32.60	325 051	124 364	−61.74
湖北	204 040	125 680	−38.40	16 047	10 575	−34.10
湖南	9 936 379	6 650 514	−33.07	994 122	497 028	−50.00
四川	645 270	248 000	−61.57	37 800	12 840	−66.03
安徽	1 580 330	2 500 981	58.26	119 205	158 298	32.79
浙江	1 249 578	4 107 876	228.74	85 080	186 202	118.86
河南	2 554 600	1 635 000	−36.00	148 900	98 600	−33.78
山东	1 456 225	106 701	−92.67	131 429	12 679	−90.35

2. 苗种投放量大幅减少，养殖结构调整明显　根据全国渔情监测系统数据显示，鲫投苗数量 4 296 千克，同比下降 99.84%；投种量为 1 415 681 千克，同比下降 38.44%。其中，江苏、江西、湖北、山东、四川等省份鲫主产区苗种投放较 2019 年减少较多。主要是由于大宗淡水鱼养殖结构调整，以主养鲫为主的地区，改为以养草鱼、鳊及其他大宗淡水鱼为主，也有部分养殖户改养河蟹、青虾等其他名特优水产品。也有新冠肺炎疫情因素带来一定的影响，疫情防控期间，成鱼出不去，种苗进不了，影响正常市场供应和养殖周期。

3. 成鱼销售价格持续低迷，同比下降明显　采集点数据显示，2020 年鲫全国综合平均出塘价格 14.70 元/千克，同比上涨 33.75%。从全国采集点数据分析，河北、湖北、山东 3 省综合平均出塘价格最低，分别为 9.79 元/千克、11.88 元/千克、10.42 元/千克；江苏、浙江、江西、湖南 4 省综合平均出塘价格涨幅最大，分别为 34.95%、50.17%、76.08%、33.8%（表 3-10，图 3-23、图 3-24）。

表 3-10 **2019—2020 年鲫综合平均出塘价格情况**

省份	出塘价格（元/千克）		
	2019 年	2020 年	增减率（%）
全国	10.99	14.7	33.76
河北	10.62	9.79	−7.82
辽宁	11.65	15.29	31.24
吉林	11.40	14.64	28.42
江苏	10.70	14.44	34.95
浙江	14.69	22.06	50.17
安徽	13.26	15.8	19.16
福建	14.19	14.29	0.70
江西	11.83	20.83	76.08
山东	11.08	10.42	−5.96
河南	17.16	16.58	−3.38
湖北	12.72	11.88	−6.60
广东	13.03	16.05	23.18
广西	10.87	12.63	16.19
海南	19.49	17.97	−7.80
四川	17.07	19.31	13.12
湖南	10.00	13.38	33.80

全年鲫出塘呈量减价增态势。分析原因：除了 2020 年新冠肺炎疫情及洪灾因素外，消费结构的巨大变化及市场大环境的影响，养殖结构大幅调整，主养鲫面积不断减少，混养及转产增加；受供求关系影响，刺激价格上涨。

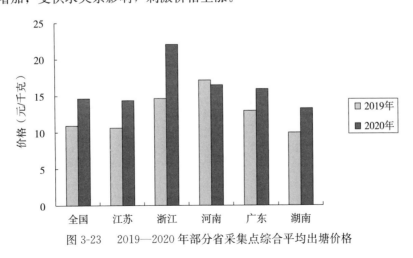

图 3-23 2019—2020 年部分省采集点综合平均出塘价格

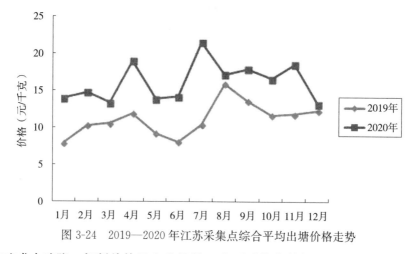

图 3-24　2019—2020 年江苏采集点综合平均出塘价格走势

4. 养殖成本略降，饲料价格呈上升趋势　全国采集点数据显示，鲫投入成本 6 364.5 万元。其中，饲料费 3 690.63 万元，苗种费 1 143.08 万元，人力投入 470.25 万元，塘租费 373.87 万元，固定资产折旧费 267.40 万元。

根据调查，大部分省份鱼苗和鱼种价格均有小幅下降，降幅为 5%～10%。养殖池塘租金呈现下降趋势，特别是异育银鲫主产区江苏、湖北等省份的塘租出现了明显的下降，降幅达到 20%～30%。配合颗粒饵料受国际市场主要饲料原料成本的上涨影响，2020 年渔用配合颗粒饵料的价格有一定幅度的上涨。与 2019 年相比，大宗淡水鱼一般用饵料平均每吨上涨 200～300 元。人力和药品成本与 2019 年相比，总体基本保持不变。由于采集点面积和产量同比 2019 年减少，所以 2020 年采集点亩均人力和药品投入同比 2019 年上升。

5. 病害及自然损失严重，经济损失同比增多　根据采集点的数据显示，由于洪涝灾害和疾病影响，受灾经济损失 748.70 万元，同比增长 328.79%。其中，病害经济损失 337.29 万元，同比增加 93.41%。江苏省病害经济损失最多，为 321.46 万元，主要是大红鳃、鳃出血病严重，大部分养殖户损失 30%～50% 以上。江西省、广东省、安徽省受洪涝灾害影响巨大。

二、2021 年生产形势预测

1. 养殖面积减少，结构调整明显　随着全国水产养殖水域滩涂规划的编制和实施到位，大力度实施禁养区退出机制，原来位于生态红线区内和基本农田内的大宗淡水鱼养殖水面将逐步退出；同时，受水产养殖比较效益的影响，一部分大宗淡水养殖池塘转产，导致大宗淡水鱼养殖水面 2020 年将一定比例的减少。如江苏省约有 50 万亩左右，将退出或转产其他品种的养殖。但异育银鲫的产量占整个大宗淡水鱼的总产量还能达到近 50%。

养殖品种结构变化的主要原因如下：一是由于病害的影响，在异育银鲫传统主产区和集中连片养殖区，放养面积的比重进一步下降，腾出的养殖面积主要转向其他特色淡水鱼，包括斑点叉尾鮰、黄颡鱼等；二是在传统以异育银鲫为主养品种的面积中，异育银鲫的放养比例也在进一步降低，增加了经济价值相对高的南美白对虾和河蟹等品种放养比例；三是草鱼、杂交鲤鲫、黄金鲫等品种的放养面积进一步提高。

2. 市场供求关系逆转，行情稳定向好　经过几年的去产能，目前，我国淡水鱼养殖基本达到了求略大于供的状态。市场供应回转到卖方市场，预计今后几年鲫养殖效益将处于稳定向好的态势。

（王明宝）

罗非鱼专题报告

一、主产区分布及总体情况

罗非鱼主要养殖区域集中在南方，包括广东、广西和海南，大部分商品鱼经加工后出口其他国家和地区。罗非鱼养殖主要采用投喂人工配合饲料的精养方式，养殖模式主要有普通池塘精养、大水面池塘精养等。

2020 年，全国罗非鱼养殖渔情信息采集工作在 3 个罗非鱼主产区设置了 15 个采集点。其中，广东省 5 个、广西壮族自治区 5 个、海南省 5 个，与 2019 年相比，罗非鱼信息采集点没有变化。

2020 年，渔情测报点罗非鱼综合平均出塘价格为 7.86 元/千克，与 2019 年相比，降低了 5.98％；出塘量 14 877.75 吨，产值 11 687.82 万元，分别较 2019 年增长了 67.45％和 57.27％。总体来讲，2020 年全国罗非鱼生产状况良好，市场供应充足，但由于价格持续低迷，生产企业积极性不高，在开拓市场、养殖环保等方面还需要努力。

二、生产形势及特点

2020 年，各渔情信息采集点罗非鱼销售总额 11 687.82 万元，生产投入 9 422.14 万元，补贴 20 万元，灾害损失约 0.29 万元（表 3-11）。

表 3-11　全国罗非鱼生产情况

单位：万元

省份	销售总额	生产投入				各类补贴收入	受灾经济损失
		生产投入总额	物质投入	服务支出	人力投入		
全国	11 687.82	9 422.14	8 639.70	339.63	442.81	20.00	0.29
广东	6 246.13	4 677.50	4 293.97	126.50	257.03	0.00	0.00
广西	104.56	155.36	135.33	9.18	10.85	0.00	0.29
海南	5 337.13	4 589.28	4 210.40	203.95	174.93	20.00	0.00

1. 生产投入大幅增加，饲料成本占比提高　2020 年，采集点罗非鱼生产投入 9 422.14 万元，较 2019 年（生产投入 6 414.72 万元）增长 46.88％。其中，饲料费 7 432.92 万元，占总生产投入的 78.89％；塘租费 788.97 万元，占 8.37％；人工费 442.80 万元，占 4.7％；其他各类费用 295.76 万元，占 4.90％。全国采集点罗非鱼生产投入最多的是广东省，为 4 677.50 万元；其次是海南省，为 4 589.28 万元；广西壮族自治区为 155.36 万元（图 3-25）。

与 2019 年（饲料成本占 70.30％）相比，2020 年的饲料成本所占比例明显提高，其主要原因是受新冠肺炎疫情影响，销售渠道受阻，罗非鱼产品滞销，存塘量增加，导致饲料成本增加。

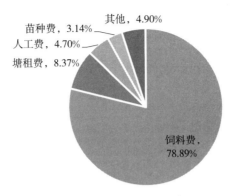

图 3-25　罗非鱼生产投入占比

2. 投苗投种变化不大　2020 年，采集点罗非鱼投苗、投种金额与 2019 年基本持平。2020 年，全国罗非鱼采集点投苗 289.11 万元。投苗最多的是海南省，达到 150.26 万元；其次是广东省，投苗 135.75 万元；广西壮族自治区投苗 3.10 万元，投种 11.87 万元（表 3-12）。

表 3-12　罗非鱼投苗投种情况

单位：万元

省份	投苗金额	投种金额
全国	289.11	11.87
广东	135.75	0.00
广西	3.10	11.87
海南	150.26	0.00

3. 商品鱼出塘量大幅度增加，市场价格低迷　2020 年，全国采集点罗非鱼出塘量 14 877.75 吨，销售收入 11 687.82 万元，与 2019 年相比，有大幅度提升，分别增长 67.45%、57.27%。其中，增长量最多的是广东省，出塘量 7 732.15 吨，销售收入 6 246.13 万元；其次是海南省，出塘量 7 028.55 吨，销售收入 5 337.13 万元（表 3-13）。

表 3-13　2019—2020 年罗非鱼销售情况

省份	销售收入（元）			出塘量（千克）		
	2019 年	2020 年	增减率（%）	2019 年	2020 年	增减率（%）
全国	7 431.64	11 687.82	57.27	8 884.71	14 877.75	67.45
广东	3 917.69	6 246.13	59.43	4 181.72	7 732.15	84.90
广西	136.58	104.56	−23.45	143.30	117.05	−18.32
海南	3 377.37	5 337.13	58.03	4 559.70	7 028.55	54.15

2020 年，全国罗非鱼综合平均出塘价格 7.86 元/千克，与 2019 年（综合平均出塘价格 8.36 元/千克）相比，下降了 5.98%。2020 年，全国采集点罗非鱼成鱼综合平均出塘价格最高的是广西壮族自治区，综合平均出塘价格为 8.93 元/千克；其次是广东省，综合平均出塘价格为 8.08 元/千克；最低是海南省，综合平均出塘价格为 7.59 元/

千克（表 3-14）。

表 3-14　2020 年罗非鱼市场价格

单位：元/千克

省份	1 月	2 月	3 月	4 月	5 月	6 月	7 月	8 月	9 月	10 月	11 月	12 月	综合平均出塘价格
全国	8.38	7.59	7.66	7.66	7.87	7.63	7.70	8.07	8.12	8.15	8.22	7.87	7.86
广东	8.80	7.59	7.66	8.13	8.06	7.65	8.20	8.66	8.89	8.78	8.88	8.21	8.08
广西	6.50	14.00	10.88	12.00	0.00	14.00	10.08	9.20	9.62	8.05	8.70	8.75	8.93
海南	7.83	7.58	7.63	7.49	7.80	7.52	7.32	7.53	7.67	7.68	7.73	7.27	7.59

2020 年，受新冠肺炎疫情影响，罗非鱼价格持续走低，全年呈现出先低后高的趋势。除 1 月外，2020 年上半年全国采集点罗非鱼综合平均出塘价格基本维持在 7.59～7.87 元/千克；下半年开始，其综合平均出塘价格基本维持在 7.70 元/千克以上（图 3-26）。

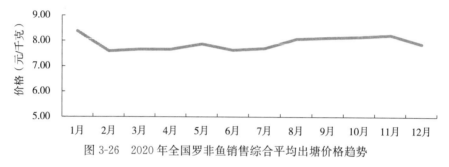

图 3-26　2020 年全国罗非鱼销售综合平均出塘价格趋势

4. 灾害损失少　2020 年，全国采集点罗非鱼灾害数量损失合计 300 千克，经济损失合计 0.29 万元。

三、存在的主要问题与建议

1. 新冠肺炎疫情影响罗非鱼正常生产　疫情暴发后，各地经济活动几乎停滞，罗非鱼加工延迟，饲料短缺。尽管到 2020 年 3 月情况有所改善，但由于人员流动受到限制、需求不足，许多工厂迟迟未能恢复全部生产能力，造成商品鱼滞留在池塘，许多养殖户无法正常开展养殖。最后造成商品鱼集中上市、养殖户集中采购苗种，生产规律被扰乱。

2020 年，罗非鱼塘口价格维持低位。由于养殖生产不受控，加工企业相互低价竞争。再加上受到越南巴沙鱼的市场冲击，罗非鱼价格一直走低，从而使得养殖生产亏损严重，生产积极性不高。

2. 养殖尾水治理有待提高　目前，罗非鱼养殖技术比较成熟，门槛低，大多数地区以龙头企业为中心，向周边辐射带动农户发展。由于农户分布零散，生产随意性大，养殖尾水排放是目前比较突出的问题。与此同时，由于池塘布局不合理，养殖用水成为产业发展的一大难题，部分养殖区域只能依靠下雨补充水源；养殖生产行为并不规范，缺乏对养殖尾水的净化处理，造成养殖环境的日益恶化，养殖病害时有发生。

全国各地养殖水域滩涂规划基本完成，需更进一步加强养殖尾水治理工作，不追求高、大、上，因地制宜，建设养殖尾水处理设施，减少环境污染。

3. 国际市场变幻莫测，需开拓稳定的国内市场　罗非鱼产品主要销往欧美国家，但由于国际市场受各种因素影响较大，往往变幻无常，需要积极开拓稳定的国内市场。

2020年，受贸易摩擦和新冠肺炎疫情的影响，罗非鱼出口影响较大，虽然地方政府和相关企业积极拓展内销渠道，但效果不明显，罗非鱼总体销售不畅。与国际市场变幻莫测相比，国内市场显得更加稳定，而且潜力巨大。罗非鱼产业需要转型，利用好中国庞大的消费市场，解决销路问题，加快与餐饮业融合，携手创新，研发热销品，寻找内销市场增长点。当大量的罗非鱼加工品出现在国内市场时，才会迎来真正的转型发展。

2020年上半年，面对新冠肺炎疫情影响，生鲜电商出现暴发式增长，在促进农产品销售、方便日常生活方面发挥了重要作用。诸多加工企业根据市场需要生产不同的产品，满足国内消费者的不同需求。

4. 产品附加值低，需开展精深加工　努力开发科技含量高、附加值高的优质产品，提高精、深加工产品的比重，进一步优化产品结构。加强对传统优秀品牌的挖掘，培育一批在国内外市场上具有明显竞争优势的民族特色品牌，借以提升传统产品的吸引力和竞争力。

5. 规范化生产程度低，倡导绿色发展　目前，罗非鱼养殖户众多，但大多数都是分散的小规模养殖户，生产设施简陋、管理不规范，为了追求产量，盲目提高放养密度，最终导致病害呈现多样、多发、耐药性的发展态势。罗非鱼链球菌疾病常有发生，特别是进入4—10月的高温季节，发病率较高。

随着农业农村部、生态环境部、自然资源部等十部委《关于加快推进水产养殖业绿色发展的若干意见》印发，渔业绿色发展不再是概念，生态健康养殖模式逐渐发展成为水产养殖的主流方式。标准化生产企业要起到带头作用，辐射带动周边渔业生产走向标准化、产业化，建立一套可操作性强的健康养殖技术体系，提高产品质量；政府部门需要加强对罗非鱼产品的质量安全监管，建立健全水产品质量安全的检测制度。

6. 产业发展缺乏统筹规划，需发挥政府和协会的积极作用　罗非鱼滞销事件值得业界深思，长期被出口绑架的罗非鱼产业多年来受美国强势打压，如今遇上最严格环保督查，部分加工厂却选择减产压价，把养殖户推向亏损的边缘。养殖户是最受伤的群体，也是最弱势的群体，他们的利益应该得到政府和行业更多的保护与帮助。

政府部门应统筹规划，出台罗非鱼产业发展规划，并严格监督实施，保障产业健康发展。同时，可结合综合种养、休闲渔业等规划，建设池塘工业化生态养殖系统，打造具有本地区特色的发展模式。罗非鱼行业协会应积极指导生产与协调销售，指导和协助农户开展健康养殖，降低生产成本、提高产品质量；积极协调商品鱼销售，避免低价恶性竞争，保障农户利益。

四、2021年生产形势预测

1. 罗非鱼价格将小幅上涨，但渔民增收形势不容乐观　目前，国内新冠肺炎疫情防控进入常态化阶段，罗非鱼生产、流通、销售环节顺畅。2021年，预计罗非鱼价格将小幅上涨，但由于出口仍存在诸多问题，且国内市场未完全打开，饲料价格上涨，渔民增收形势不容乐观。

2. 罗非鱼湖病毒病、链球菌病将持续影响产业发展　由于养殖户生产和管理欠规范，在夏季高温时段，罗非鱼湖病毒病和链球菌病持续影响产业发展。

（骆大鹏）

黄颡鱼专题报告

2020 年，全国 16 个养殖渔情信息采集省（自治区）中，7 个省份设置 22 个黄颡鱼养殖渔情信息采集点。

一、生产情况

1. 销售情况　采集点全年黄颡鱼出塘量 2 079.706 吨，与 2019 年相比，增长 13.00％，9—12 月出塘量均在 200 吨以上，其中，11 月出塘量 308 吨；全年销售收入 4 743.72 万元，同比增加 7.46％。

采集点全年综合平均出塘价格 22.81 元/千克，与 2019 年相比，同比下降 20.57％。安徽省综合平均出塘价格最高，为 27.78 元/千克；江西省位列第二，为 24.33 元/千克。全国综合平均出塘价格 9 月达到监测期内峰值，为 25.39 元/千克（表 3-15，图 3-27 至图 3-29）。

表 3-15　分地区销售情况统计

省份	出塘量（千克）	销售收入（元）	综合平均出塘价格（元/千克）
浙江	522 519	12 332 583	23.6
安徽	307 600	8 544 200	27.78
江西	386 491	9 403 072	24.33
湖北	47 980	975 340	20.33
广东	333 245	6 784 041	20.36
四川	326 830	6 414 700	19.63
湖南	155 041	2 983 288	19.24
合计	2 079 706	47 437 224	22.81

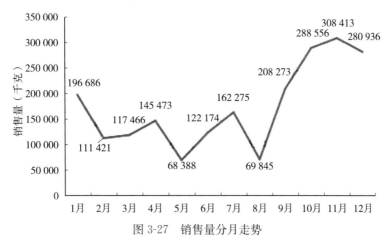

图 3-27　销售量分月走势

2. 生产投入情况　采集点全年投入苗种费、饲料费、燃料费、塘租费、人力和服务支出等共 3 485.00 万元。物质投入占总生产投入的 77.09％，其中，饲料费和苗种费投入

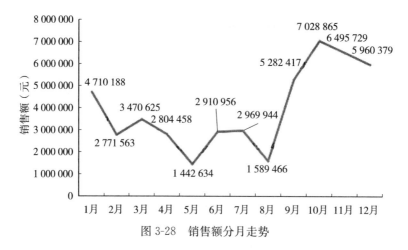

图 3-28　销售额分月走势

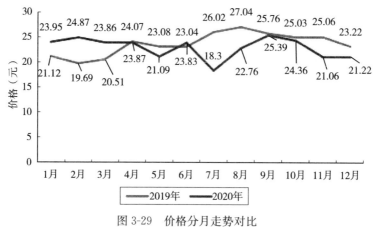

图 3-29　价格分月走势对比

占物质投入的 91.99％；服务支出占总生产投入的 9.96％，其中，电费占服务支出的 67.65％；人力投入占总生产投入的 12.95％，其中，雇工费用占人力投入的 68.74％（图 3-30，表 3-16）。

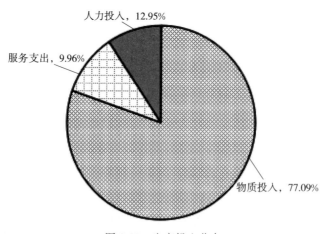

图 3-30　生产投入分布

表 3-16 生产投入情况

类别	投入金额（元）	占比（%）	备注
一、物质投入	27 983 545	80.30	
其中：苗种投入	3 287 800	11.75	
饲料投入	22 454 057	80.24	
燃料	4 356	0.02	项内占比
塘租	1 752 332	6.26	
固定资产折旧	350 000	1.25	
其他	135 000	0.48	
二、服务支出	3 614 157	10.37	
其中：电费	2 444 820	67.65	
水费	49 963	1.38	
防疫费	1 014 567	28.07	项内占比
保险费	3 437	0.10	
其他	101 370	2.80	
三、人力投入	3 252 397	9.33	
其中：雇工	2 235 747	68.74	项内占比
本户（单位）人员	1 016 650	45.47	
总计	34 850 099	100.00	

3. 受灾损失情况   2020年，黄颡鱼受灾经济损失共计72.776 9万元。其中，病害经济损失占总经济损失的90.79%。据调研，自2020年开春以来，受天气影响，黄颡鱼苗种成活率普遍较低，部分采集点甚至低至1成。4月初开始，又暴发不明病害，其破坏性在黄颡鱼养殖历史上非常罕见，部分区域死亡率超5成（表3-17，图3-31）。

表 3-17 受灾损失情况统计

省份	病害损失		自然损失		其他损失	
	金额（元）	数量（千克）	金额（元）	数量（千克）	金额（元）	数量（千克）
浙江	173 000	8 650	0	0	0	0
安徽	3 875	148	0	0	0	0
江西	343 350	13 750	27 000	450	0	0
湖北	21 100	1 630	0	0	0	0
广东	95 000	4 000	40 000	2 000	0	0
四川	0	0	0	0	0	0
湖南	24 444	1 613	0	0	0	0
合计	660 769	29 791	67 000	2 450	0	0

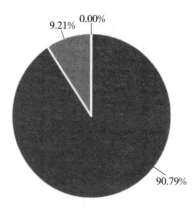

图 3-31 受灾经济损失占比

二、收益情况

收益情况分析来源于养殖渔情信息采集系统数据和 10 月调研数据。据采集系统数据显示，各地收益情况见表 3-18。其中，安徽、广东省收益 4 000 元/亩以上，浙江、江西、四川省收益 4 000 元/亩以上；其余省份均有少量收益。湖北和湖南省收益较少，分析原因，可能是部分黄颡鱼采集点采用混养模式，所报生产投入数据均为混养品种总投入，而销售收入仅为黄颡鱼收入。

表 3-18　收益情况统计

省份	销售收入（元）	生产投入（元）	收益（元）	养殖面积（亩）	亩均收益（元/亩）
浙江	12 332 583	11 281 354	1 051 229	816	1 288.27
安徽	8 544 200	4 793 113	3 751 087	783	4 790.66
江西	9 403 072	5 465 946	3 937 126	2 570	1 531.96
湖北	975 340	906 737	68 603	582	117.87
广东	6 784 041	5 582 689	1 201 352	260	4 620.58
四川	6 414 700	5 121 804	1 292 896	678	1 906.93
湖南	2 983 288	1 698 456	1 284 832	3 169	405.44
全国	47 437 224	34 850 099	12 587 125	8 858	1 420.99

三、2021 年生产形势预测

2020 年，黄颡鱼综合平均出塘价格同比有所下降，但基于长江十年禁捕等政策影响，消费者对黄颡鱼等名优品种的需求量会有增加。相对而言，黄颡鱼养殖收益较高，未来养殖行情看好，加之江西、浙江、广西等省（自治区）鱼病发生严重，鱼苗存活率降低。预计 2021 年，苗种投放量与往年相比略增。

（邓红兵）

鳜专题报告

一、养殖和市场行情

1. 鳜主要养殖品种 鳜俗称桂鱼、桂花鱼、季花鱼等，是淡水肉食性凶猛鱼类。我国分布的鳜有 3 属 9 种，即长体鳜、中国少鳞鳜、翘嘴鳜、大眼鳜、斑鳜、高体鳜、暗鳜、柳州鳜、波纹鳜。

2. 鳜苗种供应 据统计，很多淡水鱼品种从受精卵孵化到养成的成功率非常低，包括鳜等。这意味着鳜 30 多万吨的年产量需要很多亲本提供苗种，苗种生产有一定的难度。养殖户买苗希望质量好的同时价格又便宜，但实际上优质鱼苗的生产成本很高，从亲鱼的养殖强化培育，一直到孵化、标粗这个过程的成本付出是很高的。广东省是全国鳜苗种主产区，其鳜鱼苗占全国鳜鱼苗生产的 80%；全国鳜苗种绝大部分依赖广东省，对于苗种质量的监管和把控有一定难度。这个问题需要鳜苗种生产企业以更高的策略和眼光来共同看待和解决，需要打造高端和品种苗种生产企业。保证鳜苗种生产整个环节做到规范，从亲本选优选强、育苗规模、开口饵料鱼选择与配套、水质处理、病害综合防控检测技术等环节做起，提高鳜苗种质量。

3. 鳜商品生产 广东省商品鳜养殖量大，商品鳜接近 10 万吨，占全国产量的 30%。其显著特点是，单位面积产量高、养殖技术好、苗种饵料等产业配套成熟、养殖周期长，但池塘租金、饵料鱼成本、人员工资等综合成本偏高，对鳜市场价格波动敏感。广东省鳜养殖周期长，通过养殖早鳜和晚鳜错峰上市、高价销售来增效；工厂化和饵料驯养鳜是未来的趋势，但技术有待成熟。广东省是国内鳜养殖量最大的区域，主要集中在清远、肇庆、佛山、江门等地。这几年随着湖北、安徽、江西和江苏等地鳜精养面积的扩大，广东省鳜掌控全国鱼价的局面逐步在变化，尤其是安徽、江西、江苏地区鳜养殖量明显增加，下半年鳜批量上市，特别是河蟹、鳜混养模式养殖的鳜成本低，集中上市给市场价格带来不小的冲击，对于广东省鳜形成了很大的挑战。当然广东鳜鱼的部分优势还在，比如说开春温度升得快，鱼苗主要还是依赖广东省，养殖技术也有一定的优势。

湖北省养殖量较大，养殖技术和产业配套日趋成熟；整体养殖水面大，塘租便宜，资源廉价，冬季饵料鱼多而廉价，河蟹、鳜和小龙虾、鳜生态养殖面积大，阶段性产量大。江西省鳜精养技术和配套逐步成熟，鳜养殖产量较大。江苏、安徽省鳜主养技术不断提高，养殖规模有扩大空间，塘租便宜，臭鳜加工有效延伸产业链，鳜卖价较高。

二、生产形势

1. 秋浦杂交斑鳜养殖实例的调研 安徽省池州市秋浦特种水产开发有限公司秋浦杂交斑鳜养殖实例情况如下：1 口 10 亩池塘主养鳜，2020 年 6 月 15 日，投放规格 5 厘米/尾苗种 2 万尾，平均每亩 2 000 尾，1.8 元/尾；池塘养殖条件下，经 140 天饲养，于 11 月 5 日测产，共收获 19 246 尾、7 715.72 千克，秋浦杂交斑鳜平均体重达 400.9 克，成活率 96.23%，饵料系数为 4.6，平均亩产 771.57 千克。

每生产 1 千克鳜综合成本为 45.02 元。其中，苗种费为 4.67 元，饲料费 32.19 元，人工费 3.89 元，塘租费 0.78 元，水电费 1.56 元，动保产品 0.65 元，其他成本 1.30 元。每千克产值 109.99 元，每千克利润 64.97 元（表 3-19）。

表 3-19　秋浦杂交斑鳜养殖实例情况

	苗种费	饲料费	人工费	塘租费	水电费	动保产品	其他	成本合计	产值	利润
10 亩（万元）	3.6	24.84	3.0	0.6	1.2	0.5	1	34.74	84.87	50.13
1 亩（万元）	0.36	2.48	0.3	0.06	0.12	0.05	0.1	3.47	8.49	5.01
1 千克鳜（元）	4.67	32.19	3.89	0.78	1.56	0.65	1.30	45.02	109.99	64.97

2. 鳜养殖经济效益分析

（1）当年早上市鳜经济效益分析　当年早上市鳜价钱比较高，根据养殖业渔情信息监测表明一般 9 月上旬之前销售，鳜塘口批发价格在 50 元/千克以上。实例调查，每生产 1 千克鳜综合成本为 45 元左右；每生产 1 千克鳜可获得 5 元以上的利润。

当年早上市鳜养殖要把握稀养、早上市原则，以追求销售价格为主。主要做到以下几点：①早放苗，3 月底或 4 月初投放大规格鳜苗种。②合适密度，苗种投放控制在 2 000 尾/亩以下，池塘以 10 亩大小为宜，总产量高，效益更高；每亩投放密度超过 2 000 尾，会明显影响生长速度，延迟上市销售时间，延迟上市 15 天，价格会下降 30%，甚至更多，经济效益立刻减半，增产不增收。③勤开增氧机，使鳜养殖池塘始终处于富氧状态，通过富氧调节水质，使水体氨氮、亚硝酸盐氮等理化指标向良性方向发展，到达预防疾病，保持鳜长期捕食饵料鱼正常，促进鳜快速生长，达到早上市销售目的。早上市鳜养殖的核心在于提前上市，获取正常利润。

（2）当年常规季节上市鳜经济效益分析　当年常规季节上市鳜价钱较低，根据养殖业渔情信息监测表明，一般 10 月下旬至翌年 2 月销售，鳜塘口批发价格在 44～50 元/千克。实例调查，每生产 1 千克鳜综合成本为 45 元左右；每生产 1 千克鳜因为销售价格的不同，可能会亏损 1 元/千克，或可获得 1～5 元的利润。

当年常规上市季节鳜最关键在于如何降低养殖成本，建议改进几点：①自行配套养殖饵料鱼，提高饵料鱼养殖技术水平，降低饵料鱼的生产成本，自行配套饵料鱼养殖，鳜有饲料成本优势；②适时投放苗种适时销售，建议 5 月放苗，合理控制密度，安排 10 月上中旬能够销售部分商品鳜，争取在价格低迷时获得较高的销售价格，以保住利润；③调节水质，预防疾病，科学投喂饵料鱼，降低饵料系数（一般鳜养殖生产 1 千克鳜，要 5 千克饵料鱼，有民间高手可以做到 3.5 千克饵料鱼以下）。这个是当年常规季节鳜养殖的出路，核心在于降低饵料鱼系数，降低成本，达到回避亏损，获得常规的利润。

（3）翌年高价季节上市鳜经济效益分析　翌年 4—5 月，鳜销售价格在 60～70 元/千克，6—8 月，鳜销售价格在 70 元～100 元/千克。实例调查，每生产 1 千克鳜综合成本为 45 元左右，高价季节上市，每生产 1 千克鳜综合成本为 50 元左右；每生产 1 千克鳜因为销售价格的不同，可获得 10～50 元的利润。

高价季节上市鳜，关键在于预防病害和高位的风险。关键要做好以下几点：①存塘鳜规格不能太大，也不能太小，每尾鳜规格宜控制在 300～400 克。规格太大，导致亩存塘量大，加上饵料鱼投喂，风险太高；规格太小，不能高价季节及时销售；②翌年4—5月，经过越冬的消耗，鳜的体质变弱，抗病能力较差，容易感染疾病，此时病害防治一定要到位；③翌年6—7月，高温期存塘量大，对水质溶氧要求很高，日常管理很关键；高利润伴随的是高风险，翌年高价季节上市鳜，养殖病害防治和对风险的控制是关键，核心在于控制风险，获取超额利润。

3. 鳜生产形势　全国商品鳜产量稳定在30多万吨。2019年，全国鳜的产量为33.7万吨，主要养殖省份为广东、湖北、安徽、江西和江苏等5省，以上5省产量达27万吨，占全国总量的85%以上。2019年12月，全国鳜主产省份鳜价格低位运行，广东鳜统货塘头开鱼多在44～46元/千克，湖北中等规格鳜低至38元/千克，江苏中等规格鳜低至40元/千克。

2020年，由于受早期新冠疫情的影响，鳜塘口管理不到位，后期受虹彩病毒病等病害暴发的影响，部分地区叠加洪涝灾害，不少鳜主产区发病情况严重，塘口鳜产量下降明显。9月之前，鳜总体产量和上市量与2019年相比均呈下降趋势，塘口批发价与2019年同期相比上涨明显；9月之后，鳜上市量加大，即鳜秋季出塘量呈上升趋势。鳜秋季生产形势分析，受早期新冠疫情影响和后期价格低位运行等多重因素影响，2020年鳜产量与2019年相比变化不大。

三、臭鳜加工产业的快速发展

臭鳜，俗称"腌鲜鳜鱼"。属于安徽省传统发酵水产品，是我国八大菜系徽菜的代表菜肴。臭鳜加工产业已经成为安徽省内重要的特色产业，规模以上加工企业30家，作坊不下百家，主要集聚于黄山市。预计2020年产值达到30亿元，每年递增20%，龙头企业均过亿元，前三甲2019年超7亿元，2020年有望达8亿～9亿元，是黄山市的重要旅游产品和旅游产业增长的推动力之一。据调查，臭鳜鱼类饭店餐饮业消费占90%以上，市场遍布全国。臭鳜加工与餐饮消费端的拉动，延伸鳜产业链，有效促进鳜一产和二产的发展。安徽臭鳜加工产业的快速发展，得益于以下几点：

1. 徽菜振兴拉动臭鳜产业发展　全国徽菜品牌店如今以每年近200家的速度递增，来黄山市考察徽菜的业内人士一年超过100批次。徽州臭鳜居徽菜之首，有徽菜必有徽州臭鳜。徽菜兴起有力促进了徽州臭鳜产业发展。徽菜厨师广泛带动。近几年，黄山市餐饮烹饪行业协会培育了300余位徽菜大师，他们走出去，徽州臭鳜随之传播，多渠道宣传发挥效应，徽州臭鳜销售门店广布全国。北京，杨纪兴臭鳜连锁店达20多家，徽张臭鳜10多家，徽州小镇臭鳜20多家；上海，海陆坊连锁店4家，年销售徽州臭鳜6000万元；济南，安徽人家臭鳜连锁店达8家。众多徽州臭鳜销售网点在热销的同时，也增强了徽州臭鳜品牌知名度。央视《舌尖上的中国》播出后，徽州臭鳜更是声誉日隆。

2. 保证充足的原料供应　优质的鳜原料供应，是臭鳜产业发展的基础。黄山市臭鳜加工企业的资金通常不足以支撑鳜原料的囤储，这是资金方面的瓶颈。由市政府部门牵头，一方面联合社会资本设立鳜原料储备基金；另一方面，黄山市与池州市通力合作，大力发展"秋浦花鳜"的养殖，提高省内原料供应，促进鳜加工产业上下游联动发展。与此同时，鳜养殖、保鲜、储运、冻藏、解冻等关键设备研发和关键控制技术，整合运用到产业中去，满足一产和二产融合发展需求。

紧盯国内鳜养殖科技前沿，利用本地水域资源，积极发展本地鳜集约化养殖，鼓励鳜饲料养殖企业开展高密度循环水养殖，灵活调节餐饮企业库存，降低鲜活鳜市场价格剧烈波动对产业影响。

3. 加快臭鳜鱼发酵工程技术集成和应用推广　在臭鳜工业化生产的过程中，应用先进的现代化发酵装备保证臭鳜规模化、工业化生产，是产业发展的重要变革方向。在工业化生产的同时，积极开发现代化的腌制发酵工艺，利用优良、安全的微生物发酵菌剂进行直投式发酵，缩短发酵周期，调控发酵过程，抑制杂菌生长，使得臭鳜产品更为安全、稳定。

通过系统集成原料鱼冻存、机械化饬杀、固液分离、厌氧发酵、杂菌抑制、新型包装、熟化加工、危害物控制等关键环节的设备和技术创新，使鳜发酵用盐量降低 67% 以上，发酵时间缩短了 29%，装备应用率提高了 60% 以上，发酵危害物降低至国家标准以内。发酵鳜的次品率显著降低至 0.5% 以下，质构品质（弹性、咀嚼性和黏着性）显著提升（$P < 0.05$），风味接受度变得更高。另外，开发了可以调控质构和臭味的专用发酵菌种（腐生葡萄球菌 MF B8）。加快先进工程技术的推广，促进鳜加工产业的发展。

4. 建立产品标准，控制臭鳜鱼产品品质和安全性　消费者对水产品的消费需求将会发生变化，由风味转向安全与风味并重，标准化加工的鳜产品将成为主流产品。目前，臭鳜的加工大多实施标准化生产，有完善的质量安全控制体系，在养殖生产标准、加工操作规范、产品质量和经营管理规范等方面更加明确，在产品的营养、口感、风味、安全等方面规范产品标准，从而不断增强消费者健康安全的心理需求，有助于进一步开发国内销售市场。监测数据显示，安徽黄山地区的臭鳜产品品质较好，显著优于国内其余地区。建立相应的标准，有利于规范黄山地区臭鳜加工企业，使企业重视规范化和标准化，更进一步保证产品的品质和安全性。

四、生产存在的问题

1、鳜良种普及率仍然不高　目前，在鳜养殖的过程中，种苗的抗逆性差，养殖平均成活率在 60% 左右。生长形状平均下滑 20%～30%，饵料系数偏高。增加了饵料资源的消耗和有机物的排放，增加了养殖成本和水体环境治理的成本。一般养殖过程中，鳜的饵料鱼系数为 3～5。按照 30 万吨的鳜产量计算，全国鳜养殖最高需要消耗 150 万吨饵料鱼。这跟其他品种鱼类采用人工配合饲料的饵料系数差异明显，大大降低了食物的利用率，增加养殖和环境成本。

2. 鳜养殖土地利用率不高　鳜养殖对于土地占用率高。通过对生产单位养殖鳜的调查，鳜与饵料鱼的养殖面积约为 1：4。即养殖 1 亩鳜，需要配套 4 亩饵料鱼养殖池。全国鳜养殖产量按照 30 万吨计算，平均单产按照 500 千克/亩计算，鳜的养殖面积为 60 万亩左右，配套饵料鱼的养殖面积 240 万亩，占用较多的水面和土地资源。

3. 鳜养殖环境压力较大　大量活饵料鱼的摄食，会产生大量的排泄有机物。没有被捕食到的活饵料鱼，在水体中的排放会进一步给水体带来巨大的环境压力。在高温季节这些没有完全消化、分解的有机物，会给养殖水体带来很大的负担，并有可能进一步影响鳜的正常生长。水质的频繁变化，加上环境因子的不利影响，导致鳜病害较多。在鳜的养殖过程中，彩虹病毒、蛙病毒、神经坏死病毒、寄生虫病等都对鳜养殖产业造成了很大的危害，也让养殖户遭受巨大损失。

五、建议

1. 加快适合配合饲料驯养鳜新品种选育　针对鳜饲料化养殖问题，驯化难度大、生长均匀性差，是目前鳜饲料养殖的现状。鳜饲料化养殖最大的痛点是，鱼对配合饲料的适应性差，而这个适应性来自鳜本身，且具有遗传性。应从鳜选育、制种技术、营养需求等方面协同攻关，选育出适合配合饲料驯化养殖的鳜新品种。

2. 提高鳜苗种的质量，预防病害的暴发　鳜苗种培育的关键是，及时提供足够的适口饵料鱼，及时过筛分规格培育，也是提高鳜苗种培育成活率的重要措施。当鳜鱼苗达到 4～5 厘米规格后，可以继续投喂饵料鱼，也可以驯食配合饲料。鳜的品质把控关键在于种质优良、病毒检测、水质管控、病害防治等。选择种质优良的鱼苗、选择不带病毒的苗种，是养殖成功的关键。购买前建议委托第三方进行病毒检测。苗种进池要经过消毒；每天巡池，观察鱼的活动情况，及时发现问题及时处理；对水体进行定期消毒；发现病虫害及时准确用药。

3. 推进配合饲料替代饵料鱼　近年来，鳜作为中国淡水鱼中具有代表性的名贵高档鱼类，越来越受到人们的喜爱和消费。鳜市场消费量越来越大，导致市场需求也在不断增加。鳜养殖主要采用投喂活饵料鱼的养殖模式，这种模式产量不高，养殖过程中对于活饵料的需求比较大，极大地限制了鳜养殖行业的发展。因此，解决活饵问题成为目前鳜养殖最大的瓶颈和行业机制。鳜在进行饲料化养殖之前，首先要对养殖鱼类进行驯食。在训食过程中要循序渐进，避免饵料替换一步到位，导致鱼类不适应，从而影响鱼类生长。目前，杂交鳜存在转食性良好的品种，这些品种投入到养殖生产当中，可以大大地降低鳜饲料化养殖的难度。

（奚业文）

加州鲈专题报告

一、主要养殖区域和模式

1. 养殖区域分布　我国淡水鲈（主要为加州鲈）养殖产量突破 40 万吨大关，主要集中分布在广东、浙江、江苏、江西、四川、湖北、福建七省，占全国总产量近 90％以上。其中，广东省约占 60％。加州鲈主要养殖区域分布如下。

广东省加州鲈养殖主要集中分布在珠江三角洲的佛山市，主要养殖模式为池塘精养。通过调研，广东的养殖面积 8 万亩，产量为 25 万吨。其中，佛山市的顺德区池塘养殖加州鲈有 3.3 万亩，主要分布在勒流、杏坛、乐从、龙江和均安等镇。佛山市南海区有 2 万多亩，主要分布在九江镇。顺德和南海两地加州鲈的平均亩产在 3 000 千克左右，最高产量高达 6 000 千克，仅顺德、南海两区加州鲈养殖产量近 20 万吨。

浙江省近两年加州鲈养殖产量不断上升，养殖主要集中分布在杭嘉湖一带。湖州池塘养殖加州鲈面积在 2 万亩以上，养殖产量已经超过江苏省，在 5 万吨以上，成为加州鲈养殖第二大省。

江苏省加州鲈养殖主要集中分布在南京、苏州两市，主要模式是池塘养殖。之前，河道、湖泊网箱养殖面积较大，但由于环境保护等原因，网箱养殖已大面积减少。通过调研，苏州市吴江区池塘养殖加州鲈有 3 万多亩，南京市高淳区和溧水区有 1.5 万亩左右，平均亩产在 1 000 千克，总产量约 4 万吨。

江西省和四川省过去网箱养殖加州鲈都较多，现在基本上网箱养殖都已退出。目前，江西没有连片集中的养殖区，实际产量为 1.7 万吨左右；四川池塘养殖集中分布在成都、绵阳、德阳、攀枝花等市，平均亩产在 1 500 千克，总产量在 2 万吨左右；湖北、福建和安徽养殖规模较小，处于示范推广阶段，福建加州鲈养殖主要集中在漳州市郊区一带，而且是从台湾省引进的苗种，安徽和湖北虽然加州鲈养殖量不大，但这两年产量上升势头很高，有非常大的潜力。

2. 主要养殖模式

（1）广东珠三角地区和浙江湖州高产养殖模式　鱼种投放密度为 6 000～8 000 尾/亩。此外，配养鳙 100 尾/亩、鲫 400～500 尾/亩、黄颡鱼 1 500～2 000 尾/亩，亩产 2 500～5 000 千克。

（2）湖北、湖南、河南、安徽等地区生态养殖模式　主养塘中套养少量其他鱼类。苗种来源有 3 月底至 4 月初从广东引进和本地繁育两种途径。放养密度为 2 500～3 000 尾/亩、混养黄颡鱼 300 尾/亩、鳙 30 尾/亩、鲢 30 尾/亩，亩产达到 1 000～1 500 千克。

（3）山东、北方地区大规格鱼种养殖模式　北方地区，开春晚、入冬早，加州鲈养殖要选择投放大规格苗种，规格为 40～100 尾/千克。在 4 月底至 5 月初开始放苗，9～10 月出鱼。放养密度为 2 500～3 000 尾/亩，混养黄颡鱼 300 尾/亩、鳙 30 尾/亩、鲢 30 尾/亩，也有少量搭养青鱼，亩产达到 1 000～1 200 千克。

二、生产形势

1. 加州鲈养殖实例调查　安徽海辉水产养殖有限公司养殖加州鲈"优鲈1号"情况如下：其中9亩池塘主养"优鲈1号"，2020年4月13日投放4.5万尾加州鲈苗种，平均每尾48.62克，平均每亩投放5 000尾，苗种价格为2.0元/尾；池塘养殖条件下，经约200天饲养，于10月30日测产，共收获41 220尾，产量17 915.70千克，平均规格达434.64克/尾，成活率91.60%；平均亩产1 990.63千克。

成本效益情况：每生产1千克"优鲈1号"综合成本为19.09元。其中，苗种费为5.02元，饲料费7.03元，人工费1.67元，塘租费1.00元，水电0.84元，动保产品0.084元，其他成本3.446元；每千克销售收入为28.00元，平均每千克利润8.91元（表3-20）。

表3-20　优鲈1号养殖实例情况

项目	苗种费	饲料费	人工费	塘租费	水电费	动保产品	其他	成本合计	产值	利润
9亩（万元）	9.0	12.6	3.0	1.8	1.5	0.15	6.15	34.2	50.16	15.96
1亩（万元）	1.0	1.4	0.33	0.2	0.17	0.017	0.683	3.8	5.57	1.77
1千克鲈（元）	5.02	7.03	1.67	1.00	0.84	0.084	3.446	19.09	28.00	8.91

2. 加州鲈养殖经济效益　从养殖效果来看，相比幼杂鱼养殖，全程使用颗粒饲料喂养。具有以下优点：成活率提高5%～7%，用药量减少50%，换（补）水量减少80%，当年商品率可达30%以上（提高1倍），养殖全周期缩短1.5～2个月，且池水藻相较好，蓝藻暴发概率大幅下降，养殖加州鲈成鱼的体形和腥味等品质均有较大改善。

从成本支出方面来看，全程使用配合饲料投喂，较使用幼杂鱼投喂饲料成本增加约1 800元/亩。但其他成本有所下降，主要是：水电节支100元/亩，人工节支600元/亩，药物节支200元/亩，成活率提高可减少苗种投放（节支）100元/亩。综合测算，相对于幼杂鱼投喂，采用配合饲料投喂，亩增加成本约800元。每生产1千克优鲈1号综合成本为19.09元，市场销售价格超过成本就有利润，加州鲈的价格波动比较大，最高价与最低价相差20～30元/千克，选择好的养殖模式错峰出鱼，可以事半功倍卖高价。如果没有严重的病害暴发，养殖户技术成熟，关键环节管理到位，加州鲈养殖亩经济效益高可超过1万元，低的也有2 000多元。近两年，部分养殖户选择秋冬季放早苗，6—7月可以出头批鱼，是目前效益最好的模式。随着反季节苗（秋苗）繁育技术的成熟，广东每年10—11月就有水花供应，华东地区有望1—2月就有水花出售，且有希望实现全年都有水花供应全国各地，对加州鲈反季节养殖及全年有商品鱼稳定供应市场奠定苗种基础。

3. 加州鲈生产形势　2020年加州鲈传统的养殖区，有广东顺德、南海，浙江湖州、江苏吴江等地，四川成都、绵阳，湖北武汉，湖南华容以及广西南宁。随着人工配合饲料的研发水平提高，驯养取得越来越好的效果，养殖效益令业界瞩目，将继续稳定加州鲈的养殖，连远在西北的新疆、华北的山东等地，也纷纷开展加州鲈养殖。

山东投5 600万元巨资建大棚养加州鲈，在菏泽市东明县黄河大堤西侧，建设东明加州鲈产业区项目，占地1 500亩。项目计划将焦园乡养殖基地打造成全国加州鲈第三大产区，建成后满负荷运作年总产量超 200 万千克，总产值达到 5 000 万元以上，年利润达到 1 000 万元。此外，上海、陕西等地也开始加州鲈养殖，2020 年加州鲈养殖在全国呈现出全面开花的态势。

2020 年 9 月之前，加州鲈总体产量与 2019 年相比，呈上升趋势，塘口批发价也呈上涨趋势；9 月之后，加州鲈上市量加大，价格在经历短期下探之后又恢复到中高价，即加州鲈秋季出塘量呈上升趋势，价格呈震荡趋势。受连续几年盈利示范效应影响，配合饲料养殖技术的成熟与普及，水产养殖业内部结构调整的需求，预计 2020 年加州鲈产量同比呈上升趋势。

三、生产存在的问题

1. 病害难以控制，一旦暴发经济损失大 加州鲈虽火爆，但是它并不好养，病害多发。尤其是虹彩病毒病，目前没有药物可治疗，一旦病害暴发，难以控制。所以，养殖户尤其是新手，要根据自己的实际情况制订养殖计划，不能因为别人养殖加州鲈获得丰厚利润，就盲目冲动上马。

2. 苗种质量不稳定，颗粒饲料驯化率偏低 近年来，加州鲈鱼苗投放后大量死亡的事例不断发生，部分水体放鱼苗后几乎全部死亡。不仅带来极高的苗种成本，且耽误了生产时间，部分养殖鱼当年不能上市。在加州鲈鱼苗培育过程中，从水花培育到 200 尾/千克左右大规格鱼种的总体成活率比较低，平均水平在 5%～10%，且生长速度差异大、病害严重。2020 年，湖州某位加州鲈养殖老板在 30 亩的池塘投放了 300 万尾加州鲈水花，40 天后开始大量死苗，其中，大部分鱼苗还没开始驯化就死亡。

四、建议

1. 巩固好颗粒饲料替代幼杂鱼养殖成果 加大对加州鲈养殖的池塘改造、饲料对比筛选试验、早繁苗温棚培育的支持力度，通过帮助养殖主体节约生产成本、提高生产效率和池塘利用效率，降低饲料成本，巩固好颗粒饲料替代幼杂鱼养殖成果。

2. 加强技术研发和质量管控，促进产业健康发展 一是要根据当地市场行情调整养殖品种结构，切忌盲目扩大生产规模；二是研究开发加州鲈加工产品，延伸产业链，扩大市场需求；三是加强商品活鱼运输过程的监管，防范质量安全风险；组织专家专题研究商品活鱼运输过程中添加的不明物质，查清本源。

（奚业文）

乌鳢专题报告

一、产业概况

目前，我国乌鳢养殖产量已达 4.619×10^5 吨，养殖分布集中于华东地区、中南地区和华南地区。广东省产量最高，达 1.768×10^5 吨，占全国总产量的 38.27%。超过 1 万吨的省份有山东、浙江、江西、湖南、安徽、江苏、湖北和四川 8 个省份，年产量分别为 5.48×10^4 吨、4.27×10^4 吨、3.70×10^4 吨、3.6×10^4 吨、3.28×10^4 吨、2.68×10^4 吨、2.41×10^4 吨和 1.01×10^4 吨（图 3-32）。

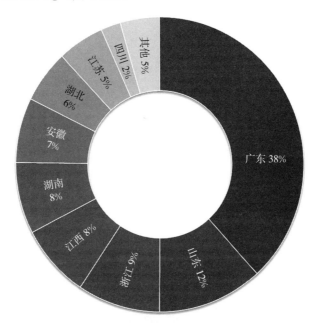

图 3-32 各省份乌鳢养殖产量占比

二、生产形势分析

1. 苗种投放

（1）投苗量大幅增加 2020 年，乌鳢投苗费用大幅增加。除江西减少 45.59% 外，广东、山东、湖南苗种投放费用总体增加 559.24%。

（2）苗种供应有集中趋势 山东地区的乌鳢苗种主要是来自微山县鲁桥镇。在另一养殖重点地区的东平县，由于乌鳢是"孵化容易育苗难"，其苗种的 60%～70% 也是来自于微山县。从来源看，微山县生产的乌鳢苗种 78.2% 来自于自繁自养，还有 21.8% 来自于湖鱼育苗。

（3）苗种规格 就整个山东地区来看，八成以上养殖单位选择投放 3～5 厘米和 3 厘米以下的乌鳢苗种。主要原因是乌鳢苗种价格较贵且价格与规格成正比，养殖户出于苗种成本考虑而选择规格较小的乌鳢苗进行养殖。

2. 价格变化 2020 年，采集点乌鳢出塘量 21.77 万吨，销售收入 30.06 亿元，综合平均出塘价格为 17.45 元/千克，同比下降 4.01%。2020 年上半年，受新冠肺炎疫情影响，乌鳢价格在低位徘徊，7 月疫情得到控制后，价格逐步回升至 17.75～18.80 元/千克（图 3-33）。

3. 生产成本 采集点生产投入共 1.10 亿元，主要包括物质投入、服务支出和人力投入三大类，分别为 1.05 亿元、329.6 万元和 198.8 万元，分别占比 95.23%、2.98% 和 1.80%。在物质投入大类中，苗种费、饲料费、塘租费分别占比 29.23%、64.57%、1.42%；服务支出大类中，电费、防疫费分别占比 0.67% 和 2.21%。各生产成本比例如图 3-34。

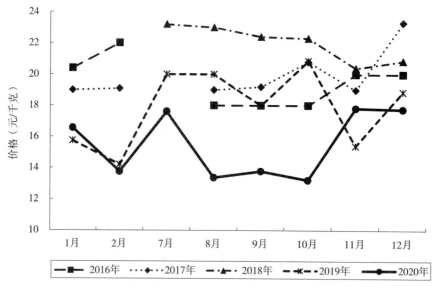

图 3-33　2016—2020 年 1—12 月乌鳢价格走势

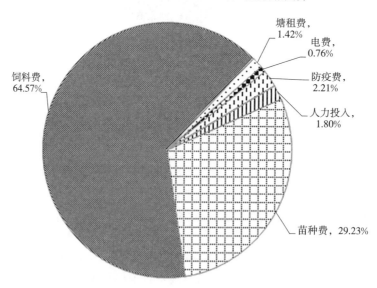

图 3-34　乌鳢生产投入要素比例

4. 生产损失 从采集点数据看，2020 年乌鳢数量损失 2 092 千克，直接经济损失 2.23 万元。从总体上看，乌鳢的生产损失较小，目前处于可控范围内。

三、2021 年生产形势预测

2020 年，乌鳢价格低位徘徊，全国范围内乌鳢养殖规模保持稳定，受新冠肺炎疫情影响，加工流通和消费环节不确定性因素加大。随着全国疫情防控进入常态化，在流通环节和终端消费市场的带动下，预计 2021 年乌鳢价格可能出现部分回升。

四、存在的问题

1. 种质退化严重 目前，乌鳢苗种批量繁育技术尚未有实质性的进展，大部分生产者由于成本因素，采用自繁自育方式进行苗种生产。部分乌鳢养殖所需的苗种来源于野生环境，由于每代亲鱼之间的亲缘关系越来越近，引起种质退化，导致养殖成鱼规格差异较大，抗逆性减弱，饵料系数增加，间接影响到肉质口感。

2. 人工饲料滞后 乌鳢饲料主要分为以幼杂鱼为主的鲜动物饲料和以鱼粉为主的人工配合饲料两类。幼杂鱼饲料投喂占比仍在 70% 以上，其中，以海水幼杂鱼饲料系数为 5.5～6，以鲫鱼苗为主的淡水幼杂鱼饵料系数为 4.2～4.5。目前，全程使用人工配合饲料养殖还存在一些技术难点，其导致畸形率较高和鱼体规格偏小等问题尚未有效解决。

3. 养殖水体恶化 传统乌鳢养殖模式属于高密度养殖，乌鳢养殖中投喂冰鲜鱼导致氮、磷的大量排放，加之夏季高温期的频繁换水，由此引发水质恶化、病害频发、水源污染等一系列问题。有研究表明，乌鳢养殖周期内总氮的平均值可达 12.10 毫克/升，总磷平均值可达 2.55 毫克/升，分别超过淡水养殖尾水排放二级标准的 1.4 倍和 2.5 倍。在环保要求日益严格的态势下，养殖尾水达标处理已成为乌鳢养殖可持续发展的关键。

4. 产品附加值较低 长期以来，乌鳢产业形成了"池塘-批发市场-消费终端"的消费链模式，产业链条相对较短，产品形式也以鲜活水产品为主，预处理少、生鲜消费多。此外，受众消费群体有限，造成产品附加值较低，在养殖利润空间日益缩减的趋势下，乌鳢养殖生产积极性受到一定影响。

五、对策建议

1. 强化良种生产及推广体系 今后应在做好原种种质保存的基础上，依托基层渔业技术推广体系，有计划地推广杂交鳢、抗细菌病等良种的选育技术。在监管层面，严格执行苗种生产许可制度，加强对各类育苗场的监管。使养殖户充分认识原、良种在养殖生产中的关键作用，避免种质混杂引起的种质下降。

2. 创新养殖模式 由于乌鳢经济价值较高，耐低氧并且适宜高密度养殖。在当前水产养殖绿色发展要求下，在传统高密度池塘养殖模式的基础上，应积极探索池塘工程化循环水养殖技术、陆基集装箱推水养殖技术等新型养殖模式。这些模式不仅可以通过净化池、生态塘等功能区进行尾水处理，也可以利用湿地、稻田等进行尾水净化，有助于水体的循环利用和养殖尾水的达标排放，有效避免了水产养殖环境污染。

3. 推广配合饲料替代技术 深入开展乌鳢对蛋白质、脂肪、糖类、维生素、无机盐和有机酸等营养物质需求的基础研究，重点推广配合饲料替代幼杂鱼，替代率应不低于50％。开展配合饲料养殖乌鳢的转食驯化示范，广泛宣传人工配合饲料，消除养殖户疑虑。

4. 重视病害防控　除市场价格波动外，病害损失依然是影响乌鳢生产经济效益的重要因素。在日常管理中，要坚持预防为主、防治结合的原则，利用光合细菌、芽孢杆菌等微生态制剂进行水质底质改良，利用石榴皮、五倍子、黄芩、山茱萸、地榆和芦荟等渔用中草药进行疫病防控。同时，监管部门应加大对孔雀石绿、硝基呋喃、氯霉素等禁用药物的监督查处力度，保障水产品质量安全，避免水产品质量安全事件对整个产业的影响和打击。

5. 提升产品加工水平　与大宗淡水鱼相比，乌鳢的市场价格相对较高，其消费对象大多为中青年消费者。由于消费群体的生活节奏较快，以往以活水鱼为主的产品形式已不能满足消费需求。当前需要更多的开袋即食或经过预处理加工的快捷水产食品，进一步丰富鱼片、鱼丸、鱼肉松等产品加工形式。此外，应深入乌鳢药用保健、美容护肤、皮制品原料等非食用功能的基础研究，加大开发利用深度和广度，最大限度地挖掘乌鳢的潜在价值，延长乌鳢产业链。

（李　凯）

鲑鳟专题报告

一、采集点基本情况

全国鲑鳟养殖信息采集点主要集中在辽宁、吉林两个省，共设置 5 个鲑鳟采集点。由于部分采集点的上报数据不全，2020 年养殖渔情分析仅以吉林省 3 个信息采集点的实际调查数据进行。

二、生产形势

1. 苗种投放情况　省内的 3 处采集点，2020 年共投放苗种近 80 万尾，2019 年投放 70 万尾，同比增加了 14.3%。3 个采集点中，临江市金鲨冷水鱼养殖农民专业合作社和白山市森源养殖有限责任公司主要为自繁自育的苗种投入生产，抚松县泉水名贵鱼养殖有限公司是外购苗种进行养殖生产。

2. 出塘情况　2020 年，3 个采集点共出塘鲑鳟 33 602 千克，同比（2019 年出塘 21 425 千克）增加 56.8%，出塘苗种近 70 万尾，除了正常用于商品鱼生产的销售之外，以增殖放流出塘的苗种占比较大，分别为 30% 和 70%。自 2 月开始，养殖企业为降低成本投入，规避压塘风险，采集点出塘数量稳步增加，最高月份达到 6 000 千克，但出塘价格仅维持在 6～30 元/千克。9 月以后，受东北地区陆续出现的新冠肺炎疫情影响，成鱼出塘量陆续减少，下降至最低 2 500 千克/月，价格维持在 10～20 元/千克。

3. 鲑鳟养殖和销售情况　目前，3 个采集点鲑鳟养殖类型均为苗种培育和成鱼养殖。在现有开发养殖品种中，虹鳟（全雌三倍体）从国外进口发眼卵进行人工培育外，其余品种均为自繁自育。在销售方面，由于受新冠肺炎疫情和市场需求的影响，虹鳟（金鳟）、七彩鲑、哲罗鲑等大众品种成鱼和苗种销售价格下滑严重，综合平均出塘价格仅为 14.24元/千克，同比下降 64.5%。其中，成鱼最低价达到 14～16 元/千克以下；苗种价格相对略高一些，但仅维持在 60～80 元/千克或 5～6 元/尾。细鳞鱼、花羔红点鲑、鸭绿江茴鱼等土著品种由于其地域分布特殊性，大部分以增殖放流的形式在吉林省内销售。在满足本地需求基础上，少部分品种的苗种同时也供应黑龙江、辽宁、新疆等省份，但销售量不大，价格为 80～100 元/千克。

4. 养殖成本情况　由于是自繁自育苗种，占比较大的主要还是饲料成本，占总生产投入的比重近 2/3。吉林省 3 个采集点均投喂丹麦爱乐、北京汉业和山东升索生产的鲑鳟专用商品颗粒饲料，销售均价在 10 000 元/吨左右，部分添加功能性成分的饲料价格一般高出 2 000～3 000 元/吨。但不同饲料生产厂家由于原料进口渠道、进口方式、蛋白含量等的差异，价格相差比较悬殊。目前，随着鲑鳟专用饲料加工工艺的提升和饲料本身营养配比均衡的特点，同时配合精准投喂技术的应用，2020 年养殖周期饵料系数可控制在 1.3以内，部分品种饵料系数达到 1～1.2；辽宁省大部分养殖场鉴于气候、水温等优势，养殖周期相比吉林省较短，商品鱼销售价格相对较低，为增加养殖利润，降低饲料成本投入，大部分养殖主体采用自制的颗粒性饲料进行投喂，饲料成本维持在 6 000～8 000 元/

吨，但饵料系数相对较高。

5. 病害发生情况 2020 年，吉林省 3 个采集点未发生鲑鳟传染性造血器官坏死病等病毒性疫病，但有时会发生水霉病、疖疮病、黄杆菌病等细菌性疾病及三代虫等部分寄生虫性疫病，各采集点造成的苗种死亡量均不大。3 个采集点由于要创建无规定疫区和申报国家级良种场，同时，在省总站主持实施的"鲑鳟健康养殖技术"推广项目的示范带动下，目前在病害防疫方面，不论从养殖条件改善、疫病防控措施、苗种生产管理，还是对从业人员知识更新及技术能力提升等方面都相较以往有了大幅提升，为有效预防鲑鳟疫病发生和控制提供了条件保障。

三、存在的问题

（1）养殖成本上升趋势不减，利润空间缩减。近年来，随着劳动力、饲料等成本上升的带动，鲑鳟的养殖成本一直处于上升的趋势，目前这种趋势没有减缓。同时，受市场需求和新冠肺炎疫情影响，各采集点 2020 年出塘量同比下滑严重。为避免压塘现象出现，从而降低养殖企业饲料等成本投入，倒逼养殖主体通过降低销售价格，来缓解资金流动和回流困难。单纯依靠养殖生产来维持企业生产运行难度很大，处于入不敷出状态。通过调研，各采集点近年来虽可依靠省级乡村振兴专项资金和渔业增殖放流资金，勉强可维持生产和运行，但资金投入力度不大，难以提供后续保障。虹鳟（金鳟）、七彩鲑等一些常规养殖品种受地域、气候、水温的影响，养殖成本远高于其他周边省份，虽然养殖产品品质较好，但市场认可度不高，销售价格与周边省份相比较低。

（2）吉林省 3 个采集点由于在保种和疫病防控等方面缺乏资金扶持，部分用于繁育的土著品种亲本开始出现种质退化，免疫力低下，每年亲本用于生产后死亡量较高，对今后苗种生产带来不利影响。同时，苗种生长周期缩短，性成熟时间提前，从受精到仔鱼培育等各阶段成活率也较低，往往靠提高生产量来提升存塘数量，苗种质量普遍不高。

（3）由于采用流水池塘进行苗种养殖生产，对基础设施的投入较大，有的采集点池塘数量受水量、土地的限制，养殖面积无法扩大，养殖产量无法增加。加之鲑鳟市场整体需求量不高，价格受影响较大，养殖生产积极性不高，仅保持一定数量在维持。

四、2021 年生产形势预测

通过信息采集和实地调研了解，受新冠肺炎疫情的影响以及国际市场鱼粉、玉米等原料价格上涨等不利因素的制约，目前鲑鳟养殖户的养殖情况非常困难，鱼粉价格较 2020 年上升了 30% 以上。虽然在 2021 年年初，商品鱼的销售价格有所上升，但由于 2020 年鲑鳟养殖企业减少了投入生产，市场需求的商品鱼仍处于供小于需的不平衡状态。同时，市场对大规格苗种需要量较高，但现存塘量较少，市场需求供应严重不足，预测至少需要 2 年时间可形成规模性需求上市。但由于多种不确定性因素的存在，对鲑鳟的养殖趋势仍处于观望和两难境遇。

鉴于上述原因，2021 年如果鲑鳟价格和市场销量不改变，大部分鲑鳟养殖户都会处于亏损生产状态，养殖的积极性将受到较大的影响。尤其是依赖旅游市场的影响更大，将直接影响上游生产。目前，业内关于新冠病毒不会感染鲑鳟的澄清声音越来越多，部分销售渠道已重新上架，但消费信心重建还需要时日，一旦消费者的信心和信任被打破，想要恢复是需要经历一个缓慢过程的，如果消费者不敢消费，整个产业仍然没有转机。今后，鲑鳟产业的发展出路应紧紧依靠各区域资源条件和特色优势，整合力量，培育品牌，形成规模化发展和经营，通过政策和资金支持，重点打造规模效益突出、产业优势明显的渔业产业发展集群或产业发展带。同时，监管部门和生产企业要严格鲑鳟养殖、加工、销售过程中的质量监管，探索建立鲑鳟产品可溯源机制，建立消费者对该类产品的消费信心，真正化危为机，抓住新的发展机遇，做大做强鲑鳟产业。

（孙占胜）

花鲈专题报告

一、采集点基本情况

花鲈也称海鲈，是鲈形目、鮨科多种鱼类的统称。大部分海生，见于暖带与热带浅水海域，为著名的食用鱼和游钓鱼。目前，该鱼已经获得成功驯化和人工繁养殖，成为具有全国统一大市场，专业化分工、社会化协作的海水养殖主导品种之一。其中，原良种产自黄渤海区，苗种产自浙江、福建等省。商品鱼养殖主产区是珠三角尤其是珠江出海口地区，主要是珠海市斗门区白蕉镇一带，主导养殖模式是海水池塘养殖。因为品质优良且特点突出，该鱼被评为国家农产品地理标志产品，同时，是全国海水鲈养殖渔情监测点。

二、生产形势特点分析

1. 销售额、销售量齐增，销售价格下跌　根据广东花鲈养殖渔情采集点提供的数据，2020 年花鲈商品鱼销售额和销售量齐增。其中，销售额和销售量为 1 291.89 万元和 74.52 万千克，分别比 2019 年 1 149.72 万元和 50.08 万千克增长了 142.17 万元和 24.44 万千克，增幅为 12.37% 和 48.80%；综合平均出塘价格下跌，2020 年是 17.34 元/千克，比 2019 年的 22.96 元/千克降低 5.62 元/千克，降幅为 24.48%。

2. 养殖生产投入增加　根据广东花鲈养殖渔情采集点提供的数据，2020 年花鲈养殖生产投入主要由物质、服务和人力构成。其中，物质投入涵盖了苗种费、饲料费、燃料费、塘租费、固定资产折旧费等；服务投入涵盖了电费、水费、防疫费、保险费等；人力投入主要是雇工和本户（单位）人员工资。根据该鱼养殖生产形势和市场表现，2020 年年初，许多人都做出了花鲈市场价格将会进一步上涨的预期。在这一判断指导下，养殖主体通过开展池塘综合整治以及技术改造，新挖池塘，更新老池塘，继续扩大养殖规模。如 2020 年年初，珠海斗门区花鲈养殖面积已经达到 3.1 万亩，比 2019 年增加 0.1 万亩。许多养殖户添置设备，完善设施，优化生产条件，提高养殖产能，而且在购买苗种上更加积极主动，导致花鲈卵、种苗、苗种、亚成体价格一路上涨，甚至到了无苗种可买的地步。由于苗种市场供求具有产业发展的先导和连带作用，从而带动了花鲈养殖生产投入全线上涨。

3. 市场 V 形表现　原本广东花鲈养殖一直处于健康可持续发展状态中，但是这一切却被一场突如其来的新冠肺炎疫情打断了，遭遇到急刹车，一切戛然而止。在疫情最为严峻的时候，外面的车进不来，本地的车出不去，因为隔离，内需市场阻塞，消费断崖式下降；因为封闭，加工出口停滞，大量水产品被迫压塘存库，价格陡然下跌，珠海市达到商品规格的花鲈塘头收购价格最低达 12 元/千克。为此，政府出面扶持水产品加工流通企业进行收储。该举措解决了许多养殖户燃眉之急，主要是现金流，他们拥有了充足的现金流，就能熬到春暖花开的那一天。实践也证明了这一点，随着疫情防控常态化，消费市场迅速得到一定恢复，价格和交易量齐涨，新冠肺炎疫情让花鲈殖生产和市场行情走势呈现出一个典型的 V 形，价格再创新高。如 2021 年元旦、春节期间，花鲈塘头收购价格平均能达到 20～24 元/千克。由此说明，花鲈是一个性价比极高的品种，花鲈养殖具有极强的抗击打能力，是一个韧性十足的行业，具有远大光明的发展前景。

三、2021 年生产形势预测

以 2020 年广东海鲈养殖情况为基期，预测 2021 年生产形势，总体观点是从消极、小心到积极、大胆。这是因为广东海水鲈养殖模式是池塘养殖，其平均成本为 14～18 元/千克；而广东花鲈渔情监测点 2020 年综合平均出塘价格为 17.34 元/千克。2020 年水产养殖品种市场价格全线大幅上涨，但花鲈价格尚未出现上涨。预期 2021 年，花鲈价格上涨将是一个大概率事件。

预测价格上涨行情走势，是建立在花鲈产业转型升级基础上。实践证明，在构成渔业的捕捞、养殖和加工三大细分产业中，加工是关键，它在消费引导下还能倒逼养殖生产，推动养殖生产发展再上新台阶。以 2020 年为例，在珠海这一全国花鲈养殖主产区，许多渔业产业化龙头企业和水产品加工企业甚至其他行业积极参与该鱼的加工。花鲈加工分为原始加工，即以花鲈为食材进行的加工，最典型的产品是刺身；传统加工，即以花鲈为主材搭配其他食材进行加工，最典型的是酸菜鱼、水煮鱼等；现代加工，即以花鲈为原材料运用流水线进行加工，将其加工成冰鲜鱼、"一夜埕"，再经过干制、腌制、腊制、糟制，加工制作成为鱼干、咸鱼、腊鱼、酒糟鱼等。同时，将整条鱼切割成鱼头、鱼下巴、鱼片、鱼柳、鱼段、鱼扣等，分类分级进行即冻。该类加工产品或者作为火锅食材，或者作为主要食材制作其他菜品。花鲈加工不但规避了其独具的鲜活性、易腐败、难储存以及养殖生产具有季节性、集中上市之类的不足，在更长的时间和更加广阔的空间拓展了市场，给予花鲈养殖以更大的发展空间，让生产者获利、消费者满意。

（钟小庆　麦良彬）

大黄鱼专题报告

一、养殖生产概况

我国大黄鱼养殖主产区为福建省、广东省和浙江省。据《中国渔业统计年鉴》数据显示，2019 年我国大黄鱼养殖产量 22.6 万吨。其中，福建省 18.7 万吨、浙江省 2.4 万吨、广东省 1.5 万吨，分别占 82.7%、10.6%、6.7%。2009—2019 年，我国大黄鱼养殖业稳步发展，大黄鱼产量逐年提升（图 3-35）。大黄鱼养殖对沿海经济发展、增加就业机会和新农村建设起到重要作用，带来了巨大的经济和社会效益。

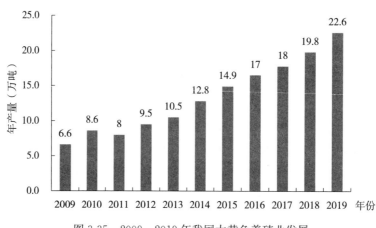

图 3-35　2009—2019 年我国大黄鱼养殖业发展

二、生产形势分析

1. 商品鱼出塘价　2020 年春节前，大黄鱼销售火爆，各收购企业超负荷生产。1 月 22 日，疫情影响全国，销售剧降，各养殖生产主体都有一定积压。春节后，全国各水产市场门可罗雀，北方不少市场甚至停业，加之物流受阻，大黄鱼收购全面停止。但作为大众食用水产品，大黄鱼仍是有市场需求的。入秋后，随着水温下降到适合大黄鱼生长，是养殖生产高峰期，大黄鱼长速加快。但随着资金压力加大，大黄鱼价格略有下降。2018—2020 年，大黄鱼平均出塘价格数据见表 3-21 和走势对比见图 3-36。

表 3-21　2018—2020 年大黄鱼（400～500 克/尾）出塘价格数据

单位：元/千克

年份	1 月	2 月	3 月	4 月	5 月	6 月	7 月	8 月	9 月	10 月	11 月	12 月
2018	27	28	30	29	28	32	31	28	32	28	29	28
2019	28	29	26	29	26	28	29	34	35	34	30	29
2020	24	27	25	26	28	29	32	31	31	29	27	24

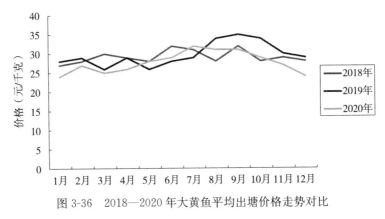

图 3-36　2018—2020 年大黄鱼平均出塘价格走势对比

2. 养殖成本分析　福建宁德是全国大黄鱼主产区，是引领全国大黄鱼价格走势的风向标。在宁德，1 千克大黄鱼成本至少需要 25 元。其中，饲料费 21 元，人员工资 2 元，苗种费 1 元，其他的水电费、租金、贷款利息等 1 元（表 3-22）。

表 3-22　大黄鱼养殖成本数据

单位：万元

序号	项目	金额	所占比例（%）
1	饲料费	889.6	84.6
2	苗种费	54.0	5.1
3	人员用工	47.2	4.5
4	水电燃料费	4.7	0.5
5	水域租金	4.2	0.4
6	固定资产折旧费	26.1	2.5
7	渔药	10.0	1.0
8	其他	15.2	1.4
9	合计	1 051	

调研时，某企业大黄鱼养殖总成本 1 051 万元。其中，饲料费 889.6 万元，苗种费 54.0 万元，人员用工 47.2 万元，固定资产折旧费 26.1 万元。从总体成本看，饲料费占比 84.6%，位居第一，由于养殖过程中的饲料投入量大，该部分成本占比最高；苗种费占比 5.1%，位居第二，与饲料占比相差约 80%；人员用工占比 4.5%，位居第三，主要因为在养殖过程中，多数养殖户以家庭形式投入养殖活动，在收获季节面临巨大的渔获捕捞量仍需要雇佣人员，因而除了固定人员用工还包括临时人员用工；其他各项占比 5.7%，包括固定资产折旧费、渔药、水电燃料费等。

3. 大黄鱼质量安全　大黄鱼冰鲜销售期为 3～4 天，而第三方检测周期要 1 周，无法满足企业生产需求。即便企业收购后发现不合格也难以处理，从而造成损失。为此，宁德市渔业协会在福建省海洋与渔业局水产品快速检测项目的支持下，建立了实验室，配备了仪器设备，目前可开展孔雀石绿、氯霉素、硝基呋喃类、氧氟沙星等禁用渔药与氟喹诺酮、硝基咪唑、磺胺类等限用药快速检测。

宁德市渔业协会推行大黄鱼收购预检制度，即合作企业在收购大黄鱼前，先取样送协会对大黄鱼药残指标进行快速检测，协会检测合格后通知合作企业进行收购。一方面，确保了大黄鱼质量安全，杜绝不合格大黄鱼流入市场；另一方面，对恩诺沙星等限用药超标的鱼，确保其合理休药期，避免造成养殖户损失，同时也有助于建立溯源体系。协会在2018 年试点基础上，2019 年全面推行，当年检测 4 000 多批次，2020 年检测 7 000 多批次。同时，还组织收购企业开展了"大黄鱼保质保量行业自律"工作，确保会员收购的每一批鱼均经检测合格。

4. 配合饲料使用情况 大黄鱼养殖过程中直接投喂冰鲜幼杂鱼，不仅严重影响海洋生物多样性，而且对养殖水域环境造成污染。据相关研究表明，每节约 1 万吨冰鲜杂鱼饵料，可减少氮排放量 114 吨，减少磷排放量 17 吨。为加快推进水产养殖业绿色高质量发展，国家实施更加严厉的伏季休渔政策。根据《农业农村部办公厅关于实施 2020 年水产绿色健康养殖"五大行动"的通知》（农办渔〔2020〕8 号）精神，同时，福建省作为大黄鱼养殖的主产区，福建省海洋与渔业局从 2020 年起实施水产绿色健康养殖"五大行动"。其中，包括大黄鱼配合饲料替代幼杂鱼行动。2020 年，福建全省大黄鱼配合饲料销售量约 12 万吨。其中，宁德地区约 10 万吨，销售价格 0.5 万～1.4 万元/吨。配合饲料的使用，不仅减少对捕捞杂鱼的依赖，减轻近海捕捞对渔业资源的压力，同时减少氮磷的排放，保护渔业生态环境，生态效益显著。

三、2021 年生产形势预测

1. 商品鱼平均出塘价格 2020 年，大黄鱼育苗量大、成活率高，到 2021 年成鱼产量同比将明显增加。近年来，随着市场进一步开拓，大黄鱼销售量逐年增长。但由于养殖技术提升，产量也是逐年增长。总体而言，产量的增长超过销量的增长，虽然饵料和人工成本不断增加，但市场价格提升不明显。

2. 大黄鱼配合饲料使用 随着政府提倡水产绿色养殖，渔排的升级改造，环保意识逐渐被广大养殖从业者所接受。2021 年对于饲料企业来说，是大黄鱼配合饲料推广的黄金机会。因此，大黄鱼主养省配合饲料的使用会有所增加。

四、问题与对策

1. 科学引导，稳住大黄鱼价格 从长远看，要稳住大黄鱼价格，应进行科学规划养殖，防止盲目扩养或弃养。为此，福建省海洋与渔业局制定了《2018—2030 年福建省养殖水域滩涂规划》，对可养区、限养区、禁养区进行科学划分，促进水产养殖绿色发展。同时，大黄鱼价格指数保险也起到关键作用。自 2020 年起，福建省渔业互保协会在宁德推行大黄鱼价格指数保险，以每年养殖大黄鱼的盈亏点为目标价格，对跌幅部分进行赔付，让养殖户保住成本，吃下"定心丸"。

2. 拉长产业链，提高大黄鱼附加值 宁德渔民虽然常年养殖大黄鱼，但养鱼早已不是唯一的经济来源。当地政府部门引导渔民融入收储、加工、销售等大黄鱼产业链各环节，催生亦农亦工亦商的"三栖"经营者。大黄鱼一头连着供应端，另一头连着消费端。

拉长大黄鱼产业链，鼓励发展大黄鱼深加工，既增加大黄鱼的消耗量，又提高大黄鱼的附加值，大黄鱼产品价格上去了，收购价自然水涨船高，养殖户利益也就得到了保障。

3. 建设大黄鱼产业集群 一是统一规划、整体推进，合理安排大黄鱼产业区域布局，调整优化产品结构、经营结构，形成集聚优势，推动大黄鱼产业健康发展；二是企业主体、政府引导，坚持以市场为导向，充分调动大黄鱼生产经营主体的积极性，以经营主体投入为主，发挥政府扶持引导作用，加强统筹协调，做好政策支持，实行省总负责、项目县抓落实的工作机制，形成上下联动、部门协作、高效有力的良性工作推进机制；三是突出重点、分步实施，以大黄鱼全产业链标准化为突破口，完善大黄鱼标准体系，资金支持聚焦大黄鱼良种提质、加工提升、品牌增值等重点环节，通过调结构、提品质、塑品牌，推动大黄鱼优势特色产业做大做强做优。

（康建平 黄洪龙）

大菱鲆专题报告

一、产业概况

大菱鲆全国产量总计 62 952.56 吨。其中,工厂化流水养殖模式全年产量为 62 411.49吨,占总产量的99.14%;工厂化循环水养殖模式的产量为 541.07 吨,占总产量的0.86%。产量最高的为辽宁省,大菱鲆年产量占总产量的 67.13%;其次为山东省,占总产量的 26.42% (图 3-37)。

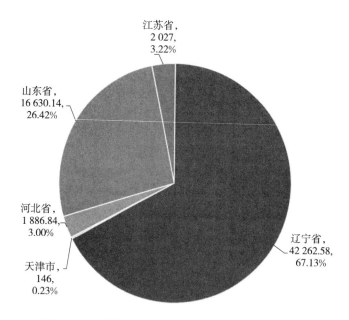

图 3-37　大菱鲆各省份年产量及其占比(单位:吨)

二、养殖生产概况

1. 价格变化　大菱鲆整体价格处于低位运行,采集点出塘量 242.36 吨,主要以条重≥600克的标鱼和统货为主,销售收入 901.46 万元,综合平均出塘价格为 37.19 元/千克,同比下降30.49%。大菱鲆出塘价格跌幅明显。2020 年春节后,受新冠肺炎疫情影响,造成酒店停业,以大菱鲆为主的海水鱼类基本处于滞销状态,市场走量勉强达到往年同期的 1 成,存塘量较往年有所增加。2—6 月价格处于近 5 年的最低位;7 月后,随着疫情影响的减小,市场需求量增加,大菱鲆价格才逐渐恢复(图 3-38)。

2. 生产成本　采集点生产投入共 1 767.38 万元,主要包括物质投入、服务支出和人力投入三大类,分别为 954.44 万元、448.42 万元和 351.60 万元,占比分别为 54.40%、25.56% 和 20.04%。在物质投入大类中,苗种费、饲料费、塘租费、固定资产折旧费分别占比 6.11%、44.70%、1.85%、1.74%;服务支出大类中,电费、水费、防疫费分别

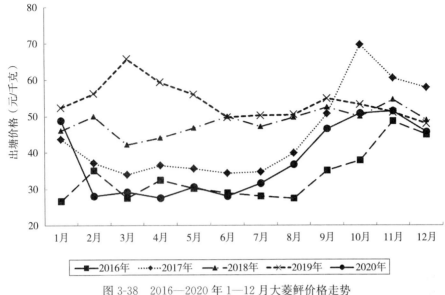

图3-38　2016—2020年1—12月大菱鲆价格走势

占比21.94%、2.40%和1.22%。各生产成本比例如图3-39。

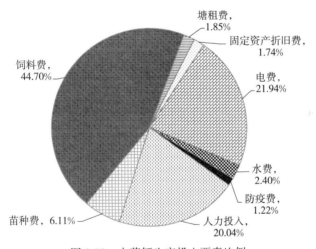

图3-39　大菱鲆生产投入要素比例

3. 生产损失　从采集点数据看，大菱鲆全年数量损失56.7吨，直接经济损失116.36万元。从总体上看，大菱鲆的生产损失较小，目前处于可控范围内。

三、新冠肺炎疫情影响

受新冠肺炎疫情影响，大菱鲆消费市场骤减，鲜活运输物流也受影响。近年来，大菱鲆消费呈现多元化，但主要还是酒店消费为主体，所以每年的2—3月春节前后是大菱鲆行业消费旺季和出鱼旺季，但是受到新冠肺炎疫情影响，全国酒店消费骤减，导致大菱鲆价格骤跌。价格骤跌，走鱼也比较困难，大部分养殖从业者表示出售压力较大。他们表示："每年春节前后本是出鱼旺季，2019年12月至2020年1月中旬期间没有成鱼出售，现在有鱼车了，但是消费市场走不动，大量成品鱼都压在鱼棚，每月水电费，饵料费都得花销几万元，现在维持正常的养殖周转资金都较为困难。"这是众多养殖者在 2020 年上半年所面临最大的困境。

四、建议与对策

1. 加强疾病预防及检测体系建设　从采集点数据看，大菱鲆病害造成的生产损失依然不容忽视。目前，我国养殖大菱鲆已有 10 余种明显的疾病流行。其中，以细菌性疾病对产业的危害尤为突出。在日常生产中，应根据水质条件、换水量、苗种规格、饵料质量等因素合理确定养殖密度，保持优良的养殖水环境，科学使用微生态制剂等。在此基础上，应装备必要的水质测定、疾病诊断仪器设备和工具等，建立疾病检测实验室，为健康养殖和疾病监控提供条件。

2. 推进标准化生产　全面推行健康、安全养殖的操作规范，重点加强对养殖生产行为的管理，建立养殖生产档案管理制度，对苗种、饲料、渔药等投入品和水质环境实行监控，促使产品生产经营的各个环节都要遵循相应的标准。还要依据 ISO 9000 质量标准体系，推行质量认证工作。在全行业贯彻 HACCP 制度，实现产品标准化。探索建立大菱鲆相关团体标准的制定，加强行业自律。充分依托渔业推广体系，开展大菱鲆健康养殖技术的指导和培训，不断提高养殖生产者的素质。

3. 重视节能减排技术的应用　随着环保督查工作的开展，今后对养殖水域污染的防御和治理力度逐年增大。反映到大菱鲆养殖业上，其环保成本压力加大。为此，应开展工厂化循环水、多品种生态健康养殖、微生态制剂水质调控等节能减排技术的推广，有效减少养殖生产的污染物排放，加强环保基础建设投资，加强宣传引导，通过报刊、网络和培训等各种形式，增强管理者、生产者和基层渔民的节能减排意识。

4. 着力挖掘消费市场　目前，大菱鲆还没有形成全国性的消费市场。从地域上看，消费市场主要集中在南方大中型沿海城市，北方和内陆地区消费起步较晚。从消费主体上看，酒店消费仍然是主体，家庭消费较少。从业者应加大大菱鲆的营销宣传，积极拓展电子商务、生鲜超市等新型销售渠道。借助假日经济影响，重点挖掘家庭消费潜力，为大菱鲆增添新的发展动能。

（李鲁晶）

石斑鱼专题报告

一、养殖生产及渔情采集点概况

我国石斑鱼养殖主产区在广东、海南、福建和广西，山东、河北、天津、浙江等地区有少量养殖。《中国渔业统计年鉴》数据显示，2019 年全国海水养殖石斑鱼产量为183 127吨，较 2018 年增长 14.76%；主产区产量合计 181 344 吨，占全国总产量的99.03%。其中，广东省海水养殖石斑鱼产量为 77 659 吨，占比约 42.41%；海南省66 290 吨、福建省 34 092 吨、广西壮族自治区 3 303 吨，占比分别为 36.20%、18.62% 和1.80%（图 3-40）。与 2018 年产量相比，主产区海水养殖石斑鱼产量均增加。其中，海南省增幅最大，达到 26.60%；其次为广东省，增幅为 9.31%；福建省、广西壮族自治区分别增长 8.12% 和 5.13%。2010—2019 年，我国海水养殖石斑鱼产量呈逐年上升之势（图3-41）。尤其自 2017 年以来，连续几年增幅均在 14% 以上，成为海水养殖鱼类中产量增幅最大的品种。

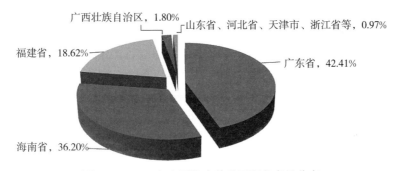

图 3-40　2019 年全国海水养殖石斑鱼产量分布

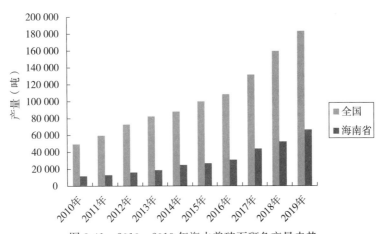

图 3-41　2010—2019 年海水养殖石斑鱼产量走势

2020 年，由于受新冠肺炎疫情的影响，石斑鱼产业从苗种的生产到养成、饲料，再到流通、消费，都受到了较大的冲击。2020 年秋季，石斑鱼养殖生产情况调研结果表明，市场价格偏低，养殖生产企业积极性受挫，产量下降明显，成鱼价格低迷，导致鱼苗价格下跌，石斑鱼苗种的产量、投放、养成均比 2019 年同期明显下降；因价格低迷，养殖户惜售，存塘量高，也造成养殖成本升高。

2020 年，全国石斑鱼养殖渔情信息采集点主要集中在广东、海南和福建 3 个省份，共设有 9 个采集点。其中，海南省有 3 个点，分布于 3 个市（县）；广东省有 3 个点，分布于 3 个市（县）；福建省为 3 个点，均在 1 个县。

二、养殖生产形势分析

1. 养殖品种及养殖模式　目前，石斑鱼养殖的品种主要有青石斑鱼（包括斜带石斑鱼、点带石斑鱼）、褐点石斑鱼、鞍带石斑鱼、东星斑（豹纹鳃棘鲈）、老鼠斑（驼背鲈）及杂交品种珍珠龙胆石斑、云龙石斑、杉虎斑等。其中，青石斑、鞍带石斑、东星斑和珍珠龙胆石斑为主要养殖品种，约占总产量的 80%。石斑鱼养殖模式主要有池塘养殖、网箱养殖和工厂化养殖 3 种。工厂化养殖模式因不受天气与海域变化等因素的影响，近年来在广东、山东、浙江、天津等地悄然兴起，全国工厂化养殖规模在逐渐扩大。此外，一些地区逐渐开展了包括鱼菜混养等在内的多样化养殖模式。

2. 养殖规模与产量　2019 年，石斑鱼市场行情持续看好，成鱼价格稳中有增，养殖户投苗积极性提高，苗种投放量比 2018 年略有增加。但是，2020 年年初受新冠肺炎疫情影响，交通运输中断、消费者购买力下降等因素，导致石斑鱼市场行情低迷，销量受阻，存塘积压。影响苗种和养殖生产，导致许多养殖户持观望心态，投苗积极性不高，石斑鱼养殖规模和产量同比均略为减少。其中，广东、海南、福建、广西石斑鱼养殖主产区的养殖规模与产量均较 2019 年明显下降，产量减幅约 5%，尤其是海南，减幅近 8%。

3. 成鱼市场供需及价格变化情况　2020 年，由于新冠肺炎疫情影响，石斑鱼成鱼市场价格低迷，偶有小幅波动。特别是 2—3 月，受交通运输中断、消费量下降等因素影响，基本没有采购商，也无养殖户出售，石斑鱼销售市场处于停顿状态；4 月，随着疫情防控的好转，开始陆续有采购商来收购，但价格较低，一直到 6 月市场仍较为低迷；进入秋季，价格虽略有所涨，但市场行情仍然低迷，养殖户惜售，在石斑鱼主产区广东、海南、福建、广西，石斑鱼存塘量充足；9 月起，价格有所回升，但涨幅不大；10 月也没有出现较大的增长幅度。由于存塘量多，养殖时间长，也造成养殖成本升高，利润空间变窄甚至亏本。以海南地区石斑鱼养殖为例，2020 年 1 月，珍珠龙胆石斑鱼（0.5～0.75 千克）平均出塘价格为 51 元/千克、青石斑平均价格为 52 元/千克、龙胆石斑鱼（10 千克以上）平均价格则为 56 元/千克；4 月价格明显下降，珍珠龙胆石斑鱼（0.5～0.75 千克）平均出塘价格为 37 元/千克、青石斑平均价格为 44 元/千克、龙胆石斑鱼（10 千克以上）平均价格则为 45 元/千克；9 月则有小幅回升，珍珠龙胆石斑鱼（0.5～0.75 千克）平均出塘价格为 40 元/千克、青石斑平均价格为 42 元/千克、龙胆石斑鱼（10 千克以上）平均价格则为 57 元/千克。2020 年，石斑鱼平均出塘价格走势见图 3-42；而价位较高的东星斑、老鼠斑则整体价格稳定。随着 2021 年元旦的临近，平均价格有小幅上涨。

4. 苗种投放量与育苗产量比 2019 年略有减少　成鱼销售受阻，影响到苗种的生产。由于受新冠肺炎疫情的影响，石斑鱼苗行情低迷，价格偏低，需求量减少。育苗企业和养

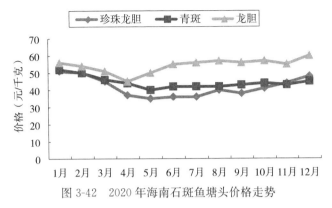

图 3-42 2020 年海南石斑鱼塘头价格走势

殖户积极性受挫，育苗资金投入减少，苗种生产规模同比减少，育苗量同比略为减少。根据监测点数据，苗种投放量与 2019 年同比略有减少，2020 年投苗数量 19 210 万尾，同比减少约 5%。其中，广东省投放 12 000 万尾、海南省投放 6 110 万尾、福建省投放 1 100 万尾。2020 年石斑鱼育苗数量约 27 690 万尾，同比减少约 5%。其中，广东省育苗量为 15 000 万尾、福建省 1 100 万尾，与 2019 年持平；而海南省育苗量为 11 590 万尾，较 2019 年同期降低。由于海南、湛江等地独具地理优势，其自然条件合适石斑鱼育苗。海南种苗 30% 销售本省内，70% 销往广东、广西、福建、山东等地，为石斑鱼苗种规模化生产起到重要的支撑保障作用。

由于石斑鱼市场价格低迷和销路受阻，养殖利润空间低甚至亏本，挫伤了养殖者的生产积极性，部分养殖场转养其他鱼类或虾类，因此，市场对石斑鱼苗的需求减少，导致育苗企业减少了苗种生产量。3 月是石斑鱼卵孵化期，往年很多育苗场已开始投入生产。但是 2020 年由于受疫情的影响，生产用材料运输不畅，同时，天气寒冷、气温变化起伏较大，进入 4 月雨水气温起伏变化，致使石斑鱼产卵、孵化率均处于较低谷状态。此外，神经坏死病等病害的影响，造成孵化后育苗成功率也偏低。而市场需求量也处于低迷状态，导致苗种生产规模减少，苗种产量较 2019 年明显降低。

5. 鱼苗价同比下降，前高后低 2020 年受新冠肺炎疫情、天气及神经性坏死病病害等的影响，石斑鱼成鱼市场低迷，鱼苗成活率偏低，鱼苗未能稳定供应，养殖户放苗积极性不高，多持观望态度，导致苗种价格也处于低迷状态。1—3 月，珍珠龙胆石斑鱼苗（2~3 厘米）价格为 0.3~0.6 元/尾，5~6 厘米的苗平均价格为 0.3 元/厘米，10 厘米以上的中苗平均价格为 0.4 元/厘米；青斑鱼苗（2~3 厘米）价格为 0.4~0.6 元/尾，5~6 厘米的苗平均价格为 0.2 元/厘米，10 厘米以上的中苗平均价格为 0.4 元/厘米；龙胆石斑鱼苗（2~3 厘米）价格为 0.6~0.8 元/尾，5~6 厘米的苗平均价格 0.5 元/厘米，10 厘米以上的中苗平均价格为 0.7 元/厘米。4 月起，市场流通逐渐恢复，但苗种价格仍然走低，珍珠龙胆石斑鱼苗价格下跌，降幅从平均价格 0.4 元/厘米降低至 0.3~0.25 元/厘米，下跌 25.0%~37.5%；青斑鱼苗则由于生产量不高，一段时间偶有苗种短缺现象，但其价格也未见上涨；而龙胆石斑鱼苗则从平均价格 0.7 元/厘米降低至 0.5~0.6 元/厘米，下跌 14.0%~28.5%。东星斑、老鼠斑等价格较高且较为稳定，分别维持在 0.85~0.90 元/厘米和 2.0~2.2 元/厘米。5—6 月，是投苗的高峰期，对鱼苗需求量也有所增加，但苗价仍然处于持续低迷状态（图 3-43）。

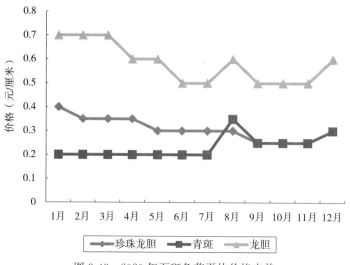

图 3-43　2020 年石斑鱼苗平均价格走势

6. 养殖成本略有上升，利润空间变窄　石斑鱼养殖生产投入，主要包括物质投入（苗种费、饲料费、塘租费等），人力投入和服务支出等。其中，物质投入占比最大。在物质投入中，苗种费和饲料费占比最大，两者也是影响石斑鱼养殖利润的主要因素。根据采集点数据，2020 年石斑鱼养殖生产投入中物质投入占 74.52％，在物质投入中，苗种费、饲料费和塘租费分别占 23.13％、65.61％和 8.11％；人力投入和服务支出分别占生产投入的 8.41％和 17.07％。近两年来，随着饲料工业的发展，人工配合饲料逐渐取代冰鲜小杂鱼，使养殖物质投入费用略有下降，但是，由于水电费和人力成本增加，提高了服务支出比重。同时，2020 年成鱼压塘量增加、销售价格下降等因素，造成养殖利润的空间变窄。

7. 病害严重，收益降低　石斑鱼神经性坏死病毒，对石斑鱼的人工苗种生产往往会造成严重打击。对于 4 厘米以内的仔鱼和幼鱼，一旦感染神经性坏死病毒病，在 1 周内死亡率高达 100％。2020 年年初，由于天气变化反复无常，使石斑鱼卵孵化率较低，而且神经性坏死病毒病、烂身等病害频发，导致苗种成活率较 2019 年偏低。其中，广东、海南部分地区的育苗场，神经性坏死病毒病发病率高达 50％，经济损失严重。再者，由于成品石斑鱼市场行情低迷，苗种价格有所下跌，大部分育苗场利润空间变窄，收益较往年有所下降。

三、2021 年生产形势预测

由于受新冠肺炎疫情的影响，2020 年石斑鱼市场价格偏低，成鱼价格低迷，导致鱼苗价格下跌。但是，石斑鱼养殖业前景广阔、市场潜力大，根据 2020 年采集点的数据以及目前全国的养殖情况来分析，2021 年石斑鱼的养殖生产将稳中有增，苗种投放量总体增加 10％以上，预计产量将比 2020 年增加约 10％，总体价格将比 2020 年略涨。随着苗种繁育、养殖等技术的不断进步，市场的不断成熟，石斑鱼养殖产业逐渐进入一个平稳理性的发展状态。

四、问题及建议

1. 疫情对石斑鱼生产影响较大 新冠肺炎疫情暴发后，2—3月受交通运输中断、消费量下降等因素影响，基本没有采购商，石斑鱼销售市场处于停顿状态。尽管到3月底情况有所改善，但由于人员流动受到限制、需求不足，许多工厂迟迟未能恢复生产能力，造成诸多商品鱼滞留在池塘，许多养殖户无法正常开展养殖。在石斑鱼主产区广东、海南、福建、广西，石斑鱼存塘量大，造成商品鱼集中上市、养殖户集中采购苗种，生产规律被扰乱。同时，由于养殖时间长，也造成养殖成本升高，利润空间变窄甚至亏本。

2. 苗种培育成活率低 目前，我国石斑鱼育苗模式主要是以开放式的苗种培育生产方式为主。育苗环境难以控制，育苗过程中易受到神经性坏死病的侵袭危害，导致苗种培育成活率低。受到育苗技术、模式等因素的制约，目前石斑鱼苗种培育成活率为5%～15%。因此，加强苗种培育、病害防控技术研究，建立高度灵敏的神经性坏死病等病原检测技术和病害防控措施，进一步提高育苗的成活率。此外，苗种生产存在不规范现象，苗种场亟须加强规范化管理。

3. 良种科研投入不足，培育良种少 由于石斑鱼良种选育周期长，投入大，风险大，产生效益慢，致使许多企业对良种的科研投入不足，选育技术力量不足，目前选育的良种少，市场竞争力不强。近年来，全国水产原种和良种审定委员会审定通过的水产良种近200个品种，但仅有虎龙杂交斑、云龙石斑鱼2个石斑鱼品种。亟须提高从事石斑鱼培育科技人员的研发能力，加大良种科研经费投入，进一步提高良种培育能力。

4. 实施品牌战略，拓宽消费市场 提高石斑鱼加工技术，拓宽消费市场；加快实施品牌战略，促使石斑鱼产业健康稳定地发展。

5. 渔业设施和养殖尾水治理需改善 许多石斑鱼养殖场存在养殖设备落后、分散、技术水平低、生产的随意性大等问题，尾水达标排放是目前池塘养殖中比较突出的问题。与此同时，由于池塘布局不合理、高密度集中，为了盲目追求单位面积产量，放养密度偏大等不规范的养殖生产行为，缺乏对养殖废水的净化处理，造成对养殖环境产生一定的影响，养殖病害时有发生，已成为产业发展的一大难题。随着养殖水域滩涂规划的陆续制定出台，各地因地制宜，逐渐建设养殖尾水处理设施，进一步加强养殖尾水治理工作，推广石斑鱼绿色健康的养殖模式，石斑鱼产业将步入健康可持续发展的良好轨道。

（赵志英）

卵形鲳鲹专题报告

一、采集点基本情况

2020 年，全国卵形鲳鲹渔情信息采集点共 8 个。其中，海南省 3 个、广东省 3 个、广西壮族自治区 2 个，分别分布在海南陵水县、临高县和澄迈县，广西东兴市和铁山港区以及广东雷州市和海陵区。以网箱养殖为主，主要包括港湾内传统网箱养殖以及深水网箱养殖两种。

二、生产形势及特点

1. 总体特点分析

（1）生产投入　2020 年，全国卵形鲳鲹采集点苗种投入费为 2 711.5 万元，同比增长 38.57%。其中，海南省苗种投入费用最高，为 2 132.4 万元，占总投入比例的 78.80%；其次为广西壮族自治区，苗种投入费用为 466.1 万元，占总投入比例的 17.10%；广东省苗种投入费用较少，为 113.1 万元，占总投入比例的 4.10%（表 3-23，图 3-44）。相比于 2019 年，广西壮族自治区苗种投入费增加幅度最大，提高了 1 625.92%；海南省苗种投入费也提高了 25.07%；然而广东卵形鲳鲹养殖苗种投入减少了 49.73%。

表 3-23　全国采集点卵形鲳鲹苗种投放情况

省份	苗种投入（万元）			
	2020 年	2019 年	增减值	增减率（%）
广东	113.1	224.8	−111.7	−49.73
广西	466.1	27.0	439.1	1 625.92
海南	2 132.4	1 704.6	428.4	25.07
合计	2 711.6	1 956.4	755.1	38.57

（2）出塘量、收入和平均单价　2020 年，全国采集点卵形鲳鲹养殖出塘数量、收入和平均出塘价格分别为 9 719.38 吨、20 650.31 万元和 21.25 元/千克；2019 年，全国采集点卵形鲳鲹养殖出塘数量、收入和平均出塘价格分别为 11 692.57 吨、31 056.15 万元和 26.25 元/千克（表 3-24、表 3-25）。与 2019 年相比，2020 年全国卵形鲳鲹养殖出塘数量减少 16.88%、出塘收入和出塘单价分别减少 33.51% 和 20.00%。海南省 2020 年卵形鲳鲹出塘数量为 8 832.50 吨，占全国采集点出塘数量的 90.90%；其次为广东省，出塘量 486.88 吨，占全国采集点出塘数量的 5.00%；广西壮族自治区最少，出塘量 400 吨，占全国采集点出塘量的 4.10%（图 3-45）。2020 年，全国卵形鲳鲹出塘收

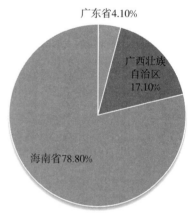

图 3-44　2020 年全国卵形鲳鲹采集点
苗种投入分布情况

广东省4.10%

广西壮族
自治区
17.10%

海南省78.80%

入最高的地区是海南省，销售收入20 650.31万元；其次为广东省，销售收入为1 469.81万元；广西壮族自治区销售收入较低，为560万元。平均出塘价格方面，2020年广东省卵形鲳鲹价格最高，为30.19元/千克；其次为海南省，平均价格为21.08元/千克；广西壮族自治区价格较低，仅为14.00元/千克。

表3-24 2018—2019年全国采集点卵形鲳鲹成鱼出塘情况

省份	成鱼出塘情况							
	出售量（吨）				销售收入（万元）			
	2020年	2019年	增减值	增减率（%）	2020年	2019年	增减值	增减率（%）
全国	9 719.38	11 692.57	−1 973.19	−16.88	20 650.31	31 056.15	−10 405.84	−33.51
广东	486.88	831.17	−344.29	−41.42	1 469.81	2 403.63	−933.82	−38.85
广西	400.00	143.00	257	179.72	560	348.00	212.00	60.92
海南	8 832.50	10 718.4	−1 885.9	−17.59	18 620.50	28 304.52	−9 684.04	−34.21

表3-25 2019—2020年全国采集点卵形鲳鲹成鱼平均出塘价格情况

省份	综合出塘价格（元/千克）			
	2020年	2019年	增减值	增减率（%）
全国	21.25	26.56	−5.31	−20.00
广东	30.19	28.92	1.27	4.39
广西	14.00	24.34	−10.34	−42.48
海南	21.08	26.41	−5.33	−20.18

（3）养殖损失 2020年，全国采集点卵形鲳鲹产量损失合计2 237.23吨，经济损失合计1 448.05万元；与2019年相比，产量损失和经济损失分别增加了82.63%和88.89%。采集点产量损失主要由自然灾害造成，占总损失量的57%以上；病害损失占比为37.86%；其他灾害损失占比为4.91%。2020年，海南省采集点卵形鲳鲹产量损失为2 231.03吨，相比于2019年，损失量增加了近2倍。

2. 专项情况分析

（1）投苗量同比增加，但出塘量、销售收入和平均出塘价格有所回落 2020年，全国采集点卵形鲳鲹投苗量较2019年增加。其中，广西壮族自治区采集点投苗量增加16倍，海南省采集点投苗量增加了25%，广东省采集点投苗量减少了49%；但是出塘量、销售收入和平均出塘价格分别减少16.88%、33.51%和20.00%。

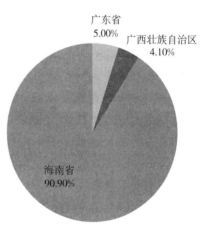

图3-45 2018年全国采集点出塘数量分布情况

（2）养殖产量损失较大 2020年，全国采集点卵形鲳鲹养殖损失量较大，主要受台风和病害影响，总损失量占采集点卵形鲳鲹养殖总产量的23.98%。

（3）卵形鲳鲹成活率稳定 2020年，海南采集点网箱养殖卵形鲳鲹标粗平均成活率为50%，养殖成活率为70%，均比2019年下降10%。

三、2021 年生产形势预测

1. 卵形鲳鲹平均出售价格逐渐趋于稳定，投苗量预计较少 10%　2020 年由于新冠肺炎疫情暴发，整个水产养殖业均受到影响。卵形鲳鲹价格有所回落，采集点平均出塘价格为 21.25 元/千克，相比 2019 年，价格下跌 20%；预计 2021 年，卵形鲳鲹平均出售价格将会有所升高，并逐渐趋于稳定。

2020 年，卵形鲳鲹养殖总体情况稳定，但是由于存塘量较大，病害损失量大，养殖户养殖卵形鲳鲹积极性受到影响。预计 2021 年，卵形鲳鲹养殖投苗量同比减少 10%。

2. 养殖病害损失会加大　随着卵形鲳鲹养殖密度不断加大，病害问题也会随之加剧，特别是台风过后，刺激隐核虫病害和弧菌病害暴发，养殖损失可能较大。

3. 大规格苗种依然供应不足　初步估算，全国年需 3 厘米以上的卵形鲳鲹苗量为 6 亿尾，需求量非常大。预计 2021 年，大规格、高质量的卵形鲳鲹苗种供应依然不足，广大养殖户应提前预定。

四、产业发展的对策与建议

1. 做好养殖区域产业发展规划，严格控制养殖容量　随着深水网箱养殖产业迅速发展，部分养殖区域，如临高后水湾、广东湛江流沙港以及广西铁山港等，养殖负荷太大，病害频发，增加了养殖生产风险。建议提前做好养殖区产业发展规划，加强管控，严格实施准入许可制度，切实有效控制该区域的养殖容量。

2. 加大产业政策和资金扶持力度，建立健全水产养殖保险制度　卵形鲳鲹养殖模式主要为深水网箱养殖，生产成本高，受台风影响大，属于高投入、高风险的行业，需要政府加大政策引导和资金扶持力度，充分带动该产业的发展；同时，尽快建立健全水产养殖保险制度，有效降低养殖风险。

3. 建立网箱养殖鱼类病害预警预报系统和加强安全防控技术研究　在卵形鲳鲹养殖密集区域，应该加强对水质和鱼类行为的实时监测，建立养殖区域预警预报系统；加大鱼类细菌病害、寄生虫病害的防控技术研究，有效预防大规模死鱼事件发生。

4. 养殖企业应尽快出售达到商品规格的鱼类，有效降低养殖密度，减少病害损失，提高养殖效益　刺激隐核虫病害为卵形鲳鲹养殖的主要病害之一。每年 8—10 月，为台风和刺激隐核虫病暴发的高峰期，提前做好预防措施，尽快出售达到商品规格的鱼类，有利于降低养殖密度、减少病害等风险。

5. 加强监管，建立水产品质量安全可追溯平台　加强监管，定期抽样检查，全面禁止养殖过程中使用违禁药品；养殖企业应尽快建立水产品质量安全可追溯体系，全程跟踪养殖过程，保障水产品质量安全。

6. 加大宣传力度，打造品牌，赢得信赖　卵形鲳鲹为深水网箱养殖的主要品种，属于物美价廉的海水养殖品种，养殖企业应加大宣传力度，强化品牌建设，打造一批名特优产品。

（涂志刚）

克氏原螯虾专题报告

一、采集点基本情况

2020年，全国水产技术推广总站在湖北、江苏、江西、湖南、安徽、河南等9个省份开展了克氏原螯虾（以下简称小龙虾）的养殖渔情信息采集工作，共设置采集点32个，采集点养殖规模2 168.60公顷。养殖方式包括稻虾综合种养和池塘养殖小龙虾两种。32个采集点共投放了价值1 426 293元的苗种，累计生产投入32 138 387元；出塘量2 218 049千克，销售额77 511 057元；全国小龙虾平均出塘价格34.95元/千克；采集点全年灾害经济损失2 825 400元。

二、生产形势分析

1. 生产投入情况 2020年，全国采集点累计生产投入32 138 387元，同比下降64.47%（表3-26）。其中，物质投入22 640 771元，同比下降68.7%；服务支出4 283 394元，同比下降40.06%；人力投入5 214 222元，同比下降52.53%。物质投入中，2020年苗种投入1 426 293元，同比下降87.22%；饲料费12 002 541元，同比下降55.31%；燃料费36 349元，同比下降80.69%；塘租费7 804 370元，同比下降73.42%；固定资产折旧费1 059 492元，同比下降76.58%；其他费用311 726元，同比增长27.32%。服务支出中，2020年电费1 061 054元，同比下降45.71%；水费45 175

表3-26 2019—2020年全国小龙虾生产投入情况

项目	2019年	2020年	增减值	增减率（%）
生产投入（元）	90 456 938	32 138 387	−58 318 551	−64.47
一、物质投入（元）	72 325 960	22 640 771	−49 685 189	−68.70
1. 苗种费（元）	11 161 706	1 426 293	−9 735 413	−87.22
2. 饲料费（元）	26 855 855	12 002 541	−14 853 314	−55.31
3. 燃料费（元）	188 277	36 349	−151 928	−80.69
4. 塘租费（元）	29 359 682	7 804 370	−21 555 312	−73.42
5. 固定资产折旧费（元）	4 524 176	1 059 492	−3 464 684	−76.58
6. 其他（元）	244 828	311 726	66 898	27.32
二、服务支出（元）	7 145 951	4 283 394	−2 862 557	−40.06
1. 电费（元）	1 954 266	1 061 054	−893 212	−45.71
2. 水费（元）	144 480	45 175	−99 305	−68.73
3. 防疫费（元）	3 918 455	2 422 257	−1 496 198	−38.18
4. 保险费（元）	97 600	90 400	−7 200	−7.38
5. 其他（元）	1 039 750	679 800	−359 950	−34.62
三、人力投入（元）	10 985 027	5 214 222	−5 770 805	−52.53
1. 本户（单位）人员费用（元）	4 362 307	1 378 956	−2 983 351	−68.39
2. 雇工费用（元）	6 624 220	3 843 610	−2 780 610	−41.98

元，同比下降 68.73％；防疫费 2 422 257 元，同比下降 38.18％；保险费 90 400 元，同比下降 7.38％；其他费用679 800元，同比下降 34.62％。人力投入中，2020 年本户（单位）人员费用 1 378 956 元，同比下降 68.39％；雇工费用 3 843 610 元，同比下降 41.98％。

从 2020 年生产构成来看，全国采集点小龙虾生产投入中，物质投入占比 70.45％，服务支出占比 13.33％，人力投入占比 16.22％（图 3-46）。物质投入中，苗种费占比 6.30％，饲料费占比 53.01％，燃料费占比 0.16％，塘租费占比 34.47％，固定资产折旧费占比 4.68％，其他占比 1.38％（图 3-47）；服务支出中，电费占比 24.68％，水费占比 1.05％，防疫费占比 56.35％，保险费占比 2.10％，其他占比 15.82％（图 3-48）；人力投入中，本户（单位）人员费用占比 26.40％，雇工费用占比 73.60％（图 3-49）。

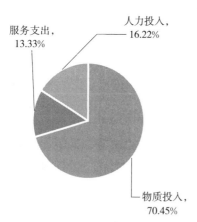

图 3-46　2020 年全国小龙虾生产投入占比

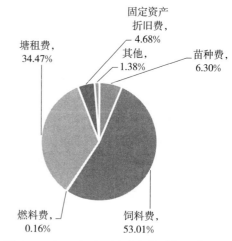

图 3-47　2020 年全国小龙虾物质投入占比

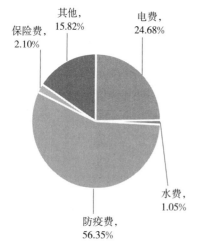

图 3-48　2020 年全国小龙虾服务支出占比

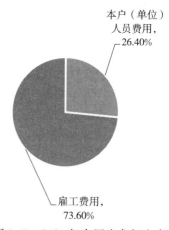

图 3-49　2020 年全国小龙虾人力投入占比

2. 出塘量、销售收入及价格情况 2020年，全国采集点小龙虾全年出塘量2 218 049千克，同比下降48.4%；销售收入77 511 057元，同比下降51.24%。全国采集点小龙虾出塘高峰期集中在4月、5月、6月、7月、8月；出塘淡季集中在1月、2月、3月、10月、11月、12月。其中，5月出塘量最大，达536 962千克，同比下降60.23%；销售收入16 765 529元，同比下降73.64%；10月、11月、12月出塘量为0（表3-27）。

表3-27 2019—2020年1—12月全国小龙虾出塘量和销售收入

月份	出塘量（千克）		出塘量增减率（%）	销售额（元）		销售额增减率（%）
	2019年	2020年		2019年	2020年	
1	0	251	0	0	13 280	0
2	0	72	0	0	4 730	0
3	74 225	63 735	−14.13	5 206 414	2 832 921	−45.59
4	538 288	324 213	−39.77	28 801 538	9 542 113	−66.87
5	1 350 266	536 962	−60.23	63 609 128	16 765 529	−73.64
6	1 345 583	510 053	−62.09	27 522 863	16 723 365	−39.24
7	436 021	414 905	−4.84	13 562 102	16 192 512	19.40
8	376 190	319 892	−14.97	13 643 472	14 037 897	2.89
9	140 052	47 966	−65.75	5 491 059	1 398 710	−74.53
10	21 001	0	−100	755 679	0	−100
11	7 789	0	−100	249 940	0	−100
12	9 116	0	−100	135 184	0	−100
合计	4 298 531	2 218 049	−48.40	158 977 379	77 511 057	−51.24

2020年，全国采集点小龙虾平均出塘价格达34.95元/千克，较2019年（36.98元/千克）下降5.49%（表3-28，图3-50）。

表3-28 2019—2020年1—12月全国小龙虾出塘价格

年份	月度出塘价（元/千克）											
	1月	2月	3月	4月	5月	6月	7月	8月	9月	10月	11月	12月
2019	0	0	70.14	53.51	47.11	20.45	31.10	36.27	39.21	35.98	32.09	14.83
2020	52.91	65.69	44.45	29.43	31.22	32.79	39.03	43.88	29.16	0	0	0

三、结果分析

1. 生产投入分析 2020年，小龙虾采集点生产投入呈现大幅下降趋势，降幅超过了60%。主要是由于2020年年初受新冠肺炎疫情影响，交通运输不便、生产管理减少，导致生产投入整体减少。物质投入中，除了其他投入小幅度上升，苗种费、饲料费、燃料费、塘租费、固定资产折旧费均大幅下降，其中，苗种投入下降幅度最大、饲料投入下降

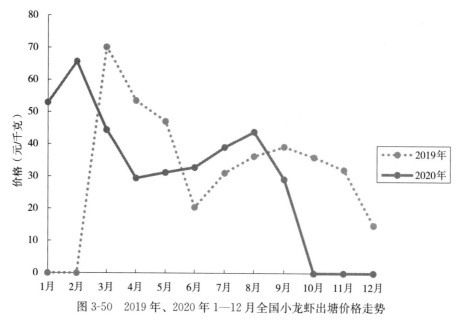

图 3-50　2019 年、2020 年 1—12 月全国小龙虾出塘价格走势

幅度最小，主要原因是 2019 年小龙虾保种较多，2020 年部分养殖户苗种基本能自给自足，外购虾苗需求量骤降，而饲料投入主要与小龙虾养殖量相关，投入成本受苗种投入的影响较小，下降幅度相对稳定，另外，受疫情影响，塘租费得到一定减免，固定资产折旧费用较少；服务支出大幅下降，其中，防疫费、保险、其他支出降幅均低于总服务支出的下降幅度，在服务支出大幅降低的情况下，保险费用仅小幅下降，说明养殖户保险意识不断加强；人力投入大幅下降，本户（单位）人员费用、雇工费用均不同程度下降，说明受疫情影响，招工难，整体投入相对减少。

生产投入中，物质投入占比最大，其次是人力投入。物质投入中，饲料费占比最大，其次是塘租费，与 2019 年相比，2020 年饲料费占比增加，苗种费、塘租费占比降低，符合 2020 年苗种投入低、饲料投入高的情况；服务支出中，防疫投入占比最大，其次是电费，2020 年采集点小龙虾病害仍然严重，加上部分地区洪涝灾害严重，防疫成本增加；人力投入中，本户（单位）人员费用比雇工费用占比略高，相较 2019 年，雇工费用占比有提高的趋势，主要原因是受疫情影响，雇工难，日结成本高，整体雇工费用占比相对提高。

2. 出塘量、销售收入及价格分析　2020 年，采集点小龙虾出塘量、总销售收入大幅下降，平均价格小幅下降。与 2019 年相比，2020 年采集点小龙虾旺季出塘上市更加均衡。4—8 月出塘量相差不大，淡季出塘大幅下降；10—12 月无小龙虾出塘，销售额的情况与出塘量的变化趋势大致相同。2020 年采集点小龙虾平均出塘价格相对 2019 年略有下降，3 月、4 月、5 月虾价大幅低于 2019 年；6 月、7 月、8 月虾价高于 2019 年，主要原因是 2019 年虾苗保种量大，2020 年初外购虾苗需求量小，虾苗价格暴跌，加上年初疫情影响，生产管理少，稻田、池塘养殖密度大，出塘虾规格小，市场需求量饱和，虾价低，到 6 月、7 月、8 月，小龙虾出塘规格大，市场需求量大，虾价高。

四、2021 年生产形势预测

1. 小龙虾养殖亟须提档升级 近年来，小龙虾养殖发展迅速，但部分养殖户为了提高产量，追求高利润，盲目增大养殖密度，提高投饵频率，高密度导致小龙虾生长速度慢、病害频发，最终成虾产量提升不大、规格小，收益低；另外，随着消费市场需求转变，小规格的成虾市场饱和，价格低，6 钱以上的成虾更受市场欢迎，价格高。这些因素都导致了近几年小龙虾市场价格波动，部分养殖户经济效益不佳。

近些年对高品质、大规格小龙虾市场需求日益增大，这为全国小龙虾养殖业的发展，提供了新的思路和方向。①提升小龙虾品质，高品质小龙虾更符合目前市场的需求，采取低密度、大规格的绿色生态养殖模式，能进一步提升小龙虾的市场价值；②探究小龙虾多批次养殖模式，争取全年均衡上市，减少价格波动，稳定虾价；③推广稻虾综合种养模式，注重小龙虾、水稻的生产平衡，切忌一头重，保障水稻生产稳定同时，发展绿色、高质量的小龙虾。

2. 小龙虾产业链待进一步完善 全国小龙虾产业链发展迅速，但对于整体小龙虾养殖体量来说，仍然有很大的发展空间。特别是受疫情、洪灾的影响，2020 年小龙虾消费市场相对低迷，特别是餐饮营收下降，对依赖单一市场的小龙虾产业影响大。要进一步完善小龙虾全产业链，减少中间流通环节，畅通销售途径，重点发展精深加工业，拓宽市场消费渠道，减少小龙虾产业对单一消费途径的依赖，加强产业融合。另外，做好灾害预警工作，如有恶劣天气，提前出售，减少损失。

3. 小龙虾苗种研究有待加强 优秀的苗种是养殖业发展的基础，多数养殖户主要依赖前一年种虾自然繁育的虾苗，但经过几年的繁育周期后，自产苗种生殖质量下降、存活率降低、生长缓慢，影响后续生产。下一步，需要大力发展小龙虾苗种研究，持续推进政府、学校、研究单位和企业在政策、资金、人力和技术领域的产学研合作，加强国家、省级良种场的建设，繁育、保存优良品种；对于自行留种保种的养殖户，适当减少密度，定期补充新的虾苗，保障苗种生产活力，提高生产效益。

4. 小龙虾疾病防疫防控持续跟进 小龙虾养殖生产的重要瓶颈就是疾病问题，软壳病、黑鳃病、纤毛虫病、出血病等多种疾病在全国各地流行。近几年，白斑综合征病毒也在小龙虾养殖中传播开来，导致虾苗、成虾大量死亡，给养殖户造成不小的损失。目前，小龙虾疾病大多以预防为主，需彻底清整池塘，改善池塘底泥的状况；注重饲养管理，做到"四定"投饵和合理施肥，严禁投喂霉变、不清洁饲料，避免过量投喂饲料；注重水质管理，掌握好池塘、稻田的排灌，控制调节养殖水质。

（易　翀）

南美白对虾专题报告

一、监测品种设置有关情况

2020 年，全国淡水养殖南美白对虾养殖渔情监测在河北、辽宁、江苏、浙江、安徽、山东、河南、湖北、广东、海南 10 个省份设置采集点。监测淡水池塘养殖面积 427.60 公顷，其他养殖面积 32.13 公顷。

2020 年，全国海水养殖南美白对虾养殖渔情监测在河北、浙江、福建、山东、广东、广西、海南 7 个省份设置采集点。监测海水池塘养殖面积 575.47 公顷，工厂化养殖面积 106 000 立方水体。

二、生产形势的特点分析

从全国渔情采集点数据看出，2020 年受新冠肺炎疫情的影响，海淡水养殖南美白对虾的销售收入、出塘量、综合平均出塘价格、苗种投放、生产投入等较 2019 年都有下降，仅人力投入同比增加，对养殖户生产盈利带来更大压力。主要指标变动情况分析如下：

1. 销售收入、出塘量、综合平均出塘价格

全国淡水养殖南美白对虾监测点销售收入、出塘量、综合平均出塘价格分别为 7 399.96 万元、191.23 万千克和 38.7 元/千克，与 2019 年同期相比，销售收入、出塘量、综合平均出塘价格均有所下降。

全国海水养殖南美白对虾监测点销售收入、出塘量、综合平均出塘价格分别为 15 450.35 万元、453.02 万千克和 34.11 元/千克，与 2019 年同期相比，销售收入、出塘量、综合平均出塘价格均有所下降。

淡水养殖南美白对虾情况分析，从表 3-29 看，浙江、山东、广东等省份销售收入、出塘量同比增加，其他省份的上述指标值则同比下降；从表 3-30 看，辽宁、河南等综合平均出塘价格同比上涨 3.89%～15.15%，河北、江苏、浙江、安徽、山东、湖北、广东、海南综合平均出塘价格同比下跌 2.18%～25.51%。

表 3-29　南美白对虾（淡水）销售情况对比

省份	销售额（万元）		销售数量（万千克）	
	2020 年	同比增减率（%）	2020 年	同比增减率（%）
全国	7 399.96	−14.41	191.23	−5.29
河北	1 012.96	−50.50	31.41	−33.56
辽宁	44.72	−66.55	0.81	−67.80
江苏	507.01	−28.45	13.68	−25.93
浙江	2 600.40	0.34	64.27	2.59
安徽	110.50	−48.75	3.90	−37.60
山东	1 371.76	12.48	33.76	19.03

（续）

省份	销售额（万元）		销售数量（万千克）	
	2020年	同比增减率（%）	2020年	同比增减率（%）
河南	244.39	−24.17	5.70	−34.15
湖北	116.20	−41.94	2.39	−35.52
广东	1 373.45	18.59	34.69	52.16
海南	18.58	−62.45	0.63	−50.09

表3-30　南美白对虾（淡水）综合平均出塘价格情况对比

省份	综合平均出塘价格（元/千克）			
	2019年	2020年	增减值	增减率（%）
全国	42.82	38.7	−4.12	−9.62
河北	43.28	32.24	−11.04	−25.51
辽宁	53.47	55.55	2.08	3.89
江苏	38.38	37.07	−1.31	−3.41
浙江	41.36	40.46	−0.9	−2.18
安徽	34.5	28.33	−6.17	−17.88
山东	43	40.63	−2.37	−5.51
河南	37.24	42.88	5.64	15.15
湖北	54.1	48.72	−5.38	−9.94
广东	50.79	39.59	−11.2	−22.05
海南	39.33	29.59	−9.74	−24.76

　　海水养殖南美白对虾情况分析，从表3-31看，浙江、福建、山东、广西等省份销售收入、出塘量同比增加，广东、海南等省份销收入、出塘量同比下降，河北出塘量增加，但出塘收入下降；从表3-32看，全国各地综合平均出塘价格同比下跌5.87%～28.69%。

表3-31　南美白对虾（海水）销售情况对比

省份	销售额（万元）		销售数量（万千克）	
	2020年	同比增减率（%）	2020年	同比增减率（%）
全国	15 450.35	−15.69	453.02	−3.68
河北	1 388.34	−4.30	28.00	1.66
浙江	817.00	2.00	21.14	21.41
福建	1 377.25	23.00	26.65	35.90
山东	3 516.83	11.32	123.96	20.22
广东	6 561.08	−32.79	199.15	−23.07
广西	1 456.65	20.76	45.85	57.16
海南	333.20	−59.64	8.26	−43.40

表 3-32　南美白对虾（海水）综合平均出塘价格情况对比

省份	综合平均出塘价格（元/千克）			
	2019 年	2020 年	增减值	增减率（%）
全国	38.96	34.11	−4.85	−12.45
河北	52.68	49.59	−3.09	−5.87
浙江	45.99	38.64	−7.35	−15.98
福建	57.1	51.68	−5.42	−9.49
山东	30.64	28.37	−2.27	−7.41
广东	37.71	32.94	−4.77	−12.65
广西	41.34	31.77	−9.57	−23.15
海南	56.57	40.34	−16.23	−28.69

由于虾难养，一是华南地区，全国南美白对虾养殖主产区，因为病害发作频繁，养殖成活率低、养殖成本高、市场价格低、收益不理想，许多养虾场为降低生产成本，实施鱼虾蟹生态混养，或者转养其他鱼类品种，造成投苗量和产量同步下降；二是华东地区，涵盖了华北地区，因为水产绿色健康养殖五大行动的推进，要求整治改造养殖池塘，禁止使用燃煤锅炉，限制温室和温棚养虾尾水直排，导致南美白对虾养殖规模减小；三是 2020 年上半年，受新冠肺炎疫情的影响，南美白对虾出口量大幅度降低，有些地区封村、封路，导致运虾车进不来，养成的虾无人收，大量虾存池压塘，饲料运输车进不来，池塘里的虾忍饥挨饿，营养不良，虾病频发，集中表现在采集点南美白对虾的综合平均出塘价格和出塘量上，呈断崖式下跌，广东珠三角地区 30 头规格的平均价格为 40～42 元/千克，40 头规格的平均价格为 33～38 元/千克，50 头规格的平均价格为 22～26 元/千克，70 头规格的平均价格为 18～22 元/千克。到 2020 年下半年，价格才慢慢地恢复，30 头规格的平均价格为 50～56 元/千克，40 头规格的平均价格为 38～42 元/千克，50 头规格的平均价格为 26～30 元/千克，同样的规格，平均出塘价格比 2019 年下半年下降了 18.2%。

2. 养殖生产投入情况　全国淡水养殖南美白对虾监测点生产投入 6 233.92 万元，同比减少 7.04%（表 3-33）。其中，物质投入 4 679.10 万元，占生产投入的 75.06%；服务支出 988.19 万元，占生产投入的 15.85%；人力投入 566.63 万元，占生产投入的 9.09%。

表 3-33　南美白对虾（淡水）生产投入对比

省份	生产投入（万元）		1. 物质投入（万元）		2. 服务支出（万元）		3. 人力投入（万元）	
	2020 年	同比增减率（%）	2020 年	同比增减率（%）	2020 年	同比增减率（%）	2020 年	同比增减率（%）
全国	6 233.92	−7.04	4 679.10	−9.06	988.19	−4.35	566.63	7.42
河北	1 063.98	−14.91	929.19	−13.42	47.30	−40.40	87.50	−10.63
辽宁	32.78	−48.82	26.33	−38.74	4.45	−69.52	2.00	−69.04
江苏	291.44	−15.16	229.34	−16.94	35.39	−12.58	26.71	−0.84

（续）

省份	生产投入（万元）		1. 物质投入（万元）		2. 服务支出（万元）		3. 人力投入（万元）	
	2020 年	同比增减率（%）	2020 年	同比增减率（%）	2020 年	同比增减率（%）	2020 年	同比增减率（%）
浙江	2 145.54	23.09	1 530.40	29.76	443.46	7.58	171.68	13.36
安徽	138.73	−11.34	104.20	−5.90	7.98	−60.29	26.55	3.51
山东	697.72	−42.05	536.16	−50.75	131.02	47.55	30.54	14.23
河南	287.24	−32.16	251.37	−31.58	11.33	−67.70	24.54	17.29
湖北	72.75	194.49	47.97	207.20	12.75	116.69	12.03	275.35
广东	1 465.78	1.76	1 002.00	4.92	284.75	−12.06	179.03	10.85
海南	37.98	−31.76	22.17	−38.57	9.76	−23.97	6.05	−10.17

全国海水养殖南美白对虾监测点生产投入 13 342.41 万元，同比减少 60.87%（表 3-34）。其中，物质投入 9 333.20 万元，占生产投入的 69.95%；服务支出 2 078.71 万元，占生产投入的 15.58%；人力投入 1 930.50 万元，占生产投入的 14.47%。

表 3-34　南美白对虾（海水）生产投入对比

省份	生产投入（万元）		1. 物质投入（万元）		2. 服务支出（万元）		3. 人力投入（万元）	
	2020 年	同比增减率（%）	2020 年	同比增减率（%）	2020 年	同比增减率（%）	2020 年	同比增减率（%）
全国	13 342.41	−60.87	9 333.20	−70.62	2 078.71	13.11	1 930.50	11.31
河北	1 059.94	8.90	930.59	18.49	60.04	−40.49	69.31	−20.39
浙江	878.49	40.05	468.85	18.51	230.20	77.39	179.44	76.09
福建	989.23	13.60	562.31	19.32	349.11	6.96	77.82	6.35
山东	1 963.88	−91.71	1 819.82	−92.28	65.73	27.18	78.33	12.28
广东	7 132.20	−12.00	4 487.35	−21.32	1 263.98	12.04	1 380.87	8.46
广西	534.36	448.88	458.65	560.40	30.67	5 233.51	45.05	90.89
海南	784.32	−20.42	605.65	−22.31	78.98	−21.30	99.69	−5.67

　　受新冠肺炎疫情的影响，2020 年南美白对虾投苗比往年推迟，导致有些养殖户从原本的一年三造改为一年两造，养殖生产投入呈现出投苗量、销售量、饲料等都有下降趋势。虾苗分为一代苗、二代苗、杂交苗、土苗等。其中，优质高档品牌苗主要用于精养，土苗则以混养投放为主。根据虾苗质量不同，价格也有所差异。其中，一代苗 220～268 元/万苗；二代苗 168～190 元/万苗；杂交苗 100～150 元/万苗；土苗 35～90 元/万苗。饲料好坏直接影响到虾的生长，饲料价格一般在 8 000～10 000 元/吨。有些塘租费每年逐增，塘租费 2 500～8 000 元/亩，还有电费、防疫费、雇工工资等费用普遍较 2019 年同比有所增加，从而降低养殖户经济利润。

3. 养殖损失　全国淡水养殖南美白对虾监测点受灾经济损失 360.69 万元，同比增加 0.66％。其中，病害经济损失 277.43 万元，同比减少 8.24％；自然灾害经济损失 63.88 万元，同比增加 14.09％；其他灾害经济损失 19.38 万元，同比增加 193 700％（表 3-35）。

表 3-35　南美白对虾（淡水）受灾损失对比

省份	受灾损失（万元）		1. 病害（万元）		2. 自然灾害（万元）		3. 其他灾害（万元）	
	2020 年	同比增减率（％）	2020 年	同比增减率（％）	2020 年	同比增减率（％）	2020 年	同比增减率（％）
全国	360.69	0.66	277.43	−8.24	63.88	14.09	19.38	193 700
河北	75.40	322.41	75.40	322.41	0.00	0	0.00	0
辽宁	0.00	0	0.00	0	0.00	0	0.00	0
江苏	0.00	−100	0.00	−100	0.00	0	0.00	0
浙江	85.20	−60.90	85.20	−60.72	0.00	−100	0.00	0
安徽	118.50	3 285.71	40.00	1 042.86	61.00	0	17.50	0
山东	0.00	−100	0.00	−100	0.00	−100	0.00	0
河南	0.00	−100	0.00	−100	0.00	0	0.00	−100
湖北	18.90	65.79	18.90	65.79	0.00	0	0.00	0
广东	61.68	31.97	56.92	39.72	2.88	−52.00	1.88	0
海南	1.00	−65.52	1.00	−65.52	0.00	0	0.00	0

全国海水养殖南美白对虾监测点受灾经济损失 221.54 万元，同比减少 63.07％。其中，病害经济损失 135.14 万元，同比减少 14.12％；自然灾害经济损失 80.00 万元，同比减少 81.78％；其他灾害经济损失 6.40 万元，同比增加 82.86％（表 3-36）。

表 3-36　南美白对虾（海水）受灾损失对比

省份	受灾损失（万元）		1. 病害（万元）		2. 自然灾害（万元）		3. 其他灾害（万元）	
	2020 年	同比增减率（％）	2020 年	同比增减率（％）	2020 年	同比增减率（％）	2020 年	同比增减率（％）
全国	221.54	−63.07	135.14	−14.12	80.00	−81.78	6.40	82.86
河北	0.00	−100	0.00	−100	0.00	−100	0.00	0
浙江	37.50	0	37.50	0	0.00	0	0.00	0
福建	74.94	−16.84	74.94	−16.84	0.00	0	0.00	0
山东	80.00	−73.51	0.00	0	80.00	−73.51	0.00	0
广东	29.10	−47.34	22.70	−58.92	0.00	0	6.40	0
广西	0.00	0	0.00	0	0.00	0	0.00	0
海南	0.00	−100	0.00	−100	0.00	0	0.00	−100

总体而言，2020 年南美白对虾养殖受灾经济损失呈"淡增海减"。主要特征为：一是养殖病害损失出现排塘，主要病害有偷死病、肠炎病、白斑综合征、红体病等；二是自然灾害损失，强台风给沿海带来了大量强降雨，直接影响养殖业，甚至有些地方发生洪涝淹没虾塘；三是其他灾害损失，由于养殖用水水质受到污染、停电致缺氧死亡等，造成损失

同比大幅度增加，都直接给养殖企业（户）带来了巨大的经济损失。

三、存在问题

1. 市场供过于求 在水产品市场总体供过于求的态势下，国内养殖的南美白对虾品质难以有效控制等问题，导致养殖主体不论是扩大再生产还是开展技术创新都缺乏积极性。

2. 养殖成本高 过高的养殖费用支出挤压利润空间，而养殖投入费用却是逐年增加的，如塘租、人员工资等，影响到南美白对虾养殖平均利润率难以提高，对养殖户发展生产带来不少成本压力。

3. 虾难养 南美白对虾亲虾受进口因素影响，以及种苗质量不稳定、饲料质量差、养殖病害多发、玻璃苗病、环境污染以及自然灾害频发等问题较为突出，养殖成活率和成功率低，而这些问题已经影响到南美白对虾虾养殖业的可持续发展。

四、政策建议

1. 开展尾水治理、池塘改造 将传统池塘改造为高标准规范的精养高产池塘，或者将其改造成为高位池虾塘，通过建设人工湿地、生态渠塘等生态治理措施的实施，减少养殖尾水直接排入周边河流，造成水环境的污染。并建设苗温室、搭建保温大棚，该举措可以起到防风、保温等作用，高温高湿季节还能降低病害的发生。

2. 投放优质种苗 种苗质量是发展南美白对虾养殖业的关键环节。具体措施有：一是开展南美白对虾良种选育工作；二是要开展种苗产地检疫，检疫合格者才能上市；三是要优选正规种苗品牌公司繁育生产的虾苗，投放之前先标粗，以提高养殖的成活率和成功率。

3. 投喂优质饲料 养殖者选购饲料时，要优选有一定规模、技术力量雄厚、售后服务到位、信誉度好、养殖效果佳（主要以价效比高和成活率高为参数）的饲料厂家生产的饲料。在养殖过程中，一定要注意控制投喂强度，实施动态投喂，最大限度地发挥饲料的效能。

4. 推广养殖新模式 一是工厂化流水线循环水零排放养殖；二是生态养殖，该模式主要由生态养虾、保健养虾、鱼虾混养、虾贝混养、虾蟹混养、轮养等生态养殖模式及其技术构成。实践证明，上述两类技术模式能大幅度提高南美白对虾养殖成活率和成功率。

五、2021年生产形势预测

1. 苗种投放量继续增加 由于2020年投苗量整体下降，出塘量也减少，年底虾价慢慢上升。预测2021年，南美白对虾的投苗量会大幅增加。

2. 价格稳中有涨 疫情得到有效控制，该虾出口量增加，国内消费量越来越多，受国外疫情影响进口虾减少。预计2021年，南美白对虾价格整体趋向稳中有涨。

3. 养殖病害影响生产 增加投苗量，养殖密度就高，病害比较多，如偷死、白斑综合征等不断发生，排塘量高。预计2021年，养殖病害仍然会导致收成受到影响。

（符　云　麦良彬）

河蟹专题报告

一、养殖生产形势

2020 年，全国河蟹养殖渔情信息采集区域涉及 7 个省（辽宁、江苏、安徽、湖北、湖南、江西、河南），采集县 30 个、采集点 66 个。2020 年河蟹养殖生产总体特点：天气不利河蟹生产，生长慢、吃食差、病害多，产量下降，但规格较大，价格同比有所上涨，效益一般。

1. 采集点出塘量、销售收入同比减少　全国采集点河蟹出塘量为 3 974.02 吨，同比减少 18.80%；销售收入 33 093.46 万元，同比减少 3.54%。

综合全国各地河蟹养殖区实际情况，2020 年河蟹养殖受天气、水灾、病害等影响，产量下降 10%～20%；但销售价格同比上涨，销售收入减幅较小。以江苏省为例，采集点出塘 3 344.69 吨，同比减少 14.54%；销售收入 28 408.82 万元，同比增加 1.80%。调研中，了解到 2020 年江苏省河蟹养殖普遍减产 20%～25%（图 3-51）。

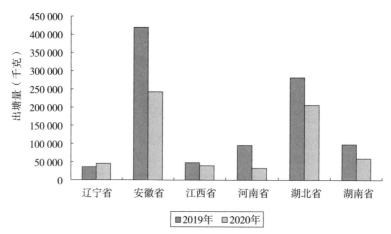

图 3-51　2019 年和 2020 年部分省份采集点出塘量对比情况

2. 综合平均出塘价格同比上涨　采集点数据显示，2020 年河蟹全国综合平均出塘价格 83.27 元/千克，同比上涨 18.79%。湖南省综合平均出塘价格最高为 96.10 元/千克；安徽次之，平均价格为 88.63 元/千克；江苏省平均价格为 84.94 元/千克（图 3-52）。

2020 年，受全国范围内河蟹大面积减产的影响，虽然新冠肺炎疫情影响消费规模，但是河蟹价格依旧是近 3 年来最高，尤其是雄蟹价格，同时精品蟹和普通蟹的价格差异明显。总的来说，2020 年河蟹第一波涨价是从 9 月下旬起涨价至 10 月初跌价企稳；第二波涨价是 11 月中旬开始，直到 12 月中旬，主要是雄蟹价格上涨并保持高位；12 月中旬以后，母蟹价格有所下跌，但雄蟹价格依旧坚挺。

造成这种现象的原因分析如下：第一波涨价主要是受双节影响，疫情后第一次家族团聚，刺激了消费；第二波涨价主要是受天气影响，产量和品质都远低于预期，尤其是公蟹迟迟不起膏、软脚等，导致供给不足；母蟹价格有所下跌的原因，主要是 2020 年母蟹品

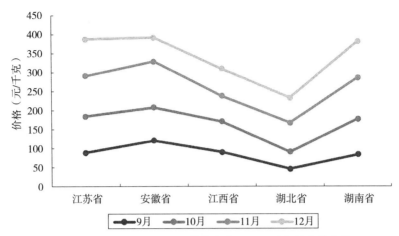

图3-52 2020年安徽、江苏等省份9—12月出塘价格走势

质较公蟹略好，市场供应相对充足，价格有所下跌。随着后期整个市场供应短缺，河蟹价格随之有了较大涨幅。

3. 养殖生产成本略升 采集点数据显示，总生产投入成本23 241.14万元，同比增加0.22%。调研了解到，生产投入增加主要是前期投入品价格涨幅较多所致，后期价格略有下降。

2020年，养殖成本略有增加，螺蛳、水草、电费、调水成本明显增加，饲料单价有所有提升，但投喂总量减少，不增反降。螺蛳由2019年的2 200～2 800元/吨增加到2020年的2 800～3 600元/吨，增加了600～800元/吨，后期螺蛳价格为2 000～2 400元/吨，跌幅明显；另外，因新冠肺炎疫情影响，主要大豆、鱼粉、玉米生产国封港，国内主要饲料原料价格上涨，导致饲料价格随之增加，涨幅在200元/吨；疫情期间，冰鱼的价格也由2019年的45～50元/板增加至48～53元/板，但后期又恢复到43～46元/板，比2019年价格还略低，但因河蟹吃食一般，投喂总量减少，总投入减少；电费、水草和生物制剂因恶劣天气影响，使用量增加，导致成本增加；人工、塘租等价格与2019年基本持平。

二、专项情况分析

1. 养殖生产面积同比持续增加 根据调研结果，随着各地围网拆迁、退渔还湖影响，大水面养殖面积在减少，少量靠近城区的池塘养殖，因城市化进程以及开发区建设等原因，这部分区域养殖面积有所减少。但从实际情况来看，养殖面积仍在增加。以江苏省为例，2019年全省新增稻田综合种养面积100万亩以上，并形成"稻蟹""稻、蟹、鱼、虾"等多种模式；湖北省、安徽省2020年均新增稻田综合养殖面积（养蟹为主）。加之新增开挖蟹塘和部分大宗淡水鱼养殖户转产养殖河蟹，整体来看，全国河蟹养殖生产面积在小幅增加。

2. 苗种投放密度进一步加大 受2019年河蟹价格持续走低的影响，尤其是中大规格价格较弱，再加上2020年春节期间价格持续下降，但2020年河蟹放养密度出现小幅增加特征。以江苏省兴化地区为例，精品蟹放养密度为 800～1 000 只/亩，混养模式（青虾、小龙虾）放养密度为 1 300 只/亩，比 2019 年同期增加了 100 只/亩；少部分养殖户在 3 月中旬放养完毕，比往年晚了约半个月。

放养密度出现变化的原因，其实都是因为近年来河蟹价格的低迷，导致养殖户一方面选择增加密度求高产，另一方面选择减少密度套养其他品种求综合产出。近年来，青虾价格稳定走俏，如江苏省金坛地区养殖户选择改变蟹虾套养比例，通过增加青虾密度（从 2019 年的 10～15 千克/亩增加至 2020 年的 25～30 千克/亩）来求综合产出。2020 年，金坛地区采用雌雄分养模式的比例也增加了 2～3 成，以期达到母蟹早上市、公蟹还可以卖一波六月黄的目的，从而获得更高的利润。

3. 疫情和气候不利生产，产量品质大幅下降　在经历了连续 3 年的好天气后，2020 年河蟹生产遭遇了 5 次打击。一是新冠肺炎疫情，导致生产进度延缓半个月左右，部分养殖户未能及时投喂，刚放的扣蟹苗种营养不够；二是"倒春寒"，导致 2 次蜕壳时损蟹，从最终结果看，损蟹比例超出预期；三是连续 2 个月阴雨绵绵，水草管控困难，烂草严重，水体中病菌增多，调水成本及难度增加，安徽、江苏、江西等省部分地区还因洪涝溃堤，损失严重；四是阴雨天气后无缝对接连日高温天气，使得前期塘口积累的问题，在此时集体暴发，如蓝藻泛滥、出现损蟹等；五是 10 月以后，气温迟迟不降，导致雄蟹起膏困难，饱满度不够。由此带来的后果就是，河蟹平均亩产下降；同时，河蟹蜕壳困难、活力差，软脚蟹、残脚蟹、瘪子蟹等病害比例也比往年增多，整体品质不如 2019 年。如江苏省苏北地区水瘪子病暴发严重，水花生虫害较多，制约了养殖产量。养殖技术的高低、管理的好坏，是 2020 年养殖户盈利还是亏损的主要因素。

三、2021 年生产形势预测

2020 年河蟹受减产影响，即使因疫情导致消费不振，价格依旧逆势上扬。但总的趋势来说，消费市场降级，依旧是影响未来河蟹产业效益的主要因素。养殖过程中要考虑降本增效，养殖模式也应以销定产，养殖技术和销售好是效益的保证。一方面，今后绿色生态高效养殖模式将不断改进，养殖机械也会出现更多创新需求；另一方面，河蟹消费市场近年来持续低迷、环保压力越来越大，品牌化道路充满挑战，转型升级迫在眉睫。

（陈焕根）

梭子蟹专题报告

一、养殖生产概况

梭子蟹是我国重要的海洋经济物种。根据《2020 中国渔业统计年鉴》，2019 年全国梭子蟹养殖面积 21 754 公顷，产量 11.38 万吨，养殖省份包括江苏（3.05 万吨）、浙江（2.02 万吨）、山东（1.4 万吨）等。2017—2019 年，我国梭子蟹养殖年平均产量 11.7 万吨，而捕捞年平均产量则为 47.8 万吨，捕捞量为养殖量的 4 倍（图 3-53）。

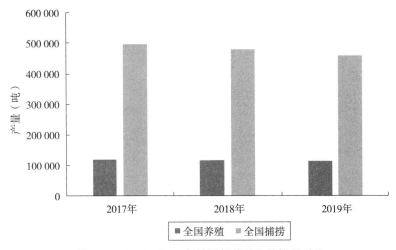

图 3-53　2017—2019 年梭子蟹养殖和捕捞量对比

捕捞是我国商品梭子蟹的主要来源，所以梭子蟹的市场行情主要由捕捞量决定。以浙江省为例，1—3 月受春节影响，不同规格的梭子蟹价格在 100～200 元/千克；4 月禁渔期开始，只有养殖蟹可以供应市场，加上养殖进入苗种繁育投放期，养殖蟹也会供不应求，市场价格进一步飙升；到 7 月禁渔期结束前，部分地区最高价格可达 300 元/千克；8 月禁渔期结束，大批量捕捞蟹上市，短时间供大于求，价格马上回落到 50～100 元/千克，一直持续到 12 月。根据市场规律，养殖从业者为追求利润最大化，会将出塘时间定在每年 11 月之后的冬季，一直持续至春节前后，以避开大批量捕捞蟹上市的时间，防止利润空间被压缩。

2020 年秋季，对全国梭子蟹主养省份养殖场的产量、销售情况进行了摸底分析。在浙江、江苏、山东 3 个省份的主体中，重点调查了 16 家梭子蟹养殖企业和养殖户，总体形势并不乐观。以浙江地区为例，由于受新冠肺炎疫情影响，市场需求量大量减少。2020 年上半年价格同比大幅下跌，导致养殖户亏损严重，因无法及时出售塘内的蟹，以致无法及时清塘晒塘，影响后续养殖，同时，受台风、塘租费等多因素影响，养殖户压力和风险倍增。

二、养殖生产形势分析

2020 年，全国共有 3 个省份开展梭子蟹的养殖渔情信息采集工作，涉及 7 个采集点，包括浙江省、山东省、江苏省等。

1. 采集点梭子蟹出塘情况 2020 年，采集点梭子蟹出塘量 71.3 吨，同比下降 8.9 吨，降幅 11.2%；销售收入 871.4 万元，同比下降 226.9 万元，降幅 20.7%；平均出塘价格为 122.2 元/千克，同比下降 14.7 元/千克，降幅 10.7%。江苏省采集点出塘量 4.5 吨，同比下降 28.6 吨，降幅 86.3%；销售收入 59.8 万元，同比下降 519.1 万元，降幅 89.7%，平均出塘价格为 132.0 元/千克，同比下降 42.6 元/千克，降幅 24.4%。浙江省采集点出塘量 4.9 吨，同比下降 1.6 吨，降幅 24.9%；销售收入 77.0 万元，同比下降 53.7 万元，降幅 41.1%；平均出塘价格 156.2 元/千克，同比下降 42.9 元/千克，涨幅 21.5%。山东省采集点出塘量 61.8 吨，同比上涨 21.3 吨，涨幅 52.6%；销售收入 734.6 万元，同比上涨 345.9 万元，涨幅 89.0%；平均出塘价格 118.8 元/千克，同比上升 22.9 元/千克，涨幅 23.9%。

2. 采集点平均出塘价格分析 养殖梭子蟹的出塘时间基本为当年 7—12 月和翌年冬季 1—3 月。其中，7—12 月出塘规格较小，一般为 125～200 克/只。此时正好赶上禁渔期结束，受大批量捕捞梭子蟹上市影响，出塘价格为 50～90 元/千克，相对较低；1—3 月出塘规格较大，一般为 200 克/只以上，时至春节加上捕捞产量下降，出塘价格为 140～200 元/千克，达到一年之中的最高点。2020 年受新冠肺炎疫情影响，梭子蟹价格在春节期间有所下跌，后又恢复至原有水平（图 3-54）。

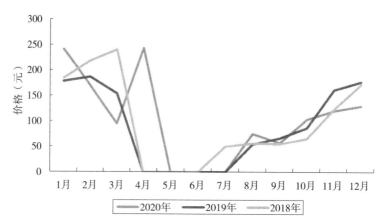

图 3-54　2018—2020 年养殖监测点梭子蟹出塘价格走势

3. 采集点生产成本分析 根据对 2020 年全国梭子蟹渔情信息监测点的生产投入分析，全年生产投入达 486.7 万元，同比下降 444.0 万元，降幅高达 47.7%。生产投入包括苗种费、饲料费、水电燃料费、塘租费、固定资产折旧费、防疫费、人力投入等，成本收入比为 55.9%，同比下降 28.9%。梭子蟹养殖的塘租费、饲料费、人力投入在所有成本支出中排前 3 位，分别占总成本的 33.4%、28.6% 和 20.8%。各成本支出比例如图 3-55 所示。传统水产养殖业劳动强度大，对青壮年劳动力的吸引力进一步降低，新冠疫情更加剧了用工难现象，生产主体只有通过提高劳动报酬来解决用工问题。饲料成本的提高，一方面是由于配合饲料替代幼杂鱼技术的大力推广，配合饲料的使用比例在稳步提高；另一方面是由于近年来饲料原料成本不断提高，也推升了饲料价格。另外，环保督察、养殖水域滩涂规划等工作的推进，导致可利用的海水养殖面积不断被压缩，塘租费水涨船高。

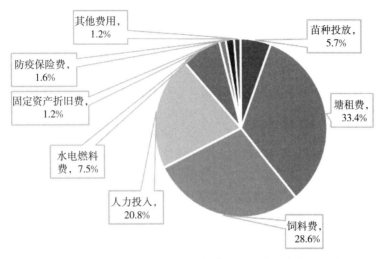

图 3-55　2020 年全国梭子蟹渔情信息监测点生产投入组成

4. 采集点灾害损失分析　2020 年，全国各梭子蟹渔情采集点因发生病害、自然灾害、基础设施等其他损失数量累计 2.3 吨，同比降低 0.6 吨，降幅 21.4%；损失数量占总出塘量的 3.2%，经济损失 73.3 万元，同比上涨 48.5 万元，涨幅 197.8%；经济损失占总销售收入的 8.4%。2020 年，采集点病害损失 22.4 万元，占受灾经济损失的 30.6%。江苏省启东市利民水产养殖专业合作社受新冠肺炎疫情影响，2—3 月共损失 50 万元，占受灾损失的 68.2%。由此可见，梭子蟹的病害及新冠肺炎疫情，是 2020 年造成产量损失和经济损失的主要原因，占了总损失量和经济损失的 98.8%。

三、2021 年生产形势预测与建议

2021 年，梭子蟹的生产仍将以捕捞为主、养殖为辅。随着新冠肺炎疫情影响的进一步减弱，消费及餐饮市场复苏，梭子蟹价格将继续保持高位运行，较 2020 年市场形势会有一定好转。

随着人民生活水平的提高，人们对优质水产品的需求也越来越高，梭子蟹作为一种深受广大老百姓喜欢的优质、高档水产品，有着广阔的发展前景。但现阶段，我国梭子蟹产业存在一些不足之处。在生产上，大部分的养殖方式单位产量不高，优质苗种来源不足；在产品上，主要以初级产品消费为主，加工产品市场小，且深加工能力不足，品牌创建尚不成熟；在销售上，以线下活体销售为主，渠道单一，主要供应本地及周边传统消费区域，跨区域销售情况并不多，消费总量增长不快。同时，如何降低生产成本、提高养殖效益，也是梭子蟹产业健康发展必须面临的挑战。

1. 加强种质研究，保证蟹苗供应　优质蟹苗是梭子蟹养殖成败的关键。必须集中有关科研和生产力量，加强对梭子蟹种质的研究，选育优良品种，打造一批育繁推一体化主体，建立一套优质种蟹的供应机制，保证优质种苗供应。以浙江省为例，目前已经选育成

功梭子蟹"科甬 1 号"新品种，并建有 1 家省级梭子蟹原种场和 1 家省级梭子蟹良种场。

2. 调整养殖模式，提高养殖效益 养殖户可依据自身实际和市场情况，适当调整养殖品种结构和养殖量，开展多模式养殖研究等。运用新型养殖模式（如三疣梭子蟹"普陀模式"、基于防残设施的梭子蟹围塘养殖、海水围塘虾蟹贝混养等），在提高梭子蟹产品品质的同时，适时地增加基围虾、贝类等套养品种的比例，分担养殖风险，提高经济效益。

3. 拓展发展模式，探索精深加工 探索尝试渔旅融合，研究开展精深加工，打通一、二、三产业，把产业链做长。把养殖业和旅游业结合起来，发展渔村旅游，开展"梭子蟹美食之旅"。发展冷链运输业，将高品质海洋水产品从沿海销往更为深远的内陆，扩大梭子蟹销售覆盖面积，提高销售产量。发展深加工产业，以蟹类健康养生产业、蟹类高档保健品等为发展方向，延长梭子蟹产业链，以此促进渔民增收，提高梭子蟹产业的整体效益。

4. 拓宽销售渠道，加快品牌打造 大力发展电商平台，拓宽销售渠道，让互联网成为推动梭子蟹产业发展的助推器，为梭子蟹产业不断注入新动能。培育一批品牌信誉高、市场竞争力强的梭子蟹品牌，扩大市场占有率，提高知名度。挖掘梭子蟹背后的文化价值，开发兼具文化价值和商业价值的文创产品，以此进一步推动产业发展。

（吴洪喜　施文瑞　郑天伦）

青蟹专题报告

一、养殖生产总体形势

青蟹个体大、生长快、适应性强、经济价值高，一直是我国沿海地区人工养殖的重要对象。

1. 养殖产量稳中有升　根据《2020中国渔业统计年鉴》，2019年全国青蟹养殖面积24 055公顷，产量16.06万吨，养殖省份包括广东（6.51万吨）、福建（3.63万吨）、浙江（2.63万吨）、广西（1.80万吨）、海南（1.28万吨）以及江苏（0.19万吨）等省份。

2017—2019年，我国青蟹总产量稳中有升，年平均养殖产量15.7万吨，年平均捕捞产量7.9万吨，养殖产量已接近捕捞产量的2倍（图3-56）。养殖已经成为我国商品青蟹的主要来源。

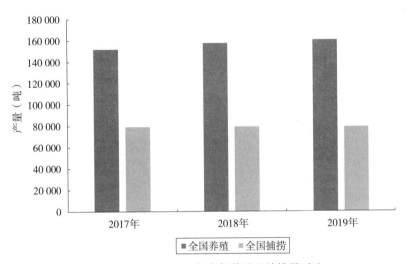

图3-56　2017—2019年青蟹养殖和捕捞量对比

2. 生产形势总体良好　2020年秋季，对全国青蟹主养省份养殖场的产量、销售情况进行了摸底调查和分析。重点调查了浙江、福建、广东、海南等4个省份的21家青蟹养殖企业和养殖户。结果显示，2020年全国的青蟹养殖生产和市场形势总体良好。以浙江省三门市场为例，青蟹价格相对于往年同期上涨明显。中秋国庆双节期间，青蟹市场价格高达260元/千克，而且供不应求。即使在新冠肺炎疫情最严重期间，三门青蟹销售市场也基本上不受影响，究其原因是三门青蟹主要供应当地及周边市场，很少外销，也不涉及出口。此外，"三门青蟹"的品牌效应好，市场上价格稳定，再加上外地青蟹在疫情期间受交通管制等影响进入三门市场减少，导致了三门青蟹整体价格比往年反而上涨。在青蟹养殖生产方面，经过近几年的大力推广，青蟹配合饲料投喂已取得较好的养殖效果，养殖户对青蟹配合饲料的接受程度在不断提高。搭配投喂青蟹配合饲料的养殖池塘，青蟹的病害发生率低，可有效节省饵料投入成本和渔药成本，提高养殖经济效益。

二、养殖生产形势分析

2020 年，全国共有浙江、福建、广东、海南 4 个省份开展青蟹的养殖渔情信息采集工作，涉及 15 个采集点。采集点全年青蟹出塘量 206 吨，出塘收入 3 417 万元。

1. 采集点青蟹出塘量和销售收入齐降 2020 年，采集点青蟹出塘量 206.0 吨，同比下降 45.0 吨，降幅 17.9%；销售收入 3 417 万元，同比下降 712.2 万元，降幅 17.25%；平均出塘价格为 165.8 元/千克，同比上升 1.5 元/千克，涨幅 0.8%。其中，浙江省采集点出塘量 62.6 吨，同比上升 6.2 吨，增幅 11.1%；销售收入 1 000.5 万元，同比上升 93.5 万元，增幅 10.3%。福建省采集点出塘量 2.3 吨，同比下降 0.9 吨，降幅 27.8%；销售收入 41.8 万元，同比降低 0.8 万元，降幅 2.0%。广东省采集点出塘量 57.9 吨，同比下降 13.2 吨，降幅 18.6%；销售收入 1 328.1 万元，同比下降 346.9 万元，降幅 20.7%。海南省采集点出塘量 83.3 吨，同比下降 37.1 吨，降幅 30.9%；销售收入 1 046.4 万元，同比下降 458.0 万元，降幅 30.5%。

2. 采集点平均出塘价格震荡明显 广东、海南两省每月都有养殖青蟹出塘；浙江、福建两省冬季水温较低，12 月至翌年 2 月基本没有青蟹出塘。出塘价格受春节、中秋、国庆等节日假期影响，呈现上下半年各有一高峰时段的价格变化规律，年平均出塘价格变化见图 3-57。

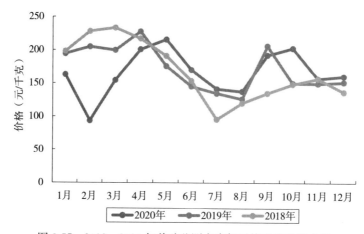

图 3-57 2018—2020 年养殖监测点青蟹平均出塘价格走势

由图 3-57 可见，每年都会出现 2 个价格高峰。2018 年采集点青蟹平均出塘价格最高在 2—3 月；2019 年采集点平均出塘价格在 4 月前后较高，后又有明显回落。2020 年受年初新冠肺炎疫情影响，青蟹价格于 2 月大幅下降，导致第一个价格高峰出现在五一前后。其他年份，青蟹的 2 个价格高峰均出现在春节和中秋节前后。近 3 年青蟹的价格，大部分季节都在 200 元/千克以下。

3. 生产成本上升，灾害损失较小 根据对 2020 年全国青蟹渔情信息监测点的调查分析，全年生产投入达 3 125.6 万元，同比升高 208.0 万元，增幅 7.1%。支出内容包括苗种费、饲料费、水电燃料费、塘租费、固定资产折旧费、防疫费、人力成本等，同比增长 20.9%。青蟹养殖成本支出排前 4 位的为饲料费、苗种费、塘租费和人工成本，分别占总成本的 37.6%、24.2%、19.0%和 14.3%；饲料费、苗种投入比例分别较 2019 年同比上升 2.3%、3.7%。各成本支出如图 3-58 所示。

随着经济发展与养殖模式转变，饲料费、塘租费、人工成本仍将不断增加。因此，如何降低成本、提升经济效益，成为了青蟹产业健康发展的重中之重。

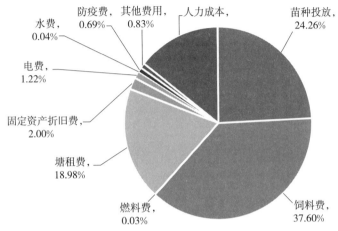

图 3-58 2020 年全国青蟹渔情信息监测点生产投入组成

2020 年，全国青蟹养殖监测点养殖经济损失 38.2 万元，相比 3 416.8 万元的销售收入，养殖灾害经济损失占 1.1%。

三、2021 年生产形势预测与建议

1. 推动养殖模式转型升级 继续加大围塘改造，在传统池塘专养、混养等养殖模式基础上，探索青蟹养殖新模式，进一步推广配合饲料替代冰鲜饵料养殖青蟹；开展养殖尾水调控与综合治理，改变养殖围塘尾水直排入海的现状；加大标准化生产推广力度，推广高效、绿色、健康养殖技术。

2. 提高良种覆盖率 种业是养殖的"芯片"，苗种质量好坏直接决定着养殖的成败。目前，青蟹育苗还存在人工育苗技术成熟度、苗种繁育季节性以及苗种规格差异性等一系列问题，应该吸纳各省青蟹繁育研发优势科研力量，致力于人工育苗的关键技术突破，建立商业化育种体系。目前，浙江省已经有省级青蟹良种场 2 家。在加快发展国家级和省级青蟹原良种场的基础上，打造国家级优质苗种供应基地、国家级良种繁育基地、保护本地青蟹优良种质资源，制定青蟹种质资源保护的具体管理办法。

3. 加强养殖病害、自然灾害防控研究 影响青蟹养殖的原因有很多，如水质环境、苗种品质、养殖管理等，灾害性气候的影响也是不可忽视的重要原因之一，要联合有关研究力量，加大对重要病害的研究力度，建立防病防灾长效机制。在日常养殖中，做好水体消毒和改良工作，施有益微生物制剂，培养水质，注意施肥，少施勤施，使水色达到鲜、活、嫩、爽。对死亡的青蟹及时清理并进行无害化处理，做好日常巡塘、水质监测和疾病防控等工作。发生异常状况要详细检测、对症用药，防止乱投医、滥用药，以免给养殖塘带来不必要的污染。

4. 延长产业链，提升增值空间

（1）加强品牌打造 据评估，"三门青蟹"品牌价值达 40 亿元。要以"三门青蟹"为样板，加大青蟹区域性品牌打造，提高青蟹价值。

（2）加强三产融合 以青蟹养殖产业为中心，结合区域的资源、生态和文化优势，发展具有区域特色的休闲旅游、餐饮民宿、文化体验、适应休闲农业（渔业）等产业发展要求，实现多元化发展，提高产业附加值。

（3）创新销售模式 互联网时代，消费者越来越倾向于线上消费，利用信息技术，打造"青蟹＋互联网"农村电商销售模式，以适应现代消费的需求，并让消费者成为最有力的品牌宣传者。

（吴洪喜 施文瑞 郑天伦）

牡蛎专题报告

一、生产和市场情况

1. 产区间出苗情况差异，三倍体苗种趋势向好　2020年全国牡蛎出苗量总体稳定，不同产区间牡蛎采苗质量和育苗成效差异明显，三倍体苗种繁育成效和市场占比持续增加。近年来，以北方辽宁和山东地区为代表的三倍体牡蛎苗种培育技术不断发展进步，体型大、肥度高、生长快的三倍体牡蛎市场占有率持续增加，一定程度上推动了我国牡蛎产业"南苗北运"流通格局，向区域综合发展的转型优化。

2020年，山东半岛集中雨水增多，加之疫情高发阶段正值牡蛎育苗期，三倍体苗种培育成活率显著受损，本地苗种市场供应量大幅下降。南方广西产区由于缺少集中性雨水，地表径流减少，饵料不足，加之往年过度投苗的延续影响，天然采苗达标率降至不足10%，为历年最低。人工育苗量虽较2019年有所增加，但受附着基的影响难以上规模。2020年，广西产区人工育苗量约为1 000万串。广东产区各地陆续开展蚝排清理和采苗场整治，总体出苗量有所下降。台山一带2020年牡蛎养殖面积约10万亩，产量约8.5万吨，目前已清理整治蚝排数量占总量20%；珠江海域是重要的牡蛎天然采苗场，区域采苗量约占广东地区的2/3，清理整治蚝排面积达6 000亩。北方产区人工育苗成活率低、广西产区天然采苗数量下降、广东产区海域清理整治，使得市场对牡蛎苗种需求大幅增加，为福建地区三倍体牡蛎培育产业提供了重要市场机遇，三倍体苗种跨区外销量达5亿片，较2019年增加20%以上。以福建漳州为例，2020年三倍体育苗企业增至10家，三倍体养殖企业增至50家，销往山东地区的三倍体牡蛎苗种达8 000万片，较2019年增长约60%。诏安宝智水产科技有限公司负责人表示，其2019年人工苗种订单为500万串，2020年增加了200万串。专家预计，2021年广东和广西产区的天然苗种需求量将大幅增加，福建产区三倍体人工苗种市场占有率将超过北方，随着三倍体育苗技术的快速发展，各品类人工苗种不断交汇，促使未来牡蛎品种更为复杂多元。

从全国整体产量来看，2019年牡蛎总产量约为522.56万吨。专家预计，随着全国牡蛎市场的旺盛发展，三倍体培育品种和养殖量持续增加。预计2020年，全国牡蛎总产量较2019年增加10%左右，继续保持稳中有增的良好态势。其中，山东产区受集中雨水增加和养成存活率下降影响，预计产量减少约10%；广西产区受铁山港海区及廉州湾海区养殖规划发布及蚝排清理影响，养殖面积有所减少，在往年瘦蚝以及人工苗种的补充下，出塘量预计保持在50万～60万吨；福建产区人工育苗数量大幅增加，养成阶段成活率较高，预计产量较2019年增加5%～10%；广东产区受蚝排清理整顿影响，总体养殖面积预计减少15%，成蚝品质将有所上升，预计产量同2019年持平。

2. 消费结构多元发展，品牌建设加快推进　近年来，生鲜电商销售平台异军突起，牡蛎线上消费活力持续激发，"互联网＋"的新型流通业态，给牡蛎消费发展注入新的活力。新冠肺炎疫情期间，餐饮消费行业受到显著影响，烧烤蚝、大规格蚝消费量大幅降低，但同时，居民家庭消费饮食习惯得到培育发展，牡蛎消费结构更为多元，生鲜牡蛎线上消费增速和占比持续增加，成为 2020 年牡蛎消费增长最大的驱动力。

疫情期间，山东乳山地区积极探索创新生鲜牡蛎互联网销售模式，建设专业的"乳山牡蛎"线上营销团队，将牡蛎产业园和京东"中国特产·乳山馆""赶海网""蛎尚往来"等电商销售平台结合，推动"乳山生蚝"品牌的市场知名度得到进一步提升。同时，借助线上销售平台，乳山牡蛎产品不断丰富创新，发展出以牡蛎肉为原料的牡蛎罐头加工、干粉牡蛎、牡蛎肽等新型产品，远销加拿大、澳大利亚、日本等 15 个国家和地区。据统计，乳山市牡蛎电商从业人员超 3 000 人；阿里平台经营乳山牡蛎的网店已增至 700 余家，培育出一批如久鼎电商、海之韵水产等优秀的电商企业。2020 年，福建青口镇的牡蛎电商孵化基地开始投入建设，基地配套引进冷链物流企业、优质电商和牡蛎加工大户，通过牡蛎深加工提高产品的附加值，延长产业链。同时，引进了牡蛎壳粉加工厂，既能有效解决牡蛎壳等废弃物处理难的问题，也为小镇创造了新的收入增长点。通过线上线下消费模式的融合发展，牡蛎产业消费结构得到转型优化。

3. 市场价格稳中略涨，养殖效益稳步提升　受牡蛎网络电商平台销售量旺盛增加影响，牡蛎苗种价格和成蚝价格均稳中略涨，销售环节价格略有增加，生产养殖环节价格增长明显。鲜活牡蛎收购价格的持续增长，增加了养殖户收益，促使养殖户等经营主体生产积极性进一步提高。

福建产区是葡萄牙牡蛎的主要产区，其规格小、价格低、便于运输且食用方便，俗称"一口蚝"，是烧烤蚝和高压锅蚝的主要原材料。在近年来牡蛎消费市场由沿海和一线城市向内陆二三线城市不断扩张的背景下，其需求量呈逐年增长趋势。2020 年，消费者居家饮食习惯的培育和生鲜电商平台的快速发展，给葡萄牙牡蛎销售带来新的增长点，一定程度上带动了小规格牡蛎销售价格的上涨。福建漳浦县鹅蛋牡蛎有限公司负责人表示，2020年其销售给同城生活圈等电商平台的牡蛎数量，较 2019 年增加了 50% 左右。福建漳浦地区 50 克、75～85 克、85～100 克规格的二倍体牡蛎的码头收货价格，分别约为 2 元/千克、4 元/千克和 6 元/千克，较 2019 年上涨约 15%，养殖户收益同比普遍增加。据张鲜记海鲜供应链负责人介绍，2020 年福建牡蛎产地经销商收货价格约为 3.0 元/千克，较2019 年有所上涨；而流通和销售环节价格增长并不显著，经销商统货价格为 5～7 元/千克（带壳），市场批发价为 13～14 元/千克，和 2019 年基本持平。

4. 流通渠道更为便捷，中间成本显著降低　一方面，近年来牡蛎保鲜、保活、急冻技术日趋成熟、各地牡蛎净化工厂逐渐增加、生鲜冷链运输条件和大型批发市场日趋完善，进一步扩大了生鲜牡蛎的流通半径，使得牡蛎流通渠道更为便捷多元，为全国牡蛎消费格局由以沿海为主向内陆与沿海协同发展转变提供动力，同时，也为牡蛎线上销售提供了基础保障。福建诏安生态牡蛎小镇的林欣食品有限公司主要从事牡蛎食品加工和生鲜牡蛎销售，目前该公司已建立了生鲜冷冻设施，可提供专业冷链物流运输配送。另一方面，近年来牡蛎生产规模化和产品流通信息化水平不断提升，创新发展出了"养殖户＋电商平台＋消费者""养殖户＋大型商超＋消费者"等新型流通模式，通过信息网络平台实现了养殖信息和市场价格信息共享，极大地减少了牡蛎流通各环节的信息不对称现象。往年山东产区销售的牡蛎多为去壳取肉，价格约为 20 元/千克；而 2020 年通过线上渠道销售的大部分牡蛎为直接带壳出售，经过冲、洗净、分拣、包装后的鲜活牡蛎，通过网络电商平台直接进入社区团购。或通过线下配送等方式直达消费者的餐桌，在保证了牡蛎的鲜活度和口感的同时，也极大地减少了中间层层叠叠的中间流通成本，目前带壳牡蛎线上销售价格在2~3元/千克。

二、存在的问题

1. 养殖密度过高，经营方式粗放　一方面，过高的养殖密度和受损的海域环境，使得牡蛎生存环境持续恶化，牡蛎抗病能力下降，不明原因死亡现象增加。2020年山东半岛三倍体牡蛎育苗和养成阶段均出现不明原因死亡现象，专家预计，乳山、青岛、胶南、日照一带牡蛎养成阶段死亡率接近50%。全国性的牡蛎品质下降，将对整个产业的发展产生深远影响。另一方面，采苗器过度投放、绳间距过小、养殖密度过大，使得牡蛎天然采苗和人工育苗均面临困难。2020年，天然采苗达标率降至历年最低，死亡率高达90%以上。山东半岛三倍体育苗成活率大幅下降，对南方牡蛎苗种的依赖程度有所反弹，部分三倍体育苗厂未能完成2019年订单。

目前，全国牡蛎主产区海域普遍存在无证、无序经营和占海盲目扩张现象。专家估计，目前拥有海域使用证、养殖许可证的牡蛎养殖户占比不足10%。在目前养殖模式较为粗放、从业者较为分散和规范法规待进一步完善落实的情况下，牡蛎养殖的区域布局和主体责任均缺乏统一的规划管理，产业粗放无序发展特点较为明显，一定程度上制约了我国牡蛎产业的高质量发展转型。

2. 种质资源保护欠缺，牡蛎种苗供不应求　种质资源保护是牡蛎养殖生产、良种培育及产业可持续发展的重要基础。牡蛎自然采苗成功率和人工育苗成活率的显著降低，给牡蛎养殖、苗种繁育和市场供给均带来较大的不确定性。一方面，牡蛎主产区养殖面积持续快速扩张，导致局部水域养殖密度严重超过环境承载能力，牡蛎苗种质量显著下降。以我国北方太平洋牡蛎为例，目前养殖所需苗种主要依靠人工育苗，由于缺乏严格的种质保存和自身繁殖，且育苗所用亲本大多来源于从未经过遗传改良的野生型群体，特别是与天然褶牡蛎、大连湾牡蛎杂交，使得太平洋牡蛎原有的特征和品质发生改变和退化，种质退化造成的出肉率低下、形态不规则、死亡率逐年增加等问题日益突出。另一方面，极端天气条件和海洋污染的增加，导致海水质量和海域生态环境持续变化，采苗器上的苗种附着率和成功率大幅降低，以山东胶州湾北部地区、广西茅尾海及北部湾内海地区最为明显。以广西钦州湾为例，其海岸线绵延数百千米，水深浪缓、浮游生物丰富，极利于牡蛎苗种的培育和生长，但近年来钦州湾海水水质相当大的一部分已经受到了污染，海洋生态系统稳定性受到影响，2020年广西产区自然采苗成活率不足10%。

3. 产业化进展缓慢，风险应对机制欠缺　当前，我国牡蛎养殖模式仍处于松散经营和粗放养殖的发展状态，产业化组织和科学管理养殖模式发展较为落后，企业管理组织化程度不高，管理体制薄弱，管理理念传统，独自抵御风险的能力不高。一方面，散户养殖极易出现盲目追求自身利益的最大化现象，由此引发"公地悲剧"，导致牡蛎养殖的品种质量下降，局部海域生态环境恶化，阻碍牡蛎养殖的产业化和可持续化发展。另一方面，单个散户养殖和经营，使得养殖户们面对自然风险和灾害天气时，不具备及时的风险抵抗能力和减损措施；在面对市场信息变化时，不具备科学的市场风险应对能力，阻碍整个产业风险应对机制的建立和完善。以山东省乳山市为例，目前全市已确权海域的牡蛎养殖单位共 67 家，养殖总面积 8 万亩，年产量约 30 万吨，产值达 18 亿元。但个体户养殖单位占比仍高达 91.11％，个体分散的粗放养殖，仍是阻碍当地牡蛎产业化发展转型的主要困难。

三、政策建议

1. 规范牡蛎养殖秩序，创新绿色养殖模式

（1）扎实做好海域本底调查、水质环境监测分析、生物资源与营养物质调查评价等基础性工作，加强牡蛎养殖环境研究，科学评估养殖海域承载能力。

（2）合理控制养殖密度和养殖规模。我国牡蛎养殖主要在内湾海域，水质交换差，饵料生物量补偿率较低，因此，应严格控制牡蛎养殖密度和养殖规模，推广实行贝藻混养，防止养殖密度过大造成饵料不足和牡蛎品质下降。规范苗种生产和跨区养殖活动，优化养殖品种结构。

（3）创新生态绿色养殖模式。鼓励养殖户采用多品种"混间轮养"模式，特别是基于生态学原理的养殖模式，加快研究和推广生态轮养、立体套养、贝藻间养、疏养等先进养殖技术，筒形塑料网笼等新型养殖网箱，自动筛选、分选、分级、计数、收获、清洗等先进设备平台，及净化处理技术设施等，促进牡蛎绿色养殖模式创新发展。

（4）政府和管理部门加快制定完善养殖水域滩涂规划和牡蛎养殖发展规划，统筹安排和合理控制养殖海区、养殖面积和养殖密度，严格划定养殖红线和限养禁养区域，切实落实养殖许可准入制度和种质资源保护制度，规范牡蛎行业养殖秩序。

2. 加强种质资源保护，提高苗种培育技术

（1）加大对牡蛎礁的修复力度，保护天然牡蛎种苗以及牡蛎滩的生态环境。以海洋生态保护为基础，规划建设滨海湿地公园、国家海洋公园等，通过采取特别管理措施，保护海洋资源可持续为海洋经济发展服务。探索将种质资源保护区与"互联网＋""旅游＋""文化＋"等发展模式相结合的新型发展路径。

（2）提高牡蛎苗种培育技术，强化牡蛎遗传多样性分析，加强本地牡蛎和引进牡蛎的遗传多样性分析，查清地理种群间的遗传多样性及其结构分化。应用传统定向选育和杂交育种等方法，结合分子标记辅助选育技术，进行牡蛎遗传改良、培育名优新品种，推动我国牡蛎养殖品种的良种化，以实现增产、增效、增收的目的，加快我国牡蛎产业高质量发展转型。

（3）加快建立原种种质库和原种场，定期从日本等原产地引进纯种牡蛎进行育苗和养殖，防止原种种质污染，加强育苗中的选种工作，选择比较肥的海区中生长快、死亡率低、壳形规则、个体大的牡蛎作为亲贝。

3. 完善产业规划布局，加快区域品牌建设　当前，我国牡蛎品牌建设仍处于初级阶段，应大力推动牡蛎养殖生产经营主体申请"三品一标"，同时加强品牌保护，提高品牌产品质量，制定和执行统一的地标品牌、质量标准和包装规格等。尤其随着我国生鲜牡蛎线上网络平台销售活力进一步激发，牡蛎线上销售数量将不断增加，要切实发挥信息网络技术对牡蛎品牌建设的推动作用，做好牡蛎产品质量安全溯源，规范网络销售秩序。

（李坚明）

鲍专题报告

一、主产区分布及总体情况

我国鲍养殖主要在福建、山东、辽宁、浙江、广东和海南6个省。从养殖种类看，皱纹盘鲍是目前我国养殖主导品种，除海南、广东和台湾少量养殖杂色鲍外，主产区养殖皱纹盘鲍杂交种，部分养殖绿盘鲍、西盘鲍等新品种，约占鲍养殖总量12%。2019年，全国鲍产量18.03万吨，同比增长10.5%，产值接近200亿元。其中，福建14.39万吨，占全国总产量的79.8%（图3-59）。全国养殖面积14 691公顷，其中，山东省6 331公顷，福建省6 191公顷（图3-60）。主产区分布于福建省福州、漳州、平潭，山东省荣成，辽宁省大连。

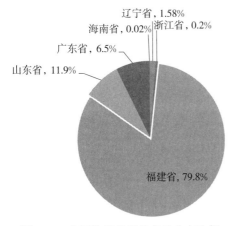

图3-59 全国鲍养殖省份产量分布比例

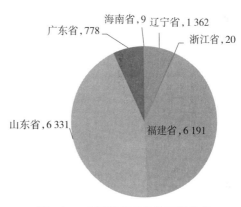

图3-60 全国鲍养殖省份面积分布
（单位：公顷）

全国鲍养殖主要分布在福建、山东2个省，鲍渔情采集点共设7个采集点。其中，福建6个、山东1个，其采集信息基本能够代表全国鲍养殖总体情况。根据渔情采集的信息及秋季生产调研分析2020年鲍养殖情况，2020年鲍存塘量增多，由于销售市场疲软，成品鲍供大于求，鲍养殖亏损面扩大。但采取"南北接力"养殖模式的鲍养殖企业，由于下半年北方养殖形势较好，"南北接力"的大部分养殖企业略有盈利。鲍养殖成本以饲料费、苗种费、人工成本为主，占总成本的70%以上。2020年，鲍受有害赤潮影响较少，但在春夏与夏秋季节转换期间，鲍病害较2019年偏重。

二、养殖生产形势分析

1. 鲍苗出售受阻，秋季育苗延后 2020年春季遭遇新冠肺炎疫情，上半年鲍成品价格低迷，苗价跟随下挫，养殖投资处于观望和纠结期，买苗热情消退，苗种销售迟缓，不得不留池度夏。由于市场行情疲惫，尾苗淘汰多，导致存池苗量偏少。培育至秋季，随着鲍成品价格提升，苗价也上涨，规格2.8厘米以上价格普遍在0.95元/粒左右，同比增长

20％左右。虽然苗价好，但秋后受持续刮大风影响，移海养殖受阻，苗种存塘未能及时出售，许多育苗池被占用，导致部分育苗场采苗延后。

2. 苗种和成品价均跌，效益缩水明显　根据渔情采集点数据统计，2020 年 1—12 月 7 个鲍采集点成品鲍出塘量 190.8 吨，同比减少 3.1％；销售收入 1 414.9 万元，同比减少 28.9％。2020 年上半年成品数量充足，疫情期间水产品销售难，特别是鲍首当其冲，销售前景黯淡，生产面临诸多困难。鲍成品价格持续低迷，养殖户下苗热情减退，许多鲍育苗场春季鲍苗销售受阻，苗价大幅下滑，导致尾苗淘汰率增大，苗种数量降幅明显，致使成品鲍价格维持在 56～94 元/千克，同比下降 24％（表 3-37，图 3-61）。在疫情缓解时，成品急着抛售，价格一路走低，统鲍价格跌到 56 元/千克低位，收入严重缩水，甚至亏本。在低价诱惑和多渠道促销下，成品销售呈现火热情况，原本积压的产品迅速脱销，存塘量急速下降，到秋季鲍成品数量变少转为惜售，价格上扬快。但国庆节后，成鲍价格又出现下跌，统鲍（26～30 粒/千克）全年平均出塘价格 83 元/千克，同比减少 24％。

表 3-37　2018—2020 年鲍价格走势

单位：元/千克

年份	1 月	2 月	3 月	4 月	5 月	6 月	7 月	8 月	9 月	10 月	11 月	12 月	均价
2018	129	142	112	110	116	161	169	157	130	158	159	153	141
2019	102	108	114	116	94	102	104	86	106	103	92	106	103
2020	105	92	85	59	56	70	73	74	90	106	92	94	83

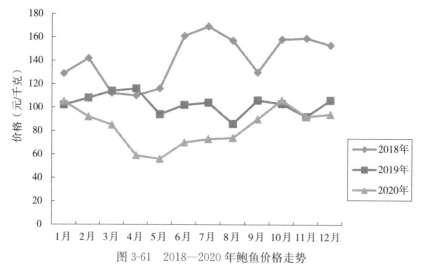

图 3-61　2018—2020 年鲍鱼价格走势

3. 养殖成本增加，饲料费增幅高　根据采集点分析和实地调研，鲍养殖投入略有上升，主要是饲料费、苗种费、人员工资等投入有所增加。鲍养殖前期苗种成本所占比例较高，2020 年投苗量偏少，饲料用量加大，饲料费占比 41％，人员工资占比 16％，养殖成本相应提高，水域租金、基础设施与 2019 年基本持平（图 3-62）。

4. 养殖效益下滑，盈利空间收窄　南方鲍养殖基本是个体养殖户模式，受鲍生产过程病虫害、台风灾害等影响较大，养殖收入不稳定，养殖成本投入产出收益率差异较大。

受新冠肺炎疫情影响，2020 年上半年成鲍滞销，春夏和秋冬季节转换期，鲍死亡率偏高。由于大部分生产单位的成品出售量增加较多，但收益不成比例，盈利空间严重缩水，少部分还存在亏本情况。

根据实地调研，养殖户反映 2020 年上半年成鲍滞销较为严重，生产处于低谷，养殖效益收窄，下半年生产形势有所好转。

5. "南北接力"养殖，模式优势复苏　南北接力轮养充分利用水温差特点，养殖优势凸显。由于 2020 年 4—5 月鲍价格偏低，搬迁到北方的鲍数量多，到秋季成品价格上涨，利润空间大，大部分效益好。2019 年几乎亏本，2020 年不再重蹈覆辙，南北接力养殖的效益显现。

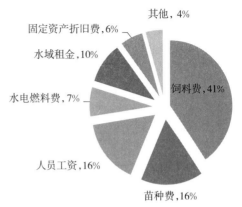

图 3-62　养殖成本占比

三、2021 年生产形势预测

1. 成鲍存塘量略增　2020 年存塘量创新高，受新冠肺炎疫情影响，鲍销路受阻，大量成品鲍积压在养殖环节，造成产能过剩，价格下跌明显。受疫情及成品鲍价格影响，养殖户 2020 年上半年投苗数量较与 2019 年同期相比呈减少趋势，随着疫情得到控制，社会经济复苏；养殖户下半年投苗量逐渐增多，全年鲍苗种投放数量与 2019 年相比基本持平。鲍是跨年生产品种，预计 2021 年成品鲍产量将维持稳中有升的趋势。

2. 成鲍出塘价复苏　2020 年成鲍因产量增加，出塘价创近年新低，下半年 9 月开始出现出塘价止跌反弹。预计 2021 年，鲍出塘价将保持复苏趋势。

3. 鲍苗繁育重质量　受疫情影响，2020 年鲍苗种培育场大多不能盈利，甚至 30% 以上的鲍苗场因鲍苗滞销而亏损。近年鲍苗良种选育方兴未艾，鲍养殖业者重视鲍苗质量，预测后疫情时代鲍苗培育厂家也将重视良种培育，不再追求数量，转向追求鲍苗培育质量。

四、发展建议

1. 探索电商销售新模式　受疫情影响，鲍成品价格一直处于低价状态，传统销售渠道受阻，销路不畅。应着力开拓鲍精深加工产品，拓展线上销售渠道，借助"直播＋电商"模式，对接各方媒体资源，提升鲍销量。

2. 亟须解决鲍饵料供应保障　作为海区鲍养殖主要饵料种类的龙须菜，每年下半年受产量锐减等因素影响，龙须菜的售价高涨，导致养殖户的养殖成本增加。建议有关科研部门针对龙须菜等鲍适口海藻开展研究，为鲍养殖饵料的稳定供应提供保障。

3. 切实推进养殖许可制度　鼓励开展环保型渔排改造和离岸深远海养殖，通过养殖证发放实现合规经营，通过养殖设施改进提升养殖海区的环境，从而推动三产融合，甚至生态旅游的发展，也将降低渔民的养殖风险。

4. 鲍产品形式过于单一 传统意义上的加工局限于冻鲍、罐头鲍等形式。我国食用鲍有悠久的历史，鲍壳还是著名的中药材——石决明，在梁朝陶弘景《名医别录》、明朝李时珍《本草纲目》均有记载其药用功效。应大力宣传与推广鲍文化，拓宽消费群体，拓展市场，进一步挖掘与宣传鲍文化。

5. 推进鲍种业建设步伐 建立皱纹盘鲍原良种场，开展鲍种质资源库的建设，对皱纹盘鲍原种进行保存选育。针对现有皱纹盘鲍种质退化问题，引进皱纹盘鲍原良种进行种质更新。同时，针对适合南方养殖的绿盘鲍等优良品种开展推广工作。

（林位琅）

扇贝专题报告

一、全国扇贝生产概况

我国扇贝养殖主要分布在山东、辽宁、河北、广东、福建、广西、浙江、海南 8 省（自治区）。养殖主导品种为海湾扇贝、虾夷扇贝、栉孔扇贝、华贵栉孔扇贝 4 种。养殖模式主要是筏式、吊笼、底播 3 种。主产省份扇贝产量、养殖面积占比见图 3-63、图 3-64。

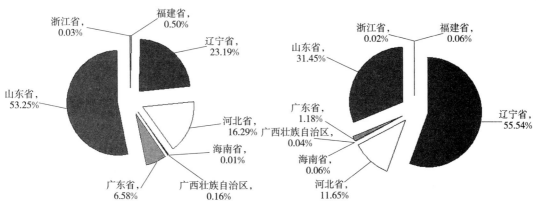

图 3-63　扇贝主产省份产量分布
（据 2020 年中国渔业统计年鉴）

图 3-64　扇贝主产省份面积分布
（据 2020 年中国渔业统计年鉴）

2020 年，全国扇贝渔情采集点保持稳定。采集面积 43.39 万亩，同比减少 1.59%，约占全国扇贝总面积的 6.98%。采集点、采集品种见表 3-38、表 3-39。

表 3-38　2020 年全国扇贝采集点的面积、数量

类别	辽宁省	山东省	河北省	广东省	小计
面积（公顷）	26 798.7	280	1 533.3	313.3	28 925.3
占采集总面积的百分比（%）	92.65	0.97	5.30	1.08	100.00
采集点数（个）	3	4	3	3	13

表 3-39　2020 年全国扇贝采集品种养殖面积

类别	海湾扇贝	虾夷扇贝	栉孔扇贝	合计
面积（公顷）	2 046.7	26 832	46.6	28 925.3
养殖模式	筏式、吊笼	吊笼、底播	筏式	

二、养殖生产形势分析

1. 全国扇贝养殖面积、产量持续下调　受国家限养禁养政策影响，全国扇贝养殖面积五连降，产量也一直下行。全国扇贝养殖面积、产量对比见图 3-65、图 3-66。

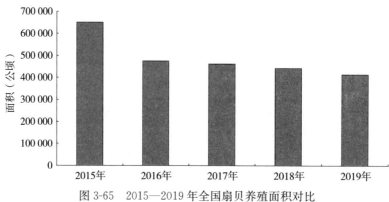

图 3-65　2015—2019 年全国扇贝养殖面积对比

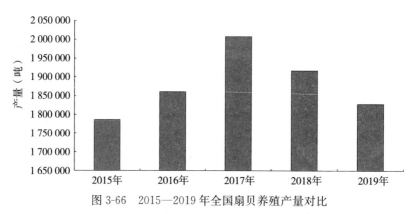

图 3-66　2015—2019 年全国扇贝养殖产量对比

据渔情监测，2020 年全国扇贝采集点总面积下降 1.59％。主要因辽宁省采集面积下降（同比减少 1.71％）（表 3-40）；山东、河北、广东省扇贝采集面积持平。据调研，河北省海湾扇贝养殖规模稳定，产量持平；辽宁省扇贝养殖面积下降（獐子岛虾夷扇贝面积缩减），产量下降；广东省扇贝养殖面积减少 1.44％，产量约增 1.5％；山东省扇贝养殖总面积稳定，品种结构调整加快，海湾扇贝养殖减少，牡蛎和栉孔扇贝增加，总产量略有下调。

表 3-40　2019 年扇贝采集点面积、数量

类别	辽宁省	山东省	河北省	广东省	小计
面积（公顷）	27 266.7	280	1 533.3	313.3	29 393.3
占采集总面积的百分比（％）	92.76	0.95	5.22	1.07	100
采集点数（个）	3	4	3	3	13

2. 扇贝育苗量平稳，投苗生产减少　据调查，贝苗主产省山东育苗量充足，全国扇贝育苗总量稳定。据监测，采集点投苗量 167 817 万粒，同比减少 20.91％。多省采集点投苗量减少，河北省、辽宁省、山东省投苗量分别减少 6.5％、24.79％、53.28％；仅广东省投苗增加 10.26％。

3. 扇贝苗价因地域或品种而有差异　2020 年，河北省因本地苗量少，许多养殖户从

山东省进苗，运输等成本叠加，苗价上涨，海湾扇贝苗价前期 3～4 厘/粒，后期涨到 4～6 厘/粒，平均上涨 10％以上；山东省因育苗成功，出苗量大，受品种结构调整的影响，海湾扇贝苗需求量减少，后期苗价下跌，海湾扇贝苗价前期 3～4 厘/粒，后期跌到 1～2 厘/粒。受新冠肺炎疫情影响，国外商户进口虾夷扇贝苗种受阻，导致需求减少，供大于求，虾夷扇贝苗价（3 厘/粒）下降 14.3％～25％；辽宁省筏式虾夷扇贝苗价（0.5 厘米苗）4 厘/粒，同比上涨 33.33％，底播养殖贝苗（3.5 厘米）价 7.5 厘/粒，同比上涨 38.89％，受价格上涨影响，投苗量减少；广东省海湾扇贝苗价 3.25 厘/粒左右，同比上涨 8.33％，华贵栉孔扇贝苗价 7.33 厘/粒左右，同比上涨 9.9％。广东省扇贝苗需求量增加，价格略上扬。

4. 采集点扇贝出塘量减少　据监测，采集点扇贝出塘量 17 454.81 吨，销售收入 16 212.74 万元，同比减少 3.79％、33.39％。主要是：辽宁省出塘虾夷扇贝 6 173.15 吨，销售收入 12 291.97 万元，同比减少 11.13％、40.45％；山东省出塘扇贝 813.63 吨，销售收入 387.84 万元，同比减少 46.58％、26.53％，品种是海湾扇贝、虾夷扇贝、栉孔扇贝；广东省出塘海湾扇贝 136.78 吨，销售收入 62.69 万元，同比减少 85.6％、85.5％；河北省出塘海湾扇贝 10 331.25 吨，销售收入 3 470.25 万元，同比增加 18.41％、26.7％。

5. 扇贝市场供需平衡，因地域、品种而情况各异　2020 年，采集点扇贝均价 9.29 元/千克，下跌 30.77％。主要因辽宁省虾夷扇贝价大幅下降（降 33.01％）；广东省海湾扇贝均价涨 0.66％；山东省扇贝均价涨 37.46％；河北省海湾扇贝价涨 7.01％。扇贝出塘价走势见图 3-67 至图 3-69。

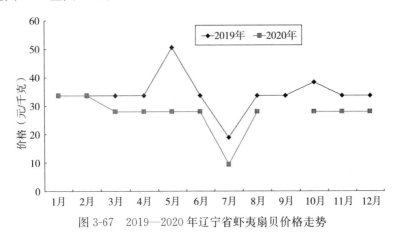

图 3-67　2019—2020 年辽宁省虾夷扇贝价格走势

由图 3-67 至图 3-69 可看出，受新冠肺炎疫情影响，市场需求减弱，辽宁省虾夷扇贝价格一路下行；因出塘量减少，受需求影响，山东省扇贝价格上涨。其中，海湾扇贝、虾夷扇贝、栉孔扇贝价格同比上涨 46.6％、6.97％、30.3％；广东省海湾扇贝均价持平。

6. 生产成本增加，人工费、租金上涨　扇贝养殖主要成本是租金、苗种费、人工费、燃料费等。据监测，2020 年，全国扇贝采集点生产投入增加 25.03％，主要是租金增加 82.02％。各项投入见图 3-70。

采集点租金涨幅大，因辽宁獐子岛租金增加所致。按省份，辽宁省采集点生产投入增

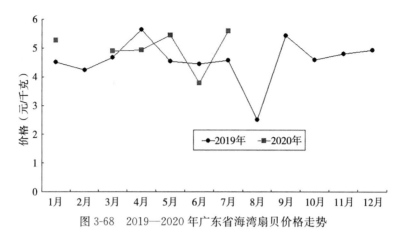

图 3-68 2019—2020 年广东省海湾扇贝价格走势

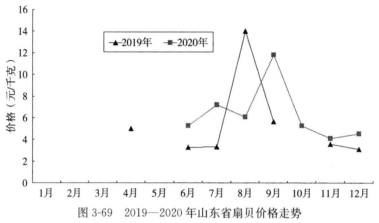

图 3-69 2019—2020 年山东省扇贝价格走势

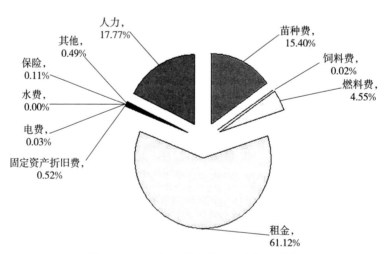

图 3-70 2020 年扇贝采集点生产投入分布

加 33.21%。河北、山东省扇贝采集点生产投入分别减少 16.6%、15.76%，主要因投苗量减少，苗种费下降；广东省扇贝采集点生产投入减少 31.61%，主要是人力投入减少。生产投入对比见图 3-71。

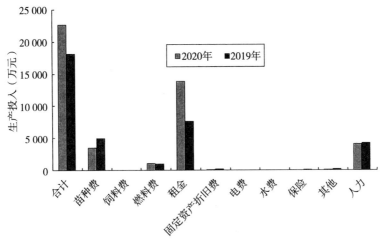

图 3-71 2019—2020 年扇贝采集点投入对比

7. 扇贝成本收益或因地域、品种而不同 2020 年,扇贝养成收益较平稳,多数品种利润较稳定,养殖户多数能挣钱。

辽宁省虾夷扇贝价格偏低,收益普遍下滑。如表 3-41(筏式),2020 年利润率52.4%,较 2019 年收益下降(2019 年利润率 120%)。

表 3-41 2020 年辽宁省长海权发水产有限公司成本收益分析

养殖品种	养殖面积(亩)	亩放苗数量(万粒)	苗种费(万元)	水域租金(万元)	工人工资(万元)	燃料费(万元)
虾夷扇贝	1 000	30	125	19	330	15
固定资产投入(万元)	水电费(万元)	其他费(万元)	亩产(毛重)(千克)	成本(元/千克)	单价(元/千克)	利润率(%)
	2.5		1 500	3.28	5	52.40

山东省栉孔扇贝利润为 50%~80%,高的可达到 90%以上;海湾扇贝利润下滑,为30%~40%(表 3-42);虾夷扇贝利润 45%以上。

表 3-42 2020 年山东省莱州市吉成水产有限公司成本收益分析

养殖品种	养殖面积(亩)	亩放苗数量(万粒)	苗种费(万元)	水域租金(万元)	工人工资(万元)	燃料费(万元)
海湾扇贝	1 650	2.42	13	3.3	120	9
固定资产投入(万元)	水电费(万元)	其他费(万元)	亩产(毛重)(千克)	成本(元/千克)	单价(元/千克)	利润率(%)
50	3	8	650	2.32	3.14	35.30

河北省海湾扇贝收益好于 2019 年。好的利润率为 70%~80%,一般为 50%左右,较差的为 30%~40%。因气候适宜,扇贝长势好,深海区养殖形势好于 2019 年;浅海区饵料生物不足,规格小,利润较差(表 3-43)。

表 3-43　2020 年河北省乐亭杨基珍养殖场成本收益分析

养殖品种	养殖面积（亩）	亩放苗数量（万粒）	苗种费（万元）	水域租金（万元）	工人工资（万元）	燃料费（万元）
海湾扇贝	5 000	1	30	14	225.59	18.26
固定资产投入（万元）	水电费（万元）	其他费（万元）	亩产（毛重）（千克）	成本（元/千克）	单价（元/千克）	利润率（%）
59.44	1.08	11.16	356.3	2.13	3.64	70.90

广东省 2019 年因高温海湾扇贝大量死亡，利润率普遍下降，为 20%～35%。2020 年，市场需求增大，利润多为 30%～46%；华贵栉孔扇贝利润为 40% 以上（表 3-44）。

表 3-44　2020 年广东省符军养殖场成本收益分析

养殖品种	养殖面积（亩）	亩放苗数量（万粒）	苗种费（万元）	水域租金（万元）	工人工资（万元）	燃料费（万元）
海湾扇贝	1 500	8.33	8.13	0	30	3
固定资产投入（万元）	水电费（万元）	其他费（万元）	亩产（毛重）（千克）	成本（元/千克）	单价（元/千克）	利润率（%）
10	0	2.5	225	3	4.4	46.70

8. 扇贝出口受到一定影响　2020 年，全国扇贝出口规模下调。一是因出口受限（如美国、日本、韩国等多是疫情重灾区），海外订单减少。二是加工出口原料不足，如辽宁省虾夷扇贝市场供给下降，影响出口总量；山东省虾夷扇贝仅供国内一线城市，海湾扇贝已无出口。三是受疫情影响，一些企业转内销业务增多，电商增多。多种因素使扇贝出口规模缩减。

三、主要问题、建议

一是养殖面积过大，海区饵料生物缺乏。饵料生物不足，扇贝规格偏小，出柱率低，效益下降。如河北省浅海区水质偏瘦，出柱率低（1 笼出柱 1.25 千克），养殖户仅保本不赚钱；深海区饵料生物较多，扇贝规格较好（1 笼出柱 1.5～1.75 千克），才能有收获。二是扇贝苗种质量参差不齐。良种覆盖率还需提高，还需要大力推广优良品种的开发。三是人工成本过高。人工成本持续上涨。后期仍靠手工拔柱，人员需求量高，人工成本激增，如海湾扇贝人工费占总投入的 50% 以上。四是养殖品种单一，难以化解市场风险。养殖方式简单，品种少，亟须转型升级。

建议：大力提倡降低养殖密度，推进海域轮养制；相关部门应科学规划养殖海区，引导科学合理生产；加大良种选育力度，提高扇贝苗种品质；科研部门应积极推进扇贝加工机械化的开发研究，解决人工成本过高的局面；开展研究海上立体养殖，通过增加其他品种，使行业转型升级，提高效益。

四、2021 年生产形势预测

2020 年，新冠肺炎疫情发生，对扇贝国际市场造成一定冲击，出口受到一定限制，国内市场需求略有收缩，有些品种价格下滑，但国内市场主体稳定。

2021年，随着疫情防控形势好转，国际市场将恢复，国内市场持续稳定，扇贝养殖将保持稳定发展态势，养殖格局、结构调整加快，转型生产模式将增多。

（张　黎　孙绍永）

蛤专题报告

一、养殖总体形势

2020 年，新冠肺炎疫情、台风及洪涝灾害等情况的发生给蛤养殖产业带来叠加冲击，蛤养殖生产总体规模略降，出塘量和销售收入同比下降，平均出塘价格同比上涨。蛤养殖生产投入同比下降。蛤苗种价格同比上涨。蛤养殖成本同比增加。蛤养殖利润同比下降。蛤养殖产量损失及经济损失同比增加。

二、主产区分布及采集点总体情况

我国蛤养殖主产区主要为辽宁、山东、江苏和福建省。在河北、浙江、广东、广西等省（自治区）临海沿岸也有分布（图 3-72）。

全国蛤养殖渔情信息采集县 19 个，采集点 26 个，采集点蛤养殖面积 8 570.78 公顷，同比下降 22%。辽宁省 5 个蛤养殖采集县（大连金普新区、庄河市、普兰店区、东港市、锦州滨海新区），5 个采集点养殖面积 1 133 公顷；江苏省 3 个蛤养殖采集县（赣榆区、海安县、启东市），3 个采集点养殖面积 224.66 公顷；浙江省 2 个蛤养殖采集县（三门县、乐清市），2 个采集点养殖面积 50 公顷；福建省 2 个蛤采集县（福清市、云霄县），2 个采集点养殖面积 82 公顷；山东省 5 个蛤养殖采集县（海阳市、河口区、即墨区、胶

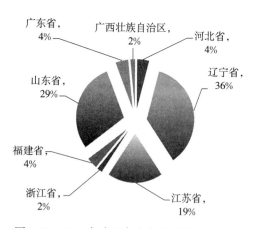

图 3-72　2020 年全国各省份蛤养殖面积占比

州市、无棣县），5 个采集点养殖面积 7 039.99 公顷；广西壮族自治区 2 个蛤养殖采集县（合浦县、钦州市），2 个采集点养殖面积 41.13 公顷（图 3-73）。

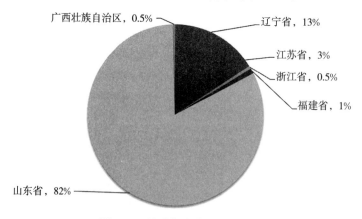

图 3-73　蛤采集点养殖面积占比

三、生产形势特点及原因分析

1. 出塘量同比下降　根据 2020 年 1—12 月全国养殖渔情监测系统数据统计，采集点蛤出塘量 28 596.74 吨，同比下降 77.34%；销售收入 19 154.54 万元，同比下降 77.17%。蛤养殖出塘量、销售收入下降主要原因：一是采集点蛤养殖面积基数较 2019 年下降 22%；二是受新冠肺炎疫情、劳动力用工不足、物流运输受限、销售市场需求委靡等因素影响；三是生产季节遭遇台风及洪涝等自然灾害，造成总体蛤产量下降；四是由于新冠肺炎疫情在世界范围内多点暴发，蛤出口贸易衰退风险明显升高，订单数量同比下降，出口大幅下滑。

辽宁省养殖渔情信息采集点出塘量 8 243 吨，同比下降 65.8%；销售收入 3 908.84 万元，同比下降 72.77%。山东省养殖渔情信息采集点出塘量 18 152.88 吨，同比下降 81.74%；销售收入 12 610.85 万元，同比下降 80.94%。福建省养殖渔情信息采集点出塘量 1 731 吨，同比下降 16.98%；销售收入 1 710.45 万元，同比下降 18.92%。江苏省采集点出塘量 242.96 吨，同比下降 35.61%；销售收入 438.09 万元，同比下降 32.04%。浙江省采集点出塘量 218.6 吨，同比增加 0.48%；销售收入 473.4 万元，同比下降 24.03%。广西壮族自治区采集点出塘量 8.3 吨，同比下降 15.31%；销售收入 12.92 万元，同比下降 58.85%。

2. 出塘价格同比增加　采集点平均出塘价格 6.7 元/千克，同比上涨 0.9%。2020 年，总体平均出塘价格呈 U 形走势。新冠肺炎疫情初期，蛤平均出塘价格逐渐跌落，12 月价格缓慢回升（图 3-74）。

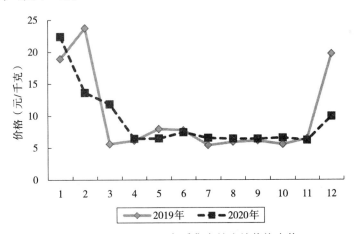

图 3-74　2019—2020 年采集点蛤出塘价格走势

2020 年，受新冠肺炎疫情影响，鲜活蛤市场需求下降。辽宁地区养殖菲律宾蛤仔平均出塘价格，较 2019 年同期大幅下降。辽宁丹东市规格为 140 粒/千克的菲律宾蛤仔，出塘价格为 4 600 元/吨左右，同比下降约 20%。在"中秋节""国庆节"等节日消费经济回暖，蛤餐饮市场消费需求逐步复苏。文蛤、虹光亮樱蛤、四角蛤蜊平均出塘价格同比上涨。

辽宁省四角蛤蜊采集点平均出塘价格约 9 元/千克，同比增加 12.5%；江苏省文蛤采集点平均出塘价格约 23 元/千克，同比增加 5％；浙江省文蛤采集点平均出塘价格约 20 元/千克，同比上涨 5.3％，虹光亮樱蛤采集点平均出塘价格约 96 元/千克，同比上涨 1.05％；广西壮族自治区文蛤采集点平均出塘价格约 24 元/千克，同比上涨 4.3％。

文蛤、虹光亮樱蛤、四角蛤蜊价格上升主要原因：一是随着人们生活水平逐渐提高，消费市场对高品质和多样化蛤产品的需求量增大，养殖产量不能满足加工企业和市场需求；二是养殖生产成本上涨，出塘价格缓慢回升；三是夏季台风及洪涝灾害，造成蛤养殖总体产量下降。

2020 年，菲律宾蛤仔平均出塘价格由北向南呈现逐渐递增态势。辽宁省养殖菲律宾蛤仔平均出塘价格 4.6 元/千克，山东省养殖菲律宾蛤仔平均出塘价格 8.38 元/千克，福建省养殖菲律宾蛤仔平均出塘价格 10.3 元/千克（图 3-75）。

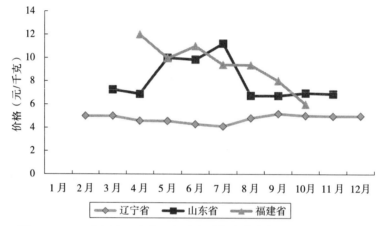

图 3-75　2020 年辽宁、山东、福建省采集点菲律宾蛤仔出塘价格走势

3. 蛤苗种价格同比上涨　菲律宾蛤仔苗种主要来源于福建省等地区。辽宁省投放菲律宾蛤仔苗的采购成本价格出现上涨，1 万～1.2 万粒/千克的菲律宾蛤仔苗价格平均为 0.002 元/粒（约 24 元/千克），同比上涨约 80％；福建省菲律宾蛤仔苗种规格 500 万粒/千克，售价约 840 元/千克，同比上涨 9％；江苏省文蛤苗种价格上涨，1 万粒/千克的文蛤苗种价格约 26 元/千克，同比上涨 85％。蛤苗种价格上涨的主要原因是，蛤亲本价格及繁育成本上涨。

4. 蛤市场供需情况　2020 年受新冠肺炎疫情影响，蛤总体销售出现下滑趋势，秋季养殖生产情况基本平稳。随着中国经济的发展和消费升级驱动，在加工流通市场不断发展情况下，人们对味道鲜美和营养丰富的蛤需求将快速增加，产业增长潜力较大。蛤全产业链逐步从追求规模化发展向高质量发展转变，产品将从满足物质体验向满足更高层次的精神文化享受转变，市场需求将呈现持续提升态势。

5. 蛤养殖生产投入下降　采集点蛤养殖生产投入 10 011.33 万元，同比下降 30.81％。主要是苗种费、燃料费、固定资产投入、水电服务费、人力投入较 2019 年同期下降。在 2020 年新冠疫情防控期间，蛤养殖人力投入受到劳动力市场流动等客观因素限制出现下降。蛤苗种投放 5 026.39 万元，同比下降 10.38％；燃料费 1 709.82 万元，同比下降 65.8％；饲料费 574 万元，同比下降 3.54％；固定资产投入 94.45 万元，同比下降 22.48%；水电服务费 62.27 万元，同比下降 61.3%；人力投入 1 420.55 万元，同比下降 30.7%；塘租费 864.1 万元、其他投入 259.75 元，同比分别增加 9.63%、80.58%（图 3-76）。

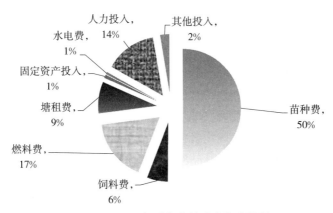

图 3-76　2020 年采集点蛤成本构成情况

四、养殖成本收益情况

由于受到新冠肺炎疫情影响，采集点出塘量和生产投入同比大幅下降。2020 年夏季台风和洪涝灾害，对我国南方蛤养殖产业造成影响，江苏、浙江、广西等省（自治区）蛤养殖经济损失增加。全国养殖渔情信息采集点蛤养殖利润较 2019 年同期大幅下降（表 3-45）。

表 3-45　2019—2020 年 1—12 月蛤采集点成本收益

年份	放养面积（公顷）	总产量（吨）	总产值（万元）	平均价格（元/千克）	苗种费（万元）	其他成本（万元）	养殖利润（万元）
2019	10 992.45	115 477	73 377	6.70	5 494.30	6 241.37	61 641.33
2020	8 570.78	15 381	10 665.44	6.93	4 903.30	4 090.75	1 671.39

五、养殖业目前存在问题

1. 蛤仔苗种质量不高，成活率明显下降　大多数蛤仔育苗场的新品种和良种选育工作滞后，繁育规范化标准科技含量不高，进行养殖生产应用的苗种生长速度和抗病能力下降。我国北方进行养殖的菲律宾蛤仔苗种选购多数是从我国南方选购，南方菲律宾蛤仔苗在北方养殖生长受到水温偏低的制约性影响，导致生长速度和养殖成活率明显下降。

2. 生产方式较为粗放，应对风险能力较弱　蛤养殖生产方式较原始粗放，天气的变化直接影响生产。从业人员多数年龄大，文化程度低。养殖以家庭以散户经营为主，需要大量雇佣外地劳动力，人员流动性大，基础设施设备不完善，信息化水平较低。由于产业化经营程度低，抵御自然风险的能力较弱。粗放的生产方式，导致新品种的科学养殖技术试验示范和应用推广受到一定限制。

3. 选育良种应用较少，高产抗逆覆盖率低　蛤原产地土著良种资源数量呈下降趋势，经过选育后的高产抗逆良种进行养殖生产的覆盖率不高。蛤品种的品质良莠不齐，导致生产不稳定，生产效率低，严重时甚至给相关蛤养殖业户带来了严重的经济损失。亟须通过系统推进蛤养殖基础设施建设、技术研发、应用研究和试验示范的衔接贯通，优化养殖品种结构，提高养殖品种多样性。

六、养殖业发展建议

1. 科学制定发展规划，加快蛤良种体系建设　根据蛤产业发展的系统性和整体性，结合养殖业发展状况，通过科学规划、合理布局和系统实施，推动养殖业协调发展。通过推进良种产业体系集约性规模化发展，增强产业可持续发展能力。通过加快开展遗传育种和品种改良技术研究，推进苗种本地化繁育技术发展，培育出适合本地区养殖的耐高温或寒冷以及生长速度快的蛤新品种，提升品质，增高养殖经济效益。

2. 加快科技创新驱动，强化科技引领作用　加快蛤产业核心关键技术研发，强化科技创新驱动和科技引领作用。养殖技术创新是蛤产业化发展根本，市场需求和竞争是产业技术创新主要动力。根据市场动态变化，构建面向市场的技术创新机制，促进现代蛤产业科技创新整体发力，充分发挥推进现代产业发展进程科学技术支撑作用，加快蛤产业工艺设备升级，提高产品科技含量。通过开展技术创新，积极融入新发展格局，提升产业链供应链现代化水平。

3. 夯实产业化基础，提高产业组织化程度　龙头企业、养殖大户、专业合作组织是产业化基础和产业组织形式。夯实养殖产业基础，提高产业组织化程度，是推进传统养殖模式向新型高效养殖模式转变进程的关键环节。需要大力培育龙头企业、养殖大户及合作组织等新型经营主体，提高养殖流通组织化整体水平，加强对流通基础设施和信息化设备建设，建立设施完善的大型专业化生产加工与营销场地，推动产业流通渠道模式创新，形成大生产大流通格局，逐步形成产业现代化、规模化和组织化的新型养殖生产与经营体系。

七、2021 年生产形势预测

根据 2020 年蛤养殖生产调研情况分析，预计 2021 年，蛤养殖生产受新冠肺炎疫情影响将逐步降低，蛤养殖面积相对稳定，蛤养殖生产投入较 2020 年增加。蛤销售市场逐渐回暖，蛤养殖产量及出塘价格缓慢回升。

（吴杨镝）

海带专题报告

一、养殖总体形势

北方养殖主要品种为大阪、奔牛、烟杂、德林 1、德林 2、新奔牛、407、爱伦湾、杂交、海天三号、208、205、海科 1、海科 2、中科 1、中科 2、东方 2 号、东方 6 号等，海带长势与前几年相当，低于 2010 年前的水平；南方养殖主要品种为"连杂一号"、"黄官一号"等具有耐高温的品种。

1. 苗种投放

（1）苗种产量略有下降　以福建地区为例，在对调查的福建省秀屿区福泰海带养殖专业合作社、秀屿区英凤水产养殖有限公司、秀屿区正和海育苗场、莆田市秀屿区双信海带种苗场 4 个苗种生产单位的调研中，规格在 2.5～3.0 厘米的海带苗产量分别为 28 000 片、35 000 片、14 000 片、24 000 片，同比分别下降 5％、10％、6％和 2％。

（2）投苗量增加　海带苗种投放费用增加 39.61％。山东、福建分别增加 40.12％和 30.58％。

（3）苗种价格大幅下降　苗种价格在 150～240 元/片，同比下降 11％～38％。高品质苗种价格下降幅度较小。

2. 海带价格　从采集点数据看，海带出塘量 5.99 万吨，出塘收入 7 511.11 万元。2020 年，海带产量及养殖面积相对稳定。受雇工不足、劳动力价格上涨等因素影响，部分企业只能出售部分鲜嫩海带，山东地区价格为 600～800 元/吨，远低于大连地区 900～1 200 元/吨的价格。受市场因素等影响，出口菜价格上涨幅度较大，一、二、三级价格分别为 2.7 万元/吨、2.4 万元/吨、2.0 万元/吨，平均每吨价格高于 2019 年的 2 000 元。福建地区海带主产区为连江、霞浦和莆田，连江平均出塘价格为 0.56 元/千克，莆田平均出塘价格为 2.7 元/千克，霞浦平均出塘价格为 0.6 元/千克（图 3-77）。

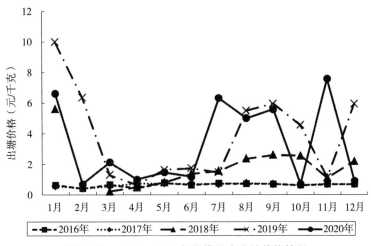

图 3-77　2016—2020 年海带月度出塘价格情况

3. 生产成本　采集点生产投入共 2 442.53 万元，主要包括物质投入、服务支出和人力投入三大类，分别为 284.44 万元、86.84 万元和 2 071.25 万元，分别占比为 11.65%、3.56% 和 84.80%。在物质投入大类中，苗种费、燃料费、塘租费、固定资产折旧费分别占比 2.29%、4.54%、1.29%、2.00%；服务支出大类中，电费、水费、保险费及其他费用分别占比 1.68%、0.20%、1.03% 和 0.60%。各生产成本比例如图 3-78。

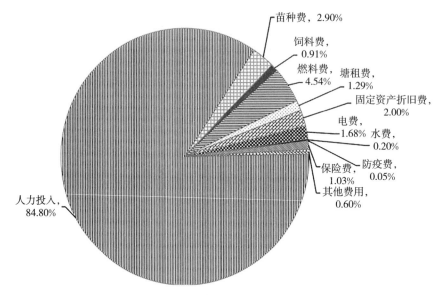

图 3-78　海带生产投入要素比例

二、2021 年生产形势预测

海带形势较为乐观。2020 年秋海带苗种质量很好，夹苗工作进展顺利。如不出现异常天气，2021 年海带产出量将会再创新高。同时，生产配套设施（如盐渍海带冷风库）的不断完善，将会有助于海带价格的提升。此外，主产区荣成市将对桑沟湾沿岸进行整治，统一向外清理养殖区，海带养殖面积将有所减少，鲜海带和盐渍海带的市场销售形势比较乐观。

目前，海带养殖企业开拓思路，创新养殖模式，不断降低或分摊养殖成本，或通过提升加工能力，提高海带附加值，力争实现海带养殖节本增效。如山东省海带养殖以规模性企业为主，大多养殖海带企业自我加工能力不断提高，并不断提高龙须菜与海带的轮茬养殖面积，部分北方海带养殖企业将海区连同部分未收割海带租赁给南方鲍养殖户，省略了收割、晾晒等环节，降低用工成本，确保海带养殖效益。

三、对策建议

（1）积极推进海带养殖产业新旧动能转换。海带养殖业属于劳动密集型产业，用工量较大。近几年，劳动力等生产成本逐年攀升，加重了企业负担。海上养殖、海带晾晒、夹苗等劳动力的工资几乎翻倍，生产资料提价，再加之海域使用费、土地租赁等，生产成本逐年提高，并且存在招工难的问题。建议在新旧动能转换大背景下，大力开展海带收割自动化、机械化生产研发，提升品质上下工夫，进而减少用工数量、降低生产成本，提高海带市场竞争力，增加经济效益。

（2）及时适当调整海水养殖结构，适度减少海带养殖面积，适度开展龙须菜、扇贝、鲍等其他品种养殖规模，以降低市场风险，增加养殖业户收入。

（3）鼓励企业加大海带精深加工。如世代海洋、寻山集团等用鲜海带生产生物肥料，荣成市蜊江水产食品有限公司利用盐渍海带直接生产烘干海带丝等。福建省用小海带加工即食食品，也延伸了产业链。

（4）鼓励科研院所与相关企业合作，联合开发海带适销的加工品种；同时要加大宣传力度，树立品牌意识，培育国内海带消费群体及市场，使其成为大众乐于消费的海洋蔬菜，从而带动产业发展。

（5）建议相关部门及早出台海带保护价格，避免无序竞争；同时，质监、工商等相关部门要抓好淡干海带销售的质量管理，打击掺杂使假等行为，以维护海带养殖企业的利益。

（景福涛）

紫菜专题报告

一、采集点设置

全国共有 3 个省份设有紫菜渔情信息采集点。福建省设有采集县 4 个（惠安县、平潭综合实验区、霞浦县、福鼎市），采集点 6 个，采集面积 46.67 公顷，品种为坛紫菜；浙江省设采集县 2 个（苍南县、温岭市），采集点 3 个，采集面积 12.6 公顷，品种为坛紫菜；江苏省设采集县 4 个（赣榆区、海安县、启东市、大丰区），采集点 5 个，采集面积 403.33 公顷，品种为坛紫菜和条斑紫菜；其他 2 个产区（广东省和山东省）都未设采集点。2020 年，紫菜信息采集点为 13 个，与 2019 年采集点个数相同。采集点的分布略有调整，福建省在主产区霞浦县新增紫菜采集点 1 个。采集总面积与 2019 年相比，减少 38.67 公顷。

二、生产与销售

坛紫菜养殖时间通常为 7 月至翌年的 3 月，采收时间为 10 月至翌年的 2 月；条斑紫菜养殖时间通常为 9 月至翌年 6 月，其中，10—11 月为条斑紫菜入库，12 月出库，采收期为翌年的 1—5 月。

2020 年，全国采集点销售量为 3 235 727 千克，同比增加 0.04%；销售额为 20 157 288 元，同比下降 15.59%。福建省采集点销售量为 958 533 千克，同比增长 146.22%；销售额为 5 424 770 元，同比增长 42.79%；紫菜最高售价为 39.86 元/千克，2019 年为 22.59 元/千克，同比增长 43.33%。浙江省采集点紫菜销售量为 336 603 千克，同比增长 64.4%；销售额为 919 850 元，同比增加 124.96%；紫菜最高售价为 5.17 元/千克，2019 年为 3.93 元/千克，同比增长 31.55%。江苏省采集点紫菜销售量为 1 940 591 千克，同比下降 26.51%，其中，坛紫菜销售数量为 42 900 千克，同比下降 80.51%；销售额为 13 812 668 元，同比下降 29.78%，其中，坛紫菜为 123 000 元，同比下降 96.34%。江苏省条斑紫菜 2020 年最高价格为 13.23 元/千克，2019 年最高价格为 10 元/千克，同比增长 32.3%。从销售额对比分析看，江苏省 2019 年销售额最高，2018 年虽然销售数量高于 2019 年；但单价低于 2019 年；浙江省和福建省的销售额逐年上升。从销售数量对比分析看，2018—2020 年，江苏省呈逐年下降的趋势；浙江省和福建省 2019 年跌落后，福建省 2019 年 2 个采集点紫菜受灾，其中，1 个采集点全部损失，2020 年销售开始回升。浙江省后期紫菜单价回升（图 3-79 至图 3-82）。

三、生产投入

紫菜是生活在海水中的大型经济海藻，以海水中的氮、磷以及其他营养成分作为生长物质，是大自然的产物，不需投喂饲料和施肥，不会产生饲料成本。紫菜生产投入包括物质投入、人力投入和服务支出三部分。生产投入的占比情况为物质投入占生产投入的

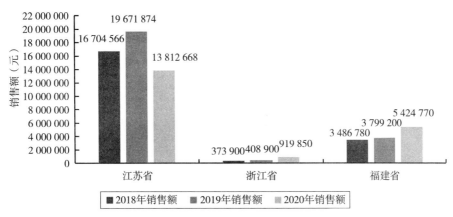

图 3-79　2018—2020 年三个区域销售额对比分析

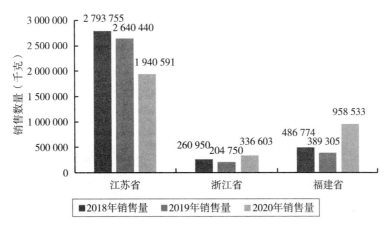

图 3-80　2018—2020 年三个区域销售数量对比分析

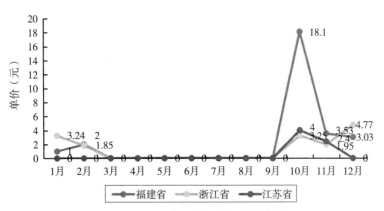

图 3-81　2020 年三个区域坛紫菜单价

60.56%，人力投入占生产投入的 31.74%，服务支出占生产投入的 7.70%（图 3-83）。从各投入比例看，紫菜是对劳动力需求比较高的一个养殖品种。在人力投入，福建和其他 2 省的核算是有区别的。福建省的紫菜养殖主要以家庭生产为主，本户（单位）人员没有体现，主要体现雇工工资；而江浙两省都在信息中体现了本户（单位）人员工资。福建省实

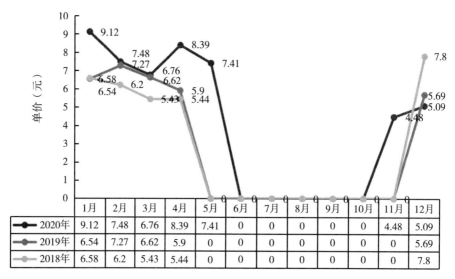

图 3-82　江苏省条斑紫菜单价

施海区养殖规划后，海域使用产生租赁费。福建省福鼎市由于海区养殖规划，部分退养的养殖户转移到浙江开展紫菜养殖（图 3-83）。

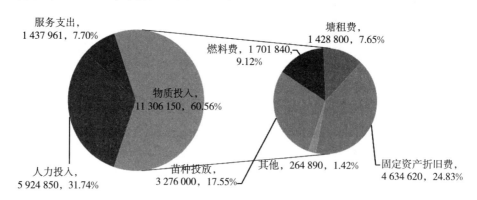

图 3-83　2020 年紫菜生产投入情况分析（单位：元）

四、受灾损失

三个区域紫菜受灾损失 2 285 000 元。由病害引起损失为 1 685 000 元，病害损失主要发生在江苏省和浙江省。江苏省还因新冠肺炎疫情损失 600 000 元。

五、生产总体形势分析和 2021 年生产形势预测

福建省坛紫菜养殖面积已缩减，由 2019 年的 1.4 万公顷减少到 1.2 万公顷。2020年，全省紫菜生产形势较好，由于气候的影响，第一水紫菜传统养殖品种全省各生产区均出现烂菜现象，新品种在海区表现较好；后期由于市场对末水紫菜的需求，单价回升，养殖户紫菜养殖时间延长至 2 月底，部分初加工企业于 3 月初停止生产。浙江省海区的紫菜在前期也因气候原因出现烂菜现象。

江苏省紫菜养殖面积有所扩增，由 2019 年的 4.3 万公顷增加至 4.6 万公顷，产量 59.71 亿张，平均价格为 37.99 元/百张。自 2014 年开展坛紫菜和条斑紫菜换网轮养以来，坛紫菜在江苏省发展的势头迅猛，目前，养殖面积约为 1 万公顷，同时，也带动了坛紫菜加工产品结构的调整。随着国外市场竞争压力的增加，江苏省也在开拓国内消费市场。

浙江省坛紫菜的发展相对比较稳定。近些年与上海海洋大学紧密合作，以市场需求为导向，开展新品系的试验示范。

近几年，北方紫菜产业发展迅猛。2020 年，山东省的紫菜进入了江苏省紫菜交易会场进行交易。

随着藻类产业体系的建立，海藻产业发展前景持续向好。

六、相关建议

（1）加快科技创新驱动，强化科技引领作用　充分发挥藻类产业体系的技术支撑作用，开发出适宜市场需求的抗逆、附加值高的紫菜新品种。

（2）绿色高质量发展，引领产业转型升级　推进机械化和智能化装备在紫菜生产中的应用，开创新的养殖方式，适应新的发展要求。

（3）强化行业自律，规范市场秩序　尽快出台坛紫菜等级分类标准，实现优质优价。

（4）以市场为导向，着力延伸产业链　加大对紫菜精深加工的研究，提高产品附加值和产业经济效益。

（刘燕飞）

中华鳖专题报告

一、养殖生产总体形势

1. 养殖生产形势 2020 年秋季，对浙江、江西、湖南、广西、河北、安徽 6 个中华鳖主养省份的 41 家中华鳖养殖企业和养殖户的产量、销售情况进行了摸底调查。结果表明，以上 6 省份 2020 年中华鳖养殖产量 21.67 万吨，占全国养殖总产量的 66.58%。其中，浙江省养殖产量 10.22 万吨，占全国总养殖产量的 31.40%，位居全国首位。

2020 年，中华鳖生产形势总体平稳，未有大面积病害暴发。但受新冠肺炎疫情影响，全国中华鳖市场经历了大起大落，出塘量及销售额均有所降低。以浙江省嘉兴市秀洲区为例，第一季度销售受影响比较大，小规格苗种销售较多，大规格鳖销售较少，到第二季度有所缓和，总体价格受影响不大；南浔区和长兴区则因市场关闭，宴席停摆，采购人员无法前来等原因，销售量锐减，3—4 月只有少量出塘，价格低迷。但受益于养殖模式的转型升级，稻田鳖、池塘生态鳖等出塘价格涨势较好，全年平均出塘价格有所升高。

2. 采集点中华鳖出塘情况 2020 年，全国共有 7 个省份开展中华鳖的养殖渔情信息采集工作，包括河北省、江苏省、浙江省、安徽省、江西省、湖北省、广西壮族自治区等，涉及 27 个采集点。2020 年，采集点中华鳖出塘量 1 832.2 吨，同比降低 1 226.8 吨，降幅 40.1%；销售收入 9 556.4 万元，同比降低 2 522.8 万元，降幅 20.9%。采集点中华鳖平均出塘价格为 52.1 元/千克，同比增加 12.7 元/千克，涨幅 32.0%。年价格变化趋势见图 3-84。

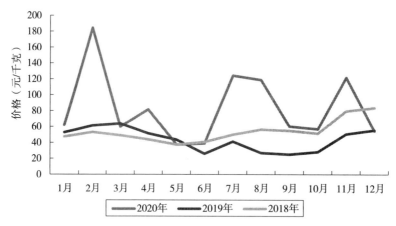

图 3-84 2018—2020 年采集点中华鳖出塘价变化趋势

2020 年，各省采集点销售收入除江西、江苏外，出塘量除江苏外，都有不同限度地降低。从各省出塘量和销售收入来看，河北省采集点出塘量 47.2 吨，同比下降 28.7 吨，降幅 37.8%；销售收入 180.6 万元，同比降低 167.5 万元，降幅 48.1%。江苏省采集点出塘量 104.5 吨，同比上升 9.5 吨，升幅 9.9%；销售收入 1 358.5 万元，同比升高 122.9 万元，升幅 9.9%。浙江省采集点出塘量 93.4 吨，同比降低 22.6 吨，降幅 19.5%；销售收入 847.9 万元，同比下降 260.9 万元，降幅 23.5%。安徽省采集点出塘量 1 469.0 吨，同比下降 1 113.3 吨，降幅 43.1%；销售收入 6 302.6 万元，同比下降 1 936.9 万元，降幅 23.5%。江西省采集点出塘量 108.0 吨，同比下降 41.1 吨，降幅 27.6%；销售收入 746.6 万元，同比升高 36.0 万元，升幅 5.1%。湖北省采集点出塘量 3.2 吨，同比下降 11.8 吨，降幅 78.7%；销售收入 19.5 万元，同比下降 61.7 万元，降幅 76.0%。广西壮族自治区采集点出塘量 8.0 吨，同比下降 18.8 吨，降幅 70.2%；销售收入 100.8 万元，同比下降 254.6 万元，降幅 71.7%。各省（自治区）销售收入和出塘量对比见图 3-85 和图 3-86。

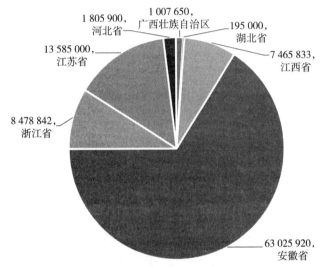

图 3-85　各省（自治区）采集点中华鳖出塘收入对比（单位：元）

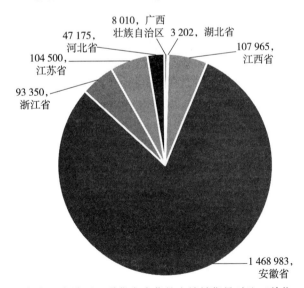

图 3-86　各省（自治区）采集点中华鳖出塘销售量对比（单位：千克）

3. 采集点产量损失情况　2020 年，全国中华鳖渔情采集点因发生病害、自然灾害、基础设施等原因损失产量 25.1 吨，同比增加 9.7 吨，升幅 63.0%；损失产量占总出塘量的 1.4%，同比微增；经济损失 201 万元，同比上升 128.5 万元，升幅 177.2%；经济损失占总销售收入的 2.1%，同比微增。其中，病害损失产量 9.5 吨，同比下降 3.8 吨，降幅 28.8；病害经济损失 57.5 万元，同比下降 3.3 万元，降幅 6.1%；自然灾害损失产量 7 吨，经济损失 88 万元，主要发生在安徽省寿县堰口镇综合养殖场及江西省玉山县红森水产养殖农民专业合作社；其他灾害损失产量 8.7 吨，经济损失 37.2 万元。除了病害，鳖越冬后体质较差，容易死亡以及缺氧等是病害外损失的主要原因。随着中华鳖温室养殖的逐步取缔，生态养殖技术和防控意识的进步，养殖户应对病害、天气突变等自然灾害的技术增强，损失相对较少，养殖情况相对稳定。

4. 养殖生产投入情况 根据对 2020 年全国中华鳖渔情信息监测点的生产投入分析，全年生产投入达 5 063.9 万元，同比增长 1 906.3 万元，增幅 60.4%。生产投入包括苗种费、饲料费、水电燃料费、塘租费、资产折旧费、防疫保险、人工等，成本收入比达 53.0%，同比升幅 27.0%。中华鳖养殖的饲料费、苗种费、人力投入在所有成本支出中占主导地位，分别占总成本的 65%、14% 及 10%，其中，饲料投入占绝对地位。各项成本支出如图 3-87 所示。采集点饲料投入大幅度增加，既与近年来饲料价格不断上涨有关，也与受疫情影响中华鳖销售不畅、压塘有关。

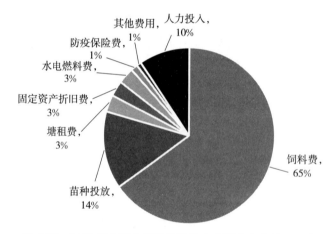

图 3-87 2020 年全国中华鳖渔情信息监测点生产投入组成

二、2021 年生产形势预测

2020 年"新冠肺炎"疫情暴发后，龟鳖类一度被定义为禁食野生动物，影响了居民的消费心理，行业受到不小的冲击。随着疫情影响的减弱，以及龟鳖类被明确划入可食用水生动物范畴，中华鳖养殖业开始复苏，朝着绿色、生态、健康的利好方向发展。预计 2021 年，中华鳖市场将继续回暖，逐渐恢复疫情前的正常水平。但中华鳖养殖从业者，仍需继续探索创新中华鳖的生态绿色养殖模式、拓展多种销售经营渠道、加快发展中华鳖深加工等。

三、对策与建议

1. 推广养殖新模式，促进生产标准化 有关部门要统筹规划适合本地区的中华鳖养殖模式，坚持高效、生态、绿色养殖理念，继续推动仿生态养殖、稻田综合种养、太阳能新型温室养殖和生态混养模式等，走绿色生态高品质的产品路线，促进产业转型升级。组织开展中华鳖净化养殖和品质提升技术研究，制定相关标准化生产操作规程，积极引导，加强监督，确保养殖产品质量安全。对良种培育基地、高效生态养殖示范基地进行适当扶持，从而带动养鳖产业的健康发展。

2. 科学选育新品种，提高良种覆盖率　我国拥有花鳖、乌鳖、黄沙鳖、黄河鳖等丰富的中华鳖自然种质资源，同时已经育成中华鳖日本品系、清溪乌鳖、浙新花鳖、珠水 1 号等多个新品种。要在此基础上，打造一批中华鳖原良种场和育繁推一体化育种体系，加强中华鳖优质苗种繁育能力，提高良种覆盖率。同时，针对生产实际需求，选育适合稻田养殖等新型养殖模式的中华鳖新品种。

3. 大力发展加工业，提高产品附加值　开展水产品加工，能有效提升水产品资源利用率，提高产品附加值，为水产行业带来更多的利润空间。同时，加工原材料需求的增加，可以促使养殖中华鳖的价格处于一个相对有利的位置。目前，我国已有部分中华鳖企业开展了即食休闲食品和甲鱼肽等产品的加工生产，但加工程度还不深，生产规模也较小，也没有专门的中华鳖加工企业，对产业的推动作用还不强。因此，有关部门要做好对中华鳖加工企业的培养，加强对甲鱼肽蛋白、口服液、胶囊等精深加工品的开发，以进一步延长产业链，提高经济效益，提升中华鳖产业的整体效益。

（郑天伦　施文瑞　吴洪喜）

海参专题报告

一、养殖生产总体形势

2020 年，海参养殖生产呈现有序推进和积极向好态势。海参出塘量和销售收入均同比增加，消费呈现持续增长势头，平均出塘价格同比下降。苗种价格同比下降，养殖生产投入同比下降，养殖利润均较 2019 年同期增加。

二、主产区分布

全国海参养殖主要分布在辽宁、山东、河北、福建省，江苏、浙江、广东、海南省也有少量海参养殖。全国海参养殖面积约 24.7 万公顷。辽宁省海参养殖面积约 15.1 万公顷；山东省海参养殖面积约 8.48 万公顷；河北省海参养殖面积约 0.85 万公顷；福建省海参养殖面积约 0.15 万公顷。辽宁、山东、河北、福建省养殖面积占全国海参养殖面积的61.2%、34.4%、3.4%、0.6%（图 3-88）。

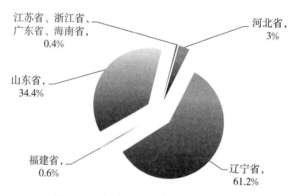

图 3-88　主产省份海参养殖面积占比

三、采集点设置情况

全国海参养殖渔情信息采集点共设置 21 个，海参采集点面积 24 291 亩，同比增加20.9%。其中，辽宁省 7 个海参采集点养殖面积 8 750 亩，占总监测面积的 36%；河北省4 个海参采集点养殖面积 3 100 亩，占总监测面积的 12.8%；山东省 7 个海参采集点养殖面积 12 400 亩，占总监测面积的 51%；福建省 3 个海参采集点养殖面积 41 亩，占总监测面积的 0.2%。辽宁、河北、山东省采集点海参养殖方式为海水池塘养殖，福建省采集点海参养殖方式为海水吊笼养殖。

四、生产形势特点及原因分析

1. 海参出塘量和收入同比增加　根据全国养殖渔情监测系统 2020 年 1—12 月数据统计显示，海参采集点出塘量 1 786.2 吨，同比增长 111.94%；销售收入 25 437.11 万元，同比增长 81.01%（图 3-89）。

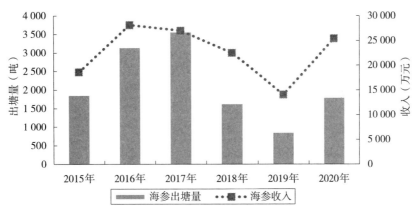

图 3-89　2015—2020 年海参出塘量和收入对比

2020 年，海水池塘海参养殖出塘量同比显著增加。分析主要原因：一是采集点海参养殖面积同比增加；二是 2020 上半年受新冠肺炎疫情影响，食用海参增强机体免疫人群数量增加，消费数量增加，导致出塘量同比大幅度增加；三是受 2018 年夏季高温影响，北方产量急剧下降，2019—2020 年产量逐渐回升；四是 2020 年春季，福建省养殖海参出塘翻倍率同比提高，海参养殖产量较 2019 年同期增加（图 3-90、图 3-91）。

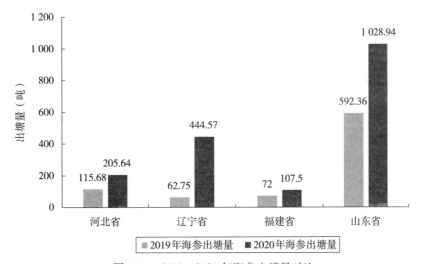

图 3-90　2019—2020 年海参出塘量对比

2. 海参出塘价格下降　根据全国养殖渔情监测系统数据统计显示，截至 12 月底，全国海水池塘养殖海参采集点平均出塘价格 142.41 元/千克，同比下降 16.08%（图 3-92）。

海参平均出塘价格下降的主要原因：一是受 2020 年年初新冠肺炎疫情影响，市场流通受阻，短期影响了海参市场流通销售；二是由于 2020 年全国海参出塘量同比大幅提高，市场供应增加；三是 2020 年秋季北方池塘海参苗价格同比下降，带动平均出塘价格下降。辽宁省 2020 年秋季成品海参平均出塘价格为 140～170 元/千克，同比下降 26%；河北省 2020 年秋季成品海参平均出塘价格为 130～150 元/千克，同比下降 18%；山东省 2020 年

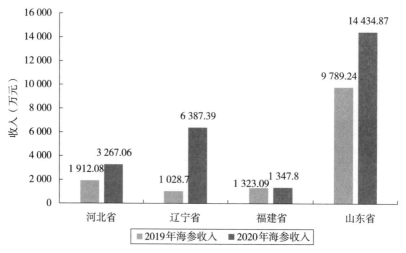

图 3-91　2019—2020 年海参销售收入对比

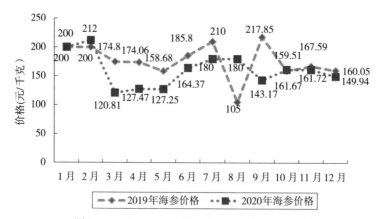

图 3-92　2019—2020 年海参平均出塘价格对比

秋季成品海参平均出塘价格为 120～140 元/千克，同比下降约 15％；福建省养殖海参是春季出塘上市，2020 年春季福建海参平均出塘价格为 120～130 元/千克，同比下降约 30％。

　　2020 年新冠肺炎疫情发生后，食用海参增强机体免疫人群数量增加。2020 年春季，福建省养殖海参获得丰收，平均出塘价格同比下降。受福建养殖海参出塘价格下降影响，山东、河北、辽宁省海参平均出塘价格均出现回落。春季辽宁海水池塘养殖海参平均出塘价格约 130 元/千克，同比下降约 19％。2020 年秋季，海参受气温下降期短、海参苗种投入不足以及产能尚未完全恢复等因素影响，出现秋季池塘养殖海参产量下降情况。辽宁、河北、山东省秋季海参出塘价格，较春季海参出塘价格出现较大幅度的上涨（图 3-93）。

　　3. 海参苗种价格下降　2020 年秋季，海参苗种价格下降。由于 2019 年北方海水池塘养殖海参出塘量大幅下降，池塘养殖海参户生产用资金存量不足，苗种投放量减少，导致 2020 年海参苗种出现供大于求现象，价格同比下降。辽宁、河北、山东省 2020 年秋季海参苗价格为 120～140 元/千克（规格 400～1 000 头/千克），同比下降约 20％；海参手捡

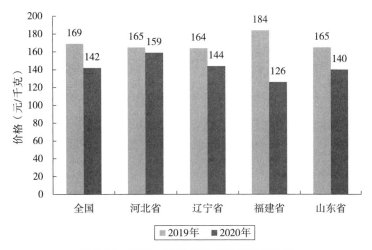

图3-93 2019—2020年海参平均出塘价格

苗为200~230元/千克（规格15~30头/千克）。海参苗种价格较2019年同期下降约30％以上。

4. 海参养殖生产投入下降 海参养殖采集点生产投入12 121.89万元，同比下降5.87％。2020年受新冠肺炎疫情影响，短期内限制劳动力流动，一定范围内出现了用工荒，但在疫情被控制后迅速得到恢复，海参苗种投入及人力投入出现下降。在生产投入中，苗种费7 728.01万元，同比下降6.54％；塘租费1 447.21万元，同比下降6.5％；固定资产投入769.79万元，同比下降5.31％；人力投入965.42万元，同比下降16.5％；电费投入135.9万元，同比下降6.12％；水费36.55万元，同比下降21.1％；保险费投入0.44万元，同比下降96.1％；其他投入139.9万元，同比下降15.2％。而饲料费、燃料费、防疫费均较2019年同期增加，分别为585.57万元、231.75万元、81.35万元，同比分别增长23.78％、78.4％、162.12％（图3-94）。

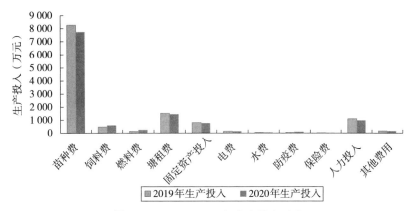

图3-94 2019—2020年生产投入对比

5. 受灾损失较小 海参养殖采集点受灾损失100.1万元，同比下降89.69％。其中，海参病害损失79.7万元，同比下降34.02％；自然灾害损失20.4万元。主要是2020年夏季北方辽宁、河北天气未出现持续极端高温天气，受灾损失大幅下降。

五、成本收益情况

根据全国养殖渔情监测系统数据统计显示，截至 2020 年 12 月底，采集点养殖海参利润为 13 315.22 万元，平均每亩利润 5 482 元（表 3-46）。

表 3-46　2019—2020 年 1—9 月海参采集点成本收益

年份	放养面积 （亩）	总产量 （吨）	总产值 （万元）	平均价格 （元/千克）	苗种费 （万元）	其他成本 （万元）	利润 （万元）
2019	20 091	842.78	14 053.11	169.7	8 268.51	4 448.42	1 336.18
2020	24 291	1 786.2	25 437.11	142.41	7 728.01	4 393.88	13 315.22

根据 2020 年秋季海参生产形势调研情况分析，河北省海水池塘养殖海参成本约 80 元/千克，养殖利润约 40 元/千克；辽宁省池塘养殖海参成本约 110 元/千克，养殖利润约 20 元/千克；福建省网箱养殖海参成本约 100 元/千克，养殖利润约 25 元/千克；山东省池塘养殖海参成本约 80 元/千克，养殖利润约 40 元/千克。

六、目前存在的问题

1. 养殖投入品使用需要严格规范　2020 年 7 月 16 日，央视 3·15 晚会对山东即墨个别养殖户在清理海参圈时使用敌敌畏，加工过程添加麦芽糊精的情况曝光，引起海参产业的强烈反响。随即，农业农村部组织督察组对全国海参产地进行检查，抽检的 66 批次样品均未检出敌敌畏成分，但"3·15"事件为海参产业敲响了警钟。如何进一步严格规范海参养殖投入品使用，加强对海参养殖投入品使用的常态化监管，规范海参养殖行为，维护海参产业整体形象，赢得广大消费者对海参产品信任，将是海参产业持续健康发展的重要环节。

2. 良种覆盖率较低　优良苗种是海参养殖生产的基础，虽然已经通过审定的海参新品种也不少，但真正得到推广应用的很少，没有真正应用到实际生产中。育苗企业的优良种参来源不能保证，育出的刺苗品质良莠不齐，全国刺参良种覆盖率较低。同时，由于近年人员工资和生产材料等生产成本普遍上涨，而海参种苗价格低位徘徊，育苗企业利润不高，育苗企业选育良种的积极性不高，也间接降低了海参苗种质量。

3. 海参生产和产品的规范化标准化程度低　海参产业的育苗、养殖、加工和流通等各个环节，整体上来看，生产过程规范化和标准化程度仍较低。养殖环节的投入品问题已经引起市场和行业的主管部门的高度重视，生产的规范性已经纳入监管的议事日程。但在加工和流通环节，随意性强，海参加工厂工艺五花八门，加工产品众多，产品价格也是相差甚远。消费者在选购海参产品时几乎无标准可循，想买海参的时候已经被市场各种海参产品的价格和品质所困惑。因此，在海参市场上出现了找熟人购海参的怪象，购买海参时托熟人、找关系，严重影响了海参的市场普及度和认知度。海参生产和产品的规范化标准化问题，已经成为影响海参产业发展的瓶颈。

七、进一步促进海参养殖业发展的建议

1. 加强海参池塘基础设施建设　为降低夏季持续高温期对池塘海参养殖生产的影响，

建议进一步加强池塘基础设施建设，采取深挖池塘增加海参池塘蓄水深度、设置遮阳网避免阳光直射、在池塘底部铺设盘管进行局部降温、使用池底微孔增氧设备防止出现温跃层、氧跃层现象。

2. 进一步优化苗种品质　苗种品质是海参产业发展的重要基础。建议加强海参原种繁育体系建设，加大科技创新力度，优化苗种繁育技术，完善海参苗种种质库，加快优质良种的培育与创新，扩大高品质苗种覆盖率，提高我国成品海参的品质。

3. 建立质量安全追溯体系　积极建立和完善质量安全追溯体系，在海参生产各个环节建立并严格执行标准化生产技术要求，实行安全海参到餐桌的全过程质量控制。积极打造知名品牌，塑造中国海参产业整体形象，把更多优质的海参产品奉献给广大消费者。

八、2021 年生产形势预测

海参作为全国重要的养殖品种，产业的发展越来越受到广大生产者和消费者的关注。尤其是在新冠肺炎疫情暴发以来，人们对健康消费的需求不断提升，海参作为一种营养价值被广泛认可的水产品，尤其是海参硫酸化多糖对新冠病毒活性有抑制作用的最新研究成果，对国内海参产业发展提供理论依据和发展方向。预计 2021 年，全国海参养殖总体生产形势将稳中趋好。主要表现为海参产量将继续恢复性增长，出塘价格将持续上涨，海参区域品牌建设将取得新的进展。

（刘学光）

海蜇专题报告

一、养殖总体形势

2020 年，海蜇养殖生产面临的风险挑战前所未有，遭遇到新冠肺炎疫情的影响。为降低疫情之下海蜇养殖经济下行情况，海蜇养殖产业坚持绿色引领、增产增效，进一步提升竞争力。海蜇苗种繁育、生态养殖、加工流通产业集聚发展趋势明显。养殖面积总体保持稳定，养殖生产投入下降，养殖苗种费和人工费投入小幅下降。出塘价格有所回落，养殖产量同比增加，养殖生产受自然灾害导致的经济损失较 2019 年同期下降。

二、主产区分布及生产情况

全国海蜇养殖主产区主要分布于渤海沿岸的辽宁、黄海沿岸的山东、东海沿岸的江苏和浙江以及东南沿海的福建等地。河北和广东省海蜇养殖面积，与海蜇养殖主产区的养殖面积相比较小。全国海蜇养殖面积约 19 万亩，海蜇养殖产量约 9 万吨，产值约 5.5 亿元。海蜇养殖具有投入成本低、生产周期短、病害风险少、收益高的特点。目前，海蜇池塘养殖模式主要是海水池塘混养模式，具体模式包括海蜇与对虾、海蜇与缢蛏、海蜇与海参、海蜇与牙鲆或河鲀混养（图 3-95）。

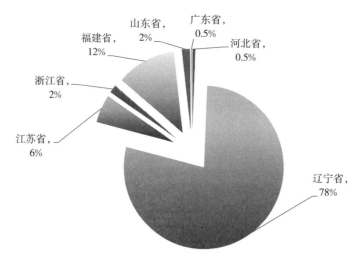

图 3-95　2020 年全国海蜇养殖面积占比

三、生产形势特点及原因分析

1. 出塘量同比增加　根据全国养殖渔情监测系统 2020 年 1—12 月采集数据，海蜇出塘量 909 吨，同比增加 61.64%；销售收入 547.9 万元，同比增加 6.83%。海蜇出塘量、收入增加的原因是，2020 年雨水充足，养殖水体中营养物质丰富，为海蜇快速生长提供良好条件，养殖产量较 2019 年同期大幅增加。通过 2020 年秋季海蜇生产调研情况了解，辽宁、河北、山东省海蜇养殖场调查点出塘量均同比增加40%以上（图3-96）。

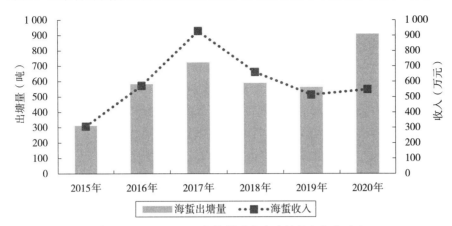

图 3-96 2015—2020年海蜇采集点出塘量和收入对比

2. 出塘价格同比下降 采集点海蜇平均出塘价格6.03元/千克，同比下降33.9%。海蜇出塘价格下降的主要原因：一是新冠肺炎疫情期间，受封路导致运输受阻影响，加工企业收购量下降，海蜇平均出塘价格被动出现下降；二是在新冠肺炎疫情得到控制及加工企业复工复产后，海蜇加工需求量增加，拉动海蜇出塘量增加，受加工企业收购价格下调影响，平均出塘价格同比出现回落。

2020年受新冠肺炎疫情影响，海蜇消费量减少，平均出塘价格降低较多。辽宁省调查点海蜇平均出塘价格为6.2元/千克，同比下降33%；河北省调查点海蜇平均出塘价格为5~5.2元/千克，同比下降16.7%；福建省调查点海蜇平均出塘价格为6元/千克，同比下降40%；山东省调查点海蜇平均出塘价格为6.2~7元/千克，同比下降53%（图3-97、图3-98）。

图 3-97 2015—2020年海蜇平均出塘价格

3. 养殖生产投入下降 采集点海蜇养殖生产投入304.55万元，同比下降36.6%。受新冠肺炎疫情影响，海蜇养殖生产投入下降。养殖生产投入中，苗种费、人力投入、塘租费、固定资产、防疫费投入较2019年同期下降。海蜇苗种费31.4万元，同比下降

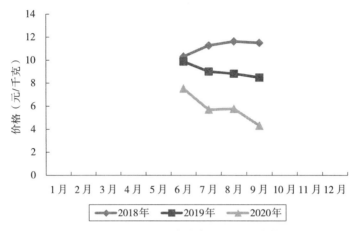

图 3-98　2018—2020 年海蜇月平均出塘价格

81.4％；人力投入 20.32 万元，同比下降 32.5％；塘租费 150 万元，同比持平；固定资产投入 0.3 万元，同比下降 96.6％；防疫费 16.9 万元，同比下降 13.8％。但是，海蜇饲料费、水电费和其他投入较 2019 年同期增加。饲料费 51.5 万元，同比增加 52.4％；水电费 19.5 万元，同比增加 6.97％；其他费用 14.63 万元，同比增加 11.78 万元（图 3-99、图 3-100）。

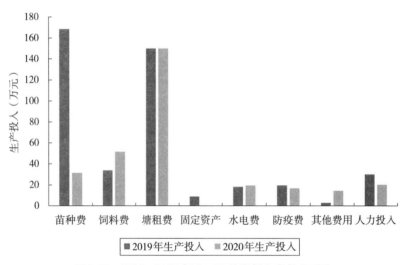

图 3-99　2019—2020 年 1—12 月海蜇生产投入对比

四、市场供需情况

1. 海蜇产量增加供给充足　通过海蜇养殖场实地调研了解，2020 年海蜇市场供需总体情况是，养殖生产供给仍然充足，并且销售价格不高。2020 年，海蜇养殖主产区饵料丰富、水温适宜，适合海蜇生长，产量较 2019 年同期增加。

2. 深加工海蜇产品需求增加　辽宁省已经连续 3 年在营口市举办海蜇节。在 2020 中国（营口）海蜇节期间，海蜇品鉴、非遗展示等活动丰富多彩，国内外 500 余家企业参加

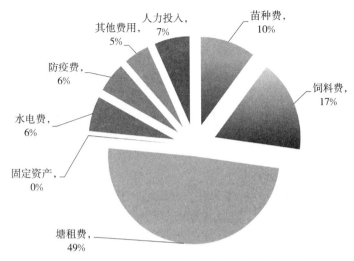

图 3-100 2020 年 1—12 月海蜇生产投入构成情况

海蜇节，参展海蜇深加工产品 1 200 余种，现场交易额 2.6 亿元，线上线下签约总额 8.5 亿元，海蜇节展会规模、交易额和影响力远超前两届。

3. 深加工海蜇引领产业发展 2020 年 7 月，国家发展改革委发布首批 17 个国家骨干冷链物流基地建设名单，东北地区唯一的基地落户辽宁省营口市。基地园区内，总投资 4.5 亿元的中顺海蜇交易市场已顺利运营，3 年内园区的海蜇交易量有望达到 50 万吨，实现销售额近百亿元，营口海蜇产业也将由规模化迈向集约化、精细化、标准化。

五、成本收益情况

2020 年，海蜇养殖生产受自然灾害及病害发生情况影响较少。2020 年，采集点海蜇养殖投入成本较低，获得收益较 2019 年同期增加（表 3-47）。

表 3-47 2019—2020 年 1—12 月海蜇采集点成本收益

年份	放养面积（亩）	总产量（吨）	总产值（万元）	均价（元/千克）	苗种费（万元）	其他成本（万元）	利润（万元）
2019	1 000	562.35	512.89	9.12	168.5	257.32	87.07
2020	1 000	909	547.9	6.03	31.4	273.15	243.35

六、目前存在的问题

1. 养殖生产设施智能化装备较少 海蜇养殖生产设施中的智能化装备使用较少，多数海蜇养殖场缺少对养殖环境感知的传感器等大数据智能化装备，提高智能化装备使用率，提升海蜇养殖附加值和养殖效益。

2. 苗种资源品质有待提高 由于辽东湾天然海蜇数量锐减，导致种质呈现退化现象，苗体质差，成活率低，从抗病能力和生产速度上表现特别明显，海蜇苗种资源品质提高进程缓慢。

3. 养殖生产技术创新不强　海蜇养殖场大多数是在近海浅水地区养殖，抗病虫害、抗污染能力不强，而海蜇养殖技术模式科技含量不高，造成水产养殖质量和效益难以得到有效提升。海蜇养殖亟须科技信息技术支撑，加快实现海蜇精细化养殖。

七、发展建议

1. 加强海蜇养殖设施升级改造　以中央财政渔业标准化健康养殖、现代农业发展资金等项目实施为引导，各级财政和养殖者不断加大投入，支持海蜇养殖设施升级改造，加大废水处理和循环利用等节水减排工程投入，建成稳产高产的健康养殖生产基地，提升海蜇养殖生产能力和抵御自然灾害能力。

2. 加强良种选育体系建设　加强海蜇良种选育，提高海蜇品质。加强海蜇遗传育种中心、国家级及省级原良种场、苗种繁育场的水产原良种研发和生产体系建设，不断完善海蜇良种选育生产条件，提高海蜇优良品种创新能力，加快发展海蜇优良品种育种技术，提高海蜇原良种保种供种的能力，更好地促进海蜇养殖业可持续健康发展。

3. 建立海蜇养殖质量安全追溯系统　建立海蜇生产质量安全追溯系统，提高养殖者进行海蜇养殖质量安全管理的主动性和自觉性，进而提高海蜇养殖的质量安全效益，提高消费者放心程度，从源头上保障消费者合法权益。

4. 发挥政策优势，加快海蜇产业发展　发挥政策优势，加快海蜇产业发展，加大海蜇产业关联技术研发力度和品牌培育力度。辽宁省营口市是全国重要的海蜇产业中心，通过举办海蜇节积极加强宣传工作，为海蜇产业未来高质量发展助力赋能。

5. 加强数字经济对海蜇产业推动作用　2020 年新冠肺炎疫情，激发新技术、新业态、新平台蓬勃兴起，电子网上交易等非接触经济全面提速，推动数字技术与海蜇产业经济深度融合。有助于加快新旧动能转换，带动海蜇养殖生产和销售智能化升级，降低经济运行成本，推动海蜇产业向中高端迈进，为海蜇产业发展提供了新路径。

八、2021 年生产形势预测

海蜇养殖环境相对稳定，海蜇养殖面积同比持平。根据 2020 年海蜇深加工需求增加，2021 年海蜇养殖者将对优质海蜇苗以及较大规格海蜇苗种需求量增加。预计 2021 年，海蜇苗价格将有上涨趋势，海蜇养殖生产投入较 2020 年增加，海蜇养殖产量及出塘价格将会有小幅波动。

（刘学光）

泥鳅与黄鳝专题报告

一、泥鳅养殖生产形势分析

泥鳅的养殖品种有本地土鳅和台湾泥鳅。本地土鳅受苗种和养殖技术限制，养殖规模较小。台湾泥鳅凭着其个体大、生长速度快、产量高等优良特点，自2012年从台湾省引进后很快就推广至全国。目前，特别是泥鳅主产区，以养殖台湾泥鳅为主，平均亩产可达1 500千克以上，以投喂膨化颗粒饲料为主，饲料蛋白水平35%～38%，养殖成本每千克10～14元，饲料成本约占总成本的60%～70%。近年来，全国各地养殖企业积极探索泥鳅节本增效养殖模式，一种方式是增加养殖茬数，在原有一年养殖一茬成鳅的基础上，再养殖一茬寸片出售，增加产值；另一种方式是使用发酵饲料投喂，养殖成本可降低至6～9元/千克。主要方法为将粗饲料或豆粕等植物性蛋白源饲料原料经微生物充分发酵后，搭配全价配合饲料进行投喂。预计2021年，全国泥鳅养殖总产量较2019年均有所提高。

1. 主要生产情况

（1）苗种投放　13个泥鳅采集点共投苗29.23亿尾，投苗金额278.50万元；投种43 022.5千克，投种金额133.18万元。其中，安徽、湖北省投放苗种量较大，占据整个苗种投放量的85%以上（表3-48）。

表3-48　2020年采集省的投苗种情况

省份	投苗量（万尾）	投苗金额（万元）	投种量（千克）	投种金额（万元）
江苏	—	—	4 330	9.81
安徽	16 640	186.2	25 550	94.9
江西	220		1 642.5	1.87
湖北	275 453	92.31	11 500	26.6
四川	—			
全国	292 313	278.51	43 022.5	133.18

（2）销售量、销售额和综合单价　2020年，全国渔情采集点共销售泥鳅786 340千克，销售额1 399.85万元，同比分别上涨24.47%、12.80%。2020年上半年，受新冠肺炎疫情的影响，采集点泥鳅出塘量、销售收入、平均出塘价格均大幅下降。1—6月，全国采集点泥鳅出塘量187 029千克、销售收入347.22万元，同比分别下降23.08%、34.8%；7—12月，市场复苏，全国采集点泥鳅出塘量59 9311千克、销售收入1 052.63万元，同比分别增长54.22%、48.59%。

但是受供需关系、市场竞争的影响，泥鳅出口量减少，导致大量出口泥鳅转向国内市场销售，从而使得泥鳅价格低迷。2020年，全国采集点泥鳅的综合平均出塘价格17.8元/千克，同比下降9.37%。江苏、江西、湖北、四川省的渔情采集点，2020年泥鳅的综合平均出塘价格分别为26元/千克、27.34元/千克、22.58元/千克、13.93元/千克，同比分别下降 22.17%、13.69%、0.72%、15.97%。据调查，广东省台湾泥鳅塘口价最低达到每千克 10 元左右，直逼成本价格；江苏省台湾泥鳅收购价平均每千克 15 元；江西省往年商品泥鳅的平均出塘价格 26 元/千克，2020 年价格约 18 元/千克，大规格的商品鳅甚至一度降到了 14 元/千克。虽然泥鳅塘边价格较低，但市场价一直坚挺，平均价格 27 元/千克以上（表 3-49，图 3-101）。

表 3-49　2020 年各泥鳅采集省的销售情况

省份	销售量（千克）	销售额（万元）	综合单价（元/千克）
江苏	16 195	42.11	26
安徽	283 900	529.93	18.67
江西	21 795	59.60	27.34
湖北	139 850	315.85	22.58
四川	324 600	452.37	13.94
全国	786 340	1399.85	17.8

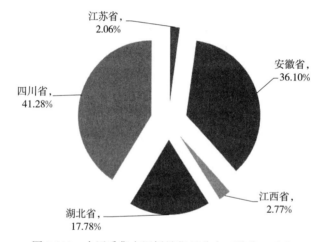

图 3-101　全国采集点泥鳅销售量分布（单位：千克）

（3）生产投入　采集点生产总投入 1 400.03 万元，同比增长 42.37%。生产总投入由高到低依次是安徽、湖北、四川、江西、江苏省，分别为 611.85 万元、404.77 万元、321.32 万元、43.1 万元、19.00 万元。苗种投放费用为 411.69 万元，同比增长 270.45%。其中，安徽省的苗种费用最高为 281.1 万元，同比增长 840.13%；江苏、江西、湖北省的苗种费用依次为 9.81 万元、1.87 万元、118.91 万元，同比分别变动为 15.41%、－71.67%、79.80%。采集点饲料投喂费用为 618.79 万元，同比增长 18.69%。苗种和饲料费用为 1 030.48 万元，占总生产投入的 73.6%。

（4）养殖损失　2020 年，全国 13 个泥鳅采集点受灾损失 25.13 万元，同比增长 280.71%。随着养殖技术和管理手段的提升，泥鳅 2020 年未暴发大规模的流行性病害，病害损失为 90 千克、经济损失 1 470 元；受 7 月暴雨洪灾影响，自然灾害损失 5 450 千克、经济损失 20.35 万元，占总损失的 81%；其他灾害 3 818 千克、经济损失 4.63 万元。

从全国13个泥鳅采集点的数据来看，2020年泥鳅养殖生产形势呈现出"三增一减一加重"的特点。三增表现为：一是苗种投放量增加；二是销售量和销售额增加，同比增幅24.47%、12.80%；三是生产投入增加，同比增幅42.37%。一减表现为：2020年全国采集点泥鳅的销售综合单价同比下降，减幅9.37%；一加重表现为：受2020年7月暴雨洪灾影响，养殖户增收压力加重、受灾损失加重。

2. 存在的主要问题

（1）台湾泥鳅消费市场行情亟须提振　台湾泥鳅养殖快速发展，导致供大于求、价格低迷、销售受阻，相当多的养殖户存塘量较大。同时，台湾泥鳅作为引进物种，消费者对其接受度不高。尤其2020年受疫情影响，出口量减少，泥鳅价格持续低迷。2020年二、三季度泥鳅价格略有回暖，但市场仍然疲软。

（2）台湾泥鳅种质提纯技术亟须跟进　台湾泥鳅属杂交品种，一代种繁殖的苗养殖效果最好。随着繁殖代数的增加，就会出现种质退化现象。目前，市场上的苗种质量良莠不齐，性状不稳定，亟须对种质改造提升。江西赣源生态泥鳅养殖场与江西农业大学共同研究选育的杂交泥鳅（本地鳅与台湾鳅）具有生长快、抗病强、品质好等优点，市场价格比台湾泥鳅高出1/3左右，目前正在江西推广。

（3）病害防治技术亟须跟进　台湾泥鳅耐低氧，养殖密度较高，容易引发各种疾病，如烂身烂尾病、胀气病、寄生虫病、肠炎、烂鳃、烂尾、出血病、一点红等病害。而台湾泥鳅对常用渔药的耐受剂量、渔药在体内代谢情况以及生理应激反应等缺乏深入研究，致使对渔药的使用存在一定的安全隐患。

（4）苗种培育技术亟须跟进　台湾泥鳅作为一个新品种，虽然养殖技术在不断完善，但是泥鳅苗种存活率还是很低，研究泥鳅苗种培育技术及开发优质泥鳅幼鱼配合饲料，提高泥鳅苗种存活率显得尤为迫切。

3. 发展建议

（1）加大投入，创新养殖技术模式　设立专项基金，集中力量着力解决制约泥鳅苗种、养殖、病害等关键问题。采取消化创新与集成创新相结合的方式，积极探索优化泥鳅养殖过程中的关键技术，制定泥鳅产业各环节相关标准，着重开展泥鳅池塘精养、稻鳅综合种养、泥鳅精深加工产业的专项研究和推广。

（2）加大宣传，努力拓宽销售渠道　加强宣传引导和推介，引导渔民在发展台湾泥鳅养殖上注重做"销"字文章，以市场销售助推泥鳅产业发展，实现农渔民增效。充分利用龙头企业、渔业专业合作社、家庭农场等新型市场经营主体的示范带动作用，积极推行"订单渔业"；加大泥鳅品牌培育，鼓励台湾泥鳅养殖企业、加工厂注册水产品商标，增强企业实力；引领示范开展泥鳅精深加工产品，多条腿走路，确保泥鳅产业的健康发展，努力打造从养殖到加工再到销售的整条产业链。

（3）加强自律，建立产业发展联盟　倡导泥鳅行业加强自律，组织协调政产学研各方积极参与，鼓励有能力和实力的龙头企业牵头成立泥鳅行业联盟或协会；引导企业强化市场意识，树立良性竞争、抱团发展理念，着力打造泥鳅产业集群。鼓励行业协会与保险机构合作探索开办商业性特种水产养殖保险，降低生产风险，保障泥鳅产业的可持续发展。

二、黄鳝养殖生产形势分析

2010 年以来，全国黄鳝养殖方兴未艾，势头强劲，产量主要集中在湖北、江西、湖南、安徽等省份，网箱养殖黄鳝已成为当地水产优势特色产业、农民致富奔小康的重要途径。网箱养殖黄鳝主要有以下几个特点：一是养殖网箱规格小型化，网箱规格普遍由原来的 18 米² 左右发展至现在的 4～6 米² 左右，以便于同规格苗种一次性放养，同时也便于饲养管理和取捕；二是配合饲料和新鲜饲料相结合饲养，一般 0.5 千克配合饲料和 1 千克新鲜饲料（小杂鱼或其他低值鱼类）混合使用；三是配套服务基本齐全，从网箱加工制作，饲料、渔药供应，苗种采购、产品销售等均有专业团队服务。

1. 主要生产情况

（1）苗种投放 从表 3-50 可以看出，2020 年，全国黄鳝信息采集点共投放黄鳝苗 50 211 万尾，投苗金额 208.73 万元；投种 19 000 千克，投种金额 1 275.9 万元。安徽省投放苗种量和金额最多。

表 3-50 2020 年采集省投放黄鳝苗种情况

省份	投苗量（万尾）	投苗金额（万元）	投种量（千克）	投种金额（万元）
湖南	162	165.61	—	—
安徽	—	—	162 500	1 082.24
江西	—	—	17 300	127
湖北	50 049	43.12	10 200	66.66
合计	50 211	208.73	190 000	1 275.9

（2）销售量、销售额和综合单价 从表 3-62 可以看出，在安徽、江西、湖北、湖南等省份的 14 个黄鳝采集点，2020 年总销售量为 713 904 千克，同比下降 25.46%；销售额为 4 329.3 万元，同比下降 24.04%。全国采集点黄鳝的综合平均出塘价格为 60.6 元/千克，同比增幅 1.8%。销售量从多到少依次为安徽、湖南、江西、湖北省，综合平均出塘价格从高到低依次是湖南、湖北、江西、安徽省，分别为 67.6 元/千克、65.7 元/千克、64 元/千克、58.3 元/千克（表 3-51）。

表 3-51 2020 年黄鳝采集省的销售情况

省份	销售量（千克）	销售额（万元）	综合单价（元）
湖南	90 090	608.70	67.6
安徽	492 070	2 866.59	58.3
江西	68 737	440.15	64
湖北	63 007	413.87	65.7
合计	713 904	4 329.3	60.6

（3）生产投入 全国黄鳝采集点生产总投入为 2 763.23 万元，同比下降 20.66%。其中，安徽省生产投入最高，为 1 794.07 万元；江西、湖北、湖南省依次为 248.53 万元、

248.52万元、471.72万元。采集点苗种投放费用为1 484.63万元，同比下降15.37%；饲料费用830.25万元，同比下降了33.45%。苗种费用和饲料费用总共2 314.88万元，占总投入的83.77%。各采集省的饲料投入、苗种投入见表3-52。

表 3-52　各黄鳝采集省苗种饲料投入情况

省份	苗种费用（万元）	同比增减率（%）	饲料费用（万元）	同比增减率（%）
安徽	1 082.24	−16.05	452.45	−33.45
江西	127	−38.32	88.04	40.4
湖北	109.78	57.69	104.58	−33.95
湖南	165.61	−12.7	185.17	−30.12
全国	1 484.63	−15.37	830.25	−33.45

（4）养殖损失　受2020年新冠肺炎疫情和反常气候的影响，损失情况同比大幅增加。特别是7月的特大洪涝灾害，给养殖户带来较大经济损失。2020年，黄鳝渔情采集点因各种受灾损失177.22万元。其中，病害损失27.22万元，自然损失150万元。

根据全国14个黄鳝采集点上报数据和额外调查养殖点的数据，2020年黄鳝养殖量额呈现"双降一增"趋势。一是投苗、投本同比下降；二是销售量、销售额同比大幅下降；三是生产损失同比增加。

2. 存在的主要问题

（1）养殖周期延长　受新冠肺炎疫情的影响，2019年养殖的黄鳝产品约有10%未起捕销售，影响了2019年的养殖生产效益和2020年黄鳝苗种的投放。往年苗种放养的时间集中在6月中旬至7月下旬，2020年受疫情影响，导致养殖周期延长。

（2）养殖病害频发　2020年气候变化大，常年阴雨天气多，致使苗种黄鳝放养和养殖过程中损耗大、病害多。据了解，有些6米²的网箱，一般要放养10.5～11千克才能保持10千克的初始成活放养量；而有的则在13千克甚至达17.5千克才能保持10千克的初始放养量，养殖过程中也是病害频发，养殖产量下滑而养殖成本上升。据养殖户反映，2020年预计有50%养殖户亏本，有部分养殖户正在考虑2021年转产其他养殖。

（3）价格波动较大　黄鳝市场价格波动较大，黄鳝网箱养殖投资大，风险高。2020年，黄鳝放养时苗种价格普遍为50～64元/千克；而目前成品市场价为44～50元/千克，价格偏低且不稳定。

（4）苗种受困严重　现阶段的黄鳝苗种，主要来源于各地捕捞野生苗种资源，通过收购集中到安徽省等地，再销往全国各地养殖。同时，黄鳝野生资源有限，捕捞的野生苗种质量参差不齐、规格大小不一，苗种存活率极易受天气影响，给黄鳝养殖户造成极大的困扰和风险。

3. 发展建议

（1）加强黄鳝育苗技术的研发与推广　鳝鱼养殖行业要想持续发展，必须在育苗技术上有所突破，无论是人工繁殖技术还是自繁自育的技术。此外，大棚暂养是一个十分适用的技术，通过大棚暂养，不仅可以避开不利天气对放苗的影响，还可以提高苗种的存活率和开口率，减少损苗，减少鳝鱼放苗期间对天气的依赖。

（2）加强养殖网箱规格的改进与推广　养殖黄鳝的网箱规格经历了几次变革。由最初的 2 米×6 米规格，慢慢发展为 2 米×5 米规格；然后，又变成 2 米×4 米规格；2010 年之后，以 2 米×3 米规格为主；近两年部分地区又出现 2 米×2 米的小网箱。但网箱总面积占养殖水体面积的 50%～60%，进一步加强养殖黄鳝的网箱规格大小研究与种植水草的筛选，便于管理，减少病害的发生。同时，网箱成排分布在池塘中，间距约在 1 米左右，网箱中种植水葫芦、水花生为主，起到净化水质、便于起网操作。

（3）加强套养品种模式的研究与推广　目前，池塘网箱养殖黄鳝技术已十分成熟，但关于外塘套养品种与模式可以开展研究与推广，除了投放"四大家鱼"外，黄颡鱼、鳜、小龙虾等都可以尝试套养。选择套养 1 种或几种效益较好的水产品种，可以有效增加池塘网箱养殖黄鳝的经济效益。

（银旭红）

第四章 2020 年养殖渔情信息采集工作

河北省养殖渔情信息采集工作

一、采集点设置情况

2020 年，河北省养殖渔情采集总面积 2 286.2 公顷，占全省同类型海淡水养殖面积的 2.32％，与 2019 年基本持平。其中，淡水池塘采集面积 277.4 公顷，占全省同类型养殖面积的 1.26％，同比增加 1.37％；海水池塘采集面积 475.5 公顷，占全省同类型养殖面积的 1.69％，同比基本持平；浅海吊笼养殖采集面积 1 533.3 公顷，占全省同类型养殖面积的 3.17％，同比基本持平。

河北省养殖渔情采集定点县 8 个，采集点 27 个，采集品种 12 个。其中，淡水品种为草鱼、鲢、鳙、鲤、鲫、鲑鳟、南美白对虾（淡水）、中华鳖；海水品种为梭子蟹、海湾扇贝、南美白对虾（海水）、海参。

二、工作措施及成效

1. 工作措施

（1）加强管理 保持采集点稳定，确保数据稳定、连续，数据对比具有说服力。

（2）强化数据分析利用 坚持实时采集，按时上报，严格审核；对数据深入分析，认真撰写月报、季报、半年报、年报。对重点品种加强跟踪监测，对全省养殖生产形势进行合理分析和预测。

（3）疫情期间发挥积极作用 新冠肺炎疫情期间，全站渔情采集改为周报制，密切关注养殖企业、养殖户水产品压塘、销售等信息，及时向上级渔业主管部门反映情况，为全面了解全省所面临的主要问题，提供了翔实的信息和数据。

（4）加强督导检查 对采集点例行督导检查。积极解决信息采集工作中的问题、难题，确保与基层良好对接。

（5）开展生产调研 组织全国扇贝秋季生产形势跨省调研。采取实地调查、座谈交流以及问卷调查，充分了解全国扇贝秋季的生产情况，撰写调研报告上报农业农村部渔业渔政管理局，对服务领导决策、指导渔民调结构促生产发挥重要作用。

（6）加强信息宣传 在《河北渔业》杂志刊登渔情信息采集论文。不断扩大工作的社会影响和认识度，使信息数据达到共享。

2. 取得的成效

（1）全省渔情采集工作多次受到国家渔业主管部门通报表彰。

（2）渔情信息数据不仅在佐证全省渔业统计方面发挥作用，而且还是支撑全省渔业经济分析的基础。渔情采集工作为渔业主管部门研判形势、决策服务提供良好的信息服务。

（河北省水产技术推广总站）

辽宁省养殖渔情信息采集工作

一、采集点设置情况

2020年，辽宁省设置18个养殖渔情信息采集县，按养殖品种设置52个采集点。其中，淡水养殖品种采集点26个，采集品种有鲤、草鱼、鲢、鳙、鲫、鲑鳟、南美白对虾（淡水）、河蟹；海水养殖品种采集点26个，采集品种有大菱鲆、虾夷扇贝、杂色蛤、海参、海蜇、海带。采集点淡水池塘采集面积273.67公顷，占全省淡水池塘面积的0.15%；海水养殖采集面积486.67公顷，占全省海水养殖面积的0.07%。

二、主要工作措施及成效

1. 工作措施

（1）加强组织领导，工作有序推进 辽宁省相关部门高度重视养殖渔情信息的采集工作。辽宁省养殖渔情信息采集工作被列入辽宁省人民政府"重实干、强执行、抓落实"专项行动，实行绩效指标管理。为更好地完成渔情信息采集工作，辽宁省农业农村厅办公室专门印发"关于进一步加强养殖渔情信息采集工作的通知"，明确辽宁省养殖渔情信息采集工作责任分工和有关要求。辽宁省水产技术推广站为项目具体实施单位，成立工作领导小组和技术小组，制订工作方案，明晰职责责任，明确工作任务，有效保障辽宁省养殖渔情采集工作的有序推进。

（2）财政专项支持，严格规范管理 在辽宁省财政厅支持下，2020年辽宁省财政专项安排资金12万元用于辽宁省养殖渔情信息采集工作，支持为渔业深化供给侧结构性改革和实施乡村振兴战略提供精准的养殖渔情信息服务。在财政专项实施过程中，严格规范管理，精心制订具体方案，细化工作流程。精细分析重要节点的养殖渔情统计生产数据，完成养殖渔情分析报告。精深统筹渔情采集工作，确保辽宁省养殖渔情信息采集工作落实到位。

（3）强化分析培训，加强生产调研 在大连市庄河举办了2020辽宁省渔情信息采集分析培训班。通过举办培训班，全面分析辽宁省水产养殖生产形势，提高渔情信息分析应用水平。根据全国水产技术推广总站工作要求，在全省开展了海参、海蜇、蛤等水产养殖重点监测品种秋季生产形势调研工作。同时，参加了河北省水产技术推广站在唐山市举办的2020年扇贝秋季生产形势实地调研和扇贝生产相关研讨会。加强了主要养殖品种生产调研，通过对养殖场实地调研，掌握实际生产情况，让渔情分析报告能够准确反映渔业养殖生产发展变化和未来趋势，为现代渔业持续健康发展提供科学依据。

2. 取得的成效
辽宁省建立稳定的养殖渔情采集员和养殖渔情分析专家队伍，依据科学翔实的采集数据，完成了海参、海蜇、蛤等主要养殖品种及辽宁省养殖渔情分析报告。切实指导渔民生产和销售，提升对水产养殖业和渔民的服务能力，不断夯实养殖渔情信息采集的牢固基础。在渔业生产趋势的决策和指导渔民养殖品种结构调整等方面，发挥了重要指导作用。

（辽宁省水产技术推广站）

吉林省养殖渔情信息采集工作

一、采集点变动情况

2020年，吉林省继续开展了养殖渔情采集工作。采集区域分布在九台区、吉林市、舒兰市、梨树县、镇赉县、白山市共6个采集县（市、区），10处采集点，采集面积1 321亩。

二、主要工作措施及成效

1. 工作措施

（1）各级重视，加强领导 吉林省农业农村厅及省水产推广站领导对此项工作高度重视，多次通过"全省渔业工作会议""全省水产技术推广工作会议"等场合，强调信息采集工作的重要性。吉林省水产技术推广总站转发了《全国水产技术推广总站＜关于进一步做好水产养殖病情测报工作的通知＞》，明确工作任务，明晰职责责任，有效保障了吉林省养殖渔情采集工作的有序推进。

（2）严格审核，及时报送 2020年吉林省水产技术推广总站印刷了渔情信息采集工作手册500份，下发各地。并督促各采集员，积极采集、认真核实各项数据，对疑问的数据及时查找原因，予以修正。每月按时在平台系统上报采集点信息数据。省级审核员每月10日前审核数据，上报系统，对异常数据及时与采集员联系，退回核实修正后再上报。

（3）促进交流，提高效率 充分利用吉林省水产技术推广网等网络资源优势，使信息触角延伸到各涉渔部门和全省各县，实现网上交流互动，信息共享。及时把握全省渔情信息采集工作部署和开展的情况，畅通了协调和联系渠道，实现了信息采集规范化、传输网络化，提高了渔情信息采集的及时性、准确性、系统性和完整性。通过该平台，结合全省渔业统计经济指标等数据，探索总结信息采集分析利用模式。撰写全省的分析报告，报送吉林省渔业行政主管部门，为科学决策和指导全省渔业生产提供科学依据。

2. 取得的成效

经过几年的不断发展，养殖渔情信息采集工作队伍分析审核能力不断提升，渔情信息的社会关注度也逐渐升温。按照农业农村部渔业渔政管理局规划，加强物联网、大数据、云计算等现代信息技术的应用，需要省级单位提高数据采集、分析、审核和发布的时效性；采集员加强数据填报和审核，确保数据信息的客观性；同时，全省各级要进一步稳定采集分析人员队伍，不断优化采集终端，保持信息数据的连续性。

（吉林省水产技术推广总站）

江苏省养殖渔情信息采集工作

一、采集点设置情况

2020 年，江苏省设置养殖渔情信息采集县 22 个、布点 95 个，采集面积 7 192.3 公顷；采集方式为池塘、筏式、底播、工厂化；采集点养殖品种有大宗淡水鱼类、鳜、加州鲈、泥鳅、小龙虾、罗氏沼虾、南美白对虾、青虾、河蟹、梭子蟹、鳖、紫菜等。

二、主要工作措施及成效

1. 工作措施

（1）加强组织领导　成立养殖渔情信息采集工作领导小组，制订工作方案及部署工作任务，协调解决渔情工作中存在的问题，确保渔情信息采集工作的顺利开展。2020 年，召开了全省渔情信息采集启动会、中期推进会和年度总结及生产形势分析会。通过会议形式，及时掌握工作进度及提交养殖生产形势分析报告。

（2）开展培训交流　开展采集县互动走访活动，分别在春季、夏季、秋季开展了河蟹等 6 个主要采集品种集中座谈会。通过分品种、分地区推磨式走访，了解各地养殖生产形势及交流渔情采集工作经验做法等。积极组织县级采集员参加省级养殖渔情信息采集业务培训，进一步提高了采集人员养殖渔情系统实际操作水平和养殖生产形势分析能力。

2. 取得的成效　

随着养殖渔情信息采集工作深入开展，建立了一支既有理论基础、又有生产实践经验的高素质采集队伍，提升了对渔农民养殖生产的服务水平，充分保障渔情信息采集项目高质量实施。2020 年，完成月度采集数据审核上报、全省渔情报告 2 份、全省品种分析报告 24 份、全国品种分析报告 4 份。采集数据的严谨、真实，得到了各级渔业主管部门的认可，形成的各类分析报告具有重要的参考价值，为领导准确判断渔业生产发展形势及科学决策提供了重要依据。

（江苏省渔业技术推广中心）

浙江省养殖渔情信息采集工作

一、采集点设置情况

2020 年，浙江省养殖渔情信息采集工作继续在余杭区、萧山区、秀洲区、嘉善县、德清县、长兴县、南浔区、上虞区、慈溪市、兰溪市、象山县、苍南县、乐清市、椒江区、三门县、温岭市、普陀区等 17 个县（市、区）开展。共设置数据监测采集点 61 个（其中，淡水养殖 38 个、海水养殖 23 个），采集点面积 943.7 公顷，占全省水产养殖面积的 0.37%。其中，海水养殖采集点面积约为 190.1 公顷，占全省海水养殖面积的 0.2%；淡水养殖采集点面积 753.6 公顷，占全省淡水养殖面积的 0.4%。主要采集品种有草鱼、鲢、鳙、鲫、鲤、黄颡鱼、加州鲈、乌鳢、海水鲈、大黄鱼、中华鳖、南美白对虾（海、淡水）、梭子蟹、青蟹、蛤、紫菜等海淡水养殖品种。

2020 年，采集点数量与 2019 年持平，但个别监测点因为不再养殖监测品种，故进行了微调。其中，乐清禾润水产养殖专业合作社更换为乐清宏珊水产养殖合作社，长兴义力家庭农场测点更换为长兴永强家庭农场有限公司，秀洲地区的嘉兴市吴越青鱼专业合作社丁寿欢改为嘉兴市科强农业开发有限公司。

二、主要工作措施及成效

1. 工作措施

（1）加强组织管理　全省各级渔情信息采集单位都高度重视该项工作，明确专人负责数据采集、填报和审核等工作，并建立工作联系群，通过云会议等形式加强组织管理。组织渔情信息审核员参加农业农村部全国水产技术推广总站（以下简称"全国总站"）安排的培训班、研讨会，提高认识，增强业务能力与专业水平，为渔情信息数据采集工作夯实基础。

（2）加强数据审核　省级审核员每月 10 号前对采集数据认真审查，发现数据异常时及时联系市县信息采集员进行核实，退回修正后再上报，保证采集数据真实可靠。

（3）加强分析利用　对采集得到的养殖渔情信息数据，进行深入分析，撰写报告，为全省渔业生产形势分析提供素材和依据。根据全国总站要求，除做好年度养殖渔情信息采集分析报告之外，还开展了中华鳖、青蟹、梭子蟹等 3 个品种的生产形势分析。

2. 取得的成效
各采集县共形成了 14 份反映当地渔业生产情况的总结报告，对全年面上的渔业工作进行了总结、预测和分析；省推广总站结合各类面上工作，完成了全省渔情信息采集季度分析报告 2 份，半年度和年度分析报告各 1 份，中华鳖、梭子蟹、青蟹生产形势分析报告各 1 份，按时报送给全国水产技术推广总站及省渔业主管部门，并反馈给各采集县，为指导养殖生产提供了参考依据。

（浙江省水产技术推广总站）

安徽省养殖渔情信息采集工作

一、采集点设置情况

1. 采集点基本情况　2020 年，全省继续开展了养殖渔情采集工作。采集区域分布在蚌埠市怀远县、合肥市庐江县和长丰县、滁州市明光市、全椒县和定远县、淮南市寿县、六安市金安区、铜陵市枞阳县、马鞍山市和县和当涂县、芜湖市芜湖县、宣城市宣州区、阜阳市颍上县、安庆市望江县、池州市东至县，共 12 个市、16 个县（市、区），采集点 42 个（表 4-1），比 2019 年增加 5 个采集点。合肥市有庐江县和长丰县，滁州市有明光市、全椒县和定远县，马鞍山市有和县、当涂县 2 个县，分布于淮河以北、江淮之间和江南地区，具有一定的代表性。

表 4-1　采集点分布一览

地区	铜陵	马鞍山	池州	滁州	蚌埠	六安	合肥	淮南	安庆	芜湖	宣城	阜阳	合计
县（市、区）	枞阳	当涂、和县	东至	明光、全椒、定远	怀远	金安	庐江、长丰	寿县	望江	芜湖	宣州	颍上	16
采集点数	2	4	2	7	3	3	6	4	2	3	4	2	42

2020 年，42 个渔情信息采集点面积合计 32 605.05 亩，采集终端包括水产养殖场、良种场、渔业专业合作社和个体养殖户等，养殖方式是淡水池塘。2020 年，采集点出塘量为 6 295 127 千克，平均单产为 193.07 千克/亩。

2. 采集点变动情况　2020 年，安徽省个别采集点采集品种有变动，部分采集县新增采集点，经过申请上报程序，获全国水产技术推广总站批准后实施。具体变动情况如下：①六安市寿县养殖渔情信息采集点安徽田立水产养殖有限公司，2020 年不再养殖鳜，采集品种调整为河蟹；②安庆市望江县新增加采集点望江县享堂农业有限公司，采集品种为泥鳅；③芜湖市芜湖县新增加芜湖县腾辉水产养殖有限公司和芜湖贵野水产养殖有限公司，采集品种为青虾；④合肥市长丰县新增加采集点王祥和安徽乐哈哈农庄有限公司，采集品种为小龙虾。

二、统一采集代表品种与重点关注水产养殖品种

根据全国水产技术推广总站对继续开展养殖渔情信息采集的要求，为进一步科学规范地开展养殖渔情监测工作，2020 年统一采集鲢、鳙、草鱼、鲫、鲤、南美白对虾、小龙虾、中华鳖等代表品种；重点关注泥鳅、黄颡鱼、黄鳝、鳜、河蟹等水产养殖品种。同时，启用新版渔情填报系统。

三、开展小龙虾价格专题信息采集与发布

根据全国水产技术推广总站关于拓展渔情信息采集工作的精神，安徽省水产技术推

广总站建立了小龙虾产地价格监测网络，从 2020 年 3 月 1 日～9 月 17 日逐日采集小龙虾产地销售价格信息，编辑审核后发布。通过对全省 27 个小龙虾产地监测点小龙虾苗种、成虾价格监测情况看，2020 年上半年安徽省各监测点小龙虾出塘销售价格可以说是高开低走，平稳变化。全省小龙虾 2020 年 3 月上市，受新冠肺炎疫情影响，餐饮消费市场不好，大规格虾上市价格为 80 元/千克，同比下降 30％；中规格虾上市价格为 64 元/千克，同比下降 15％；虾苗上市价格 30 元/千克，与 2019 年基本持平。

四、疫情期间做好渔情报送，推动全省渔业复工复产

以《疫情渔业生产情况表（周报）》为抓手，做好疫情防控期间的技术服务，编写新冠肺炎疫情对渔业生产的影响和建议。按照农业农村部渔业渔政管理局和全国水产技术推广总站要求，编写新冠肺炎疫情防控期间春季水产养殖技术明白纸。编写《关于做好当前水产养殖技术指导服务的通知》《关于填报疫情期间渔业生产情况表的通知》，并通过邮箱和微信通知各市站，推动全省渔业的复工复产。

截至 2020 年 4 月底，全省国家级水产健康养殖示范场、省级以上良种场、市级以上水产养殖龙头企业均已恢复生产；水产养殖合作社、家庭农场、养殖大户等养殖单位 95％以上恢复生产；15 家加工企业基本完成小龙虾加工的前期准备工作，计划 4 月底开展小龙虾加工；安徽黄山特色的臭鳜加工产业，与往年同期相比，销售量恢复 50％；企业加工复产达到 50％；以富煌三珍为代表的鲖加工企业基本恢复加工生产。水产品加工出口合计 18 个货柜，每个货柜 20 吨，合计 360 吨；其中，鲖出口 7 个货柜，140 吨；小龙虾加工品等出口 11 个货柜，220 吨。

五、采取的主要措施与成效

（1）及时向各承担信息采集的县（市、区）水产技术推广站（中心）传达了全国水产技术推广总站"关于做好 2020 年养殖渔情信息采集工作"要求，并且强调各定点县采集员要认真学习、研究和熟悉新修订的信息采集软件系统和采集工作台账，认真地开展养殖渔情数据采集、录入与分析工作。

（2）各渔情信息采集县制定采集工作方案，结合养殖品种、养殖模式的调整，具体细化全年 12 个月的采集工作方案。特别是调整信息采集点和养殖品种的信息采集单位，着重加强方案的修改和补充，并按新的方案开展信息采集、录入和汇总分析。

（3）省站不断加强信息采集工作督促与检查。全站 2020 年 6 月、9 月等不定期深入采集单位调查了解信息采集工作进度，到生产一线收集各方面信息，指导各采集单位扎实做好信息的采集工作。

（4）准确采集，按时上报。每月月初各定点县信息采集员及时深入各采集点，采集、审核各项数据，对疑问的数据及时查找原因，予以修正。将采集的信息数据填写到过录表上，并通过网上填报系统每月按时上报各采集点信息数据，数据经省级审核后进入全国总站汇总分析。

六、存在的问题与建议

（1）存在的主要问题　一是采集点上采集的信息资料、模式总结和汇总分析，应用于指导面上的渔业绿色生产还不够及时，还没有发挥应有的作用；二是还有一些指标数据，需要进一步提高采集的时效性和准确性。

（2）建议　加强养殖渔情信息采集工作与渔业统计工作的互动性，使两者的工作互相渗透，使养殖渔情信息采集成为渔业统计数据验证的主要工具之一。向渔业生产一线宣传采集的成果和提炼的实用模式，加大养殖渔情采集数据的应用范围，让渔情信息采集的成果在渔业健康发展生产中发挥重要作用。

（安徽省水产技术推广总站）

福建省养殖渔情信息采集工作

一、采集点设置情况

2020年，福建省设置养殖渔情信息采集点67个，分布于17个采集县（市、区）。采集品种15个，分别为大黄鱼、海水鲈、石斑鱼、南美白对虾（海水）、青蟹、牡蛎、蛤、鲍、海带、紫菜、海参11个海水品种；草鱼、鲫、鲢、鳙4个淡水品种。

二、主要工作措施及成效

1. 工作措施

（1）严格审核数据，加强分析应用　省级审核员每月10日前审查县级采集员上报的数据，分析研判养殖渔情动态，对有疑义的数据进行认真核实并查找原因，严把数据源头关，为全省渔业生产形势分析提供素材和依据。

（2）优化采集区域，加强工作督导　为确保采集点设置科学性和合理性，结合全省养殖品种、养殖模式的具体情况，新增1个海水鲈采集点（福鼎市）、2个紫菜采集点（福鼎市、霞浦县）、1个海参采集点（霞浦县），并对霞浦县、莆田市的采集点进行优化调整。省站不断加强渔情信息采集工作的督促与检查，指导采集点解决生产过程中遇到的技术难题，及时收集整理信息采集过程中存在的问题，提出改进意见与建议。

（3）举办分析会议，提高业务能力　为提升全省渔情采集统计分析水平，省总站举办了半年度和年度省级养殖渔情分析会，组织全省19名县级采集员进行采集业务培训。并邀请品种分析专家到会，就全省主要水产品种的渔情进行信息交流和业务探讨，有力提升了采集员的业务分析能力。

2. 取得的成效

（1）建立业务能力强的渔情监测队伍　经过养殖渔情项目的实施，打造了一支业务素质强的养殖渔情信息采集队伍，使养殖渔情采集体系覆盖全省渔区，为渔民提供及时的渔情信息服务。

（2）完成月度报表，编写分析报告　审核和报送采集点月报表804份，完成大黄鱼、鲍、紫菜3个品种的专题分析报告、全省年度分析报告等4篇。各县（市、区）上报采集县分析报告94份，对全省水产养殖生产具有较强的指导意义。

（3）开展生产调研，掌握苗种情况　通过开展春秋两季重点品种大黄鱼、鲍等生产情况调研，进行鲍新品种推广应用技术指导，促进产业健康发展。

（福建省水产技术推广总站）

江西省养殖渔情信息采集工作

一、采集点设置情况

2020 年，江西省设置 10 个渔情信息采集县（市、区），32 个采集点。采集品种有 13 个，包括常规鱼类 4 种，为草鱼、鲢、鳙、鲫；名优鱼类 6 种，为黄颡鱼、泥鳅、黄鳝、加州鲈、鳜、乌鳢；另有小龙虾、河蟹、鳖。每个采集品种设置了 2～5 个采集点。

二、主要工作措施与成效

（1）各级重视、专人负责，做好采集工作 全省各级渔情信息采集相关部门高度重视养殖渔情信息采集工作，成立工作领导小组，制定具体采集工作方案，落实采集工作各项任务。明确各级渔情信息采集单位专人负责数据审核、上报、记录等工作，确保按时保质保量完成采集工作。

（2）及时报送，加强数据审核与分析 严格落实方案要求，督促县级采集员每月 5 日前收集采集点数据，并对数据进行整理与把关，填报录入系统；省级审核员每月 10 日前对采集数据认真审查核实，对异常数据，及时联系县级采集员，退回核实修正后再上报。对采集数据进行深入分析，撰写分析报告，为全省渔业生产形势分析提供素材和依据。

（3）形成渔情信息采集总结报告 根据全国水产技术推广站要求，全省各级做好年度渔情信息采集工作的总结报告。各采集县形成 10 份反映当地渔业生产情况的总结报告，省站综合各项工作，形成全省养殖渔情信息采集分析报告，泥鳅、黄鳝 2 个重要养殖品种的专题报告，按时报送给全国水产技术推广总站和省渔业行业主管部门，为渔业主管部门决策提供参考，为指导养殖生产提供依据。

（江西省水产技术推广站）

山东省养殖渔情信息采集工作

一、采集点设置情况

2020年，在23个县（市、区）的51个海、淡水采集点开展信息采集工作。采集淡水池塘水面1.78万亩、海水池塘2.25万亩，筏式养殖1.83万亩，底播养殖10.68万亩，工厂化养殖1.21万米^2，网箱养殖1万亩。采集品种共7大类16个品种，涵盖全省主要养殖品种，基本能真实、准确地反映出全省水产养殖生产的实际情况。

二、主要工作措施及成效

1. 深入开展专项调研 为掌握2020年秋季水产养殖重点监测品种的生产形势，特别是新冠肺炎疫情对出塘情况和成本收益情况的影响，9—10月组织开展了大菱鲆、乌鳢和海带等水产养殖重点监测品种秋季生产形势调研；发放专题问卷调查表50余份，直接取得了一线数据，丰富了养殖渔情信息采集的数据来源。同时，配合蛤、海参、海蜇、扇贝、梭子蟹、南美白对虾共6个养殖品种专家开展的专项调查。

2. 反馈相关问题建议 及时反馈渔情信息采集工作中数据分析、反馈方面利用率不高、培训覆盖面有待提升、基层采集人员获得感不强等问题，并针对性地提出了强化采集数据的应用、加大培训力度、增加基层采集员成果获得感等对策建议。

3. 荣获表现突出单位 2020年5月19日，山东省渔业技术推广站被农业农村部渔业渔政管理局表彰为渔情监测工作表现突出单位。

（山东省渔业发展和资源养护总站）

河南省养殖渔情信息采集工作

一、采集点设置情况

全省于 2011 年 1 月开始开展淡水池塘养殖渔情信息采集报送工作，截至目前，共开展了 10 年时间。截至 2020 年 1 月，共有 10 个信息采集县（市、区）、27 个采集点。10 个信息采集县分别是信阳市平桥区、信阳市固始县、信阳市罗山县、开封市尉氏县、洛阳市孟津县、驻马店市西平县、新乡市延津县、郑州市荥阳市、郑州市中牟县、商丘市民权县。

淡水养殖监测代表品种 7 个，分别为草鱼、鲤、鲢、鳙、鲫、南美白对虾（淡水）、小龙虾；重点关注品种 3 个，分别为河蟹、南美白对虾、小龙虾。

二、主要工作措施及成效

1. 工作措施

（1）加强组织领导，强化职责落实　省站高度重视渔情信息采集工作，成立养殖渔情信息采集工作领导小组，制定全年、半年、季度工作目标和工作方案，切实落实渔情信息采集的各项工作任务。岗位职责分工明确，确保全省养殖渔情信息采集工作的顺利开展。

（2）严格审核数据，强化分析应用　严把养殖渔情数据填报关，督促采集点每月按时上报，严格审核数据，发现数据异常或不实，及时联系县级采集员进行核实，重填。保证数据真实可靠，及时对数据进行汇总、对比、分析，撰写养殖渔情半年分析报告和年度分析报告，科学分析和合理预测养殖生产形势，指导渔民生产。

（3）对信息采集点进行督导检查　省站不定期深入采集点进行督导检查，了解渔情信息采集点工作进展情况，指导信息采集单位和采集点扎实做好信息采集工作，及时发现和处理信息采集工作中遇到的各种问题，提出意见和建议，对渔情信息采集工作的稳步开展起到了很大的促进作用。

（4）加强培训教育，提升业务水平　2018 年信息采集系统调整后，积极组织县级采集员参加全国总站举办的养殖渔情信息采集培训班，学习渔业统计基础知识和渔情调研工作规范，并掌握数据的采集、填报方法，从而保证所上报的每一个数据正确、准确、精确。

2. 取得的成效

（1）该项工作自 2011 年 1 月开始开展，到目前为止，已进行了将近 10 年的时间。2018 年养殖渔情信息采集系统调整后，全省共有信息采集县（市、区）10 个，采集点数量 27 个。截至 2020 年末，已完成 120 批次的数据填报、审核、校对、汇总、分析工作，完成了半年、全年养殖渔情分析报告和鲤品种分析报告。科学分析水产养殖基本发展变化趋势，准确了解水产养殖业的整体发展态势，从而对渔业整体形势进行预测、指导。

（2）为渔业发展培育了一批高素质的信息分析人才。通过项目实施，各级信息采集员常年深入生产一线，既参与了养殖生产全过程，又懂得关注渔情，不仅掌握采集点的情况，还掌握本区域渔业养殖生产情况，大幅提升了采集员信息采集工作分析和利用能力，为专业指导渔民生产增强了真才实干。

（3）结合技术服务、体系建设、病害测报等工作，创新信息采集工作模式，及时为养殖户提供养殖生产信息，促进品种结构调整，引导养殖方式转变，促进渔情信息采集工作更好开展。

（河南省水产技术推广站）

湖北省养殖渔情信息采集工作

一、采集点设置情况

按照全国总站养殖渔情工作实施要求，2020 年湖北省养殖渔情监测工作分别在鄂州、洪湖、监利、潜江、仙桃、天门、蔡甸、钟祥、应城、当阳等 10 个县（市、区）开展。共设置采集点 51 个，包含 9 个合作社（共 27 个采集点）、2 个国营养殖场、1 个渔业养殖公司和 21 个养殖大户。采集点养殖面积 12 705.3 亩，有池塘主养、池塘混养和池塘网箱3 种养殖模式。监测品种共 12 个，包括 4 个代表品种、8 个重点关注品种。

二、主要工作措施及成效

1. 分解落实任务，精心组织实施 省站制定了《湖北省养殖渔情信息监测实施方案》，规范落实各县（市、区）采集面积、品种和工作职责，依据报送的准确性和及时性等进行绩效评定。

2. 发挥专家作用，准确研判形势 省站成立省级渔情信息专家组，集中研讨全省渔情信息工作，对监测数据结果、渔业发展趋势等进行分析和预判，弥补因采集面积局限、品种变换频繁等造成的代表性不足问题。

3. 规范采集工作，及时反馈信息 要求各地每月 10 日前必须报送上月数据，15 日前省站完成审核，并按照报送数据结果撰写渔情相关分析报告，反馈到各监测点。

4. 加强技术培训，强化项目督导 积极组织监测人员参加全国总站技术培训，利用各种培训资源开展省级渔情培训，以求不断提升监测人员监测能力和水平。不定期深入各地检查指导监测工作，督导责任落实。

5. 为养殖者提供及时生产信息 通过数据及时整理分析和反馈，为养殖户养殖结构调整，产品上市安排，应对市场能力等提供信息支持。

6. 为行业部门提供决策参考依据 结合渔业生产实际，做好监测数据动态信息分析工作，为行业主管部门正确判断渔业生产形势，制定渔业政策，调整产业结构提供依据和参考。

7. 为产业发展培育综合人才 项目促使采集人员常年深入生产一线，既丰富了养殖阅历，又关注了市场动态，有效提升了采集人员指导渔民生产的能力和水平。

（湖北省水产技术推广总站）

湖南省养殖渔情信息采集工作

一、采集点设置情况

2020年，湖南省养殖渔情信息采集监测工作在湘乡市、衡阳县、平江县、湘阴县、津市市、汉寿县、澧县、沅江市、南县、大通湖区、祁阳县11个县（市、区）开展，共34个监测点。监测品种为淡水鱼类和淡水甲壳类中的10个品种。其中，淡水鱼类为草鱼、鲢、鳙、鲫、黄颡鱼、黄鳝、鳜、乌鳢8个品种；淡水甲壳类为小龙虾、河蟹2个品种。养殖模式涉及到主养、混养、精养及综合种养等多种形式。经营组织以龙头企业和基地渔场为主。

二、主要工作措施及成效

1. 工作措施

（1）加强组织领导，明确目标责任　省畜牧水产事务中心领导高度重视养殖渔情信息采集工作，按照全国水产技术推广总站的统一安排，制定了全省11个县（市、区）34个采集点开展养殖渔情信息监测工作方案。目标任务明确，着重突出措施的针对性和可操作性，保证按时完成汇总、分析和上报工作，为顺利开展信息采集工作提供组织保障。

（2）强化培训交流，规范信息报送　各采集县通过召开工作会议、举办专题培训班，将采集任务分配到人，每月定时按规范采集数据，上报汇总填报。信息采集员通过培训，正确理解并熟练掌握渔情信息动态采集的各种技术参数和指标，严格遵照各种信息技术参数指标规定的采集办法，进行科学合理的数据采集。

（3）抓好重点监测，拓展服务功能　通过信息采集工作开展，及时掌握重点地区、重点城市、重点品种、重点产业的渔业生产、水产品市场和贸易等方面情况，发现存在的困难和问题，并做好分析研判，及时向当地渔业主管部门及党委政府报告和提出建议。

（4）应对新冠肺炎疫情，健全相关机制　疫情防控期间，各市级水产技术推广部门每周五将新冠肺炎疫情对渔业生产、市场、贸易等方面影响情况报送省级主管部门，综合整理后向农业农村部报告。报送情况主要有：重点水产养殖产品生产情况，包括存塘量、出塘量、出塘价和交易量等；养殖病害发生情况；饲料、渔药等养殖投入品供求情况；重点水产养殖企业复工复产及用工情况；主要批发市场运行情况，包括市场供求、价格变化等；进出口企业运行和进出口贸易情况等。填报《疫情期间渔业生产复工复产情况问卷调查表》《疫情渔业生产情况表》，为上级部门制定有关政策提供有力的数据支撑。

2. 取得的成效

（1）发挥好服务领导决策的"信息员"作用　通过对信息监测点连续长期的有效监测，全面、系统、准确地掌握水产品养殖情况，从养殖产量、面积、投种、成本、价格和病害等动态指标分析当年养殖形势，为全省渔业经济动态分析提供科学依据；通过渔情信息监测，加大对渔业生产的指导，及时提出应对自然灾害和水生动物疫情的有效措施；通过监测工作的开展，进一步体现水产技术推广系统服务行业的工作宗旨，也为上级部门制定决策提供第一手材料。

（2）发挥好服务养殖生产的"指导员"作用　通过信息监测工作的开展，及时了解渔业生产情况，准确收集渔业生产数据，为养殖户科学制定翌年的生产规划；帮助养殖户及时掌握市场信息，合理调整养殖品种结构，引导产品适时上市，提高渔户养殖效益；及时准确了解鱼病流行规律，帮助养殖户科学用药，避免药物的盲目使用，指导养殖户进行科学防治；促进全面实施生产三项记录等"台账制度"，及时发现和解决问题，有效地杜绝了违禁药物的使用，帮助养殖户抓规范化管理；指导养殖户适时上市，有效提高经济效益，为全省养殖户生产当好了指导员。

（湖南省畜牧水产事务中心）

广东省养殖渔情信息采集工作

一、采集点设置情况

根据《关于报送养殖渔情监测调查对象基本情况的通知》（农渔技学信函〔2017〕160号）要求，在全省水产养殖业比较集中的珠三角和粤东、粤西地区选择18个县（市、区）开展养殖渔情监测品种工作。分别在徐闻县、雷州市、廉江市、海陵岛试验区、台山市、金湾区、澄海区、饶平县、阳春市、东莞市、中山市、番禺区、白云区、斗门区、博罗县、高州市、茂南区、高要区等18个地区设46个监测点，监测面积有淡水池塘养殖490.6公顷、海水池塘养殖830.67公顷，筏式346.67公顷，普通网箱29 200米^2，工厂化6 000立方水体。监测品种有鲈、卵形鲳鲹、石斑鱼、南美白对虾、青蟹、牡蛎、扇贝、草鱼、鲢、鳙、鲫、黄颡鱼、鳜、加州鲈、乌鳢、罗非鱼等。

二、主要工作措施及成效

1. 工作措施

（1）加强工作督导　不定期地对采集点进行监督检查，解决采集工作中遇到的各种问题。并查看养殖渔情工作手册，保证数据来源和渔情的真实、及时、准确和规范。

（2）提供信息　利用省渔业技术推广总站的"粤渔技推广与疫控"手机信息平台，及时向各采集点负责人及技术人员发送各类水产养殖相关信息。特别在鱼病高发季节、台风、寒潮等重大灾害来临时，第一时间通知采集点人员做好相关措施，避免灾害带来巨大的经济损失。

（3）加强培训，提升业务水平　为进一步提高全省养殖渔情信息采集人员工作水平，做好全国养殖渔情信息的采集工作。省站举办水产养殖渔情信息采集工作培训班，所有养殖渔情采集员都参加了培训。培训内容有水产养殖渔情分析与监测、水产养殖规范用药与鱼病防治技术，互相交流信息采集较好的经验与方法。

2. 取得的成效

根据养殖渔情监测和调研，组织编写《2020年南美白对虾秋季生产形势调研报告》《2020年春季花鲈秋季生产形势调研报告》《塘头收购价暴跌75％！鳜鱼市场表现说明了什么？》《塘头价或可涨至14元/千克以上！2020年草鱼养殖生产及市场行情走势》《黑鱼由最初的10元/千克上涨30％以上，谁领黑鱼市场当空舞》等报告，并在有关期刊和网络上刊登，有效地引领养殖生产和市场经营，最终让生产者和消费者双赢，实现水产养殖健康可持续发展。

（广东省渔业技术推广总站）

广西壮族自治区养殖渔情信息采集工作

一、采集点设置情况

2020 年，全国渔情信息采集工作在广西 15 个县（市、区）设置 36 个采集点。淡水养殖面积 3 022 亩，海水池塘养殖 1 752 亩，筏式养殖 807 亩，深水网箱养殖 110 250 米^3，滩涂底播养殖 120 亩。采集品种淡水鱼类为草鱼、鲢、鳙、鲫、罗非鱼；海水鱼类为卵形鲳鲹；虾蟹类为南美白对虾（海水）；海水贝类为牡蛎；淡水其他类为鳖。

二、主要工作措施及成效

1. 工作措施

（1）加强领导，为渔情采集工作开展提供组织保障 为保证渔情信息采集工作的有序开展，省站成立了广西养殖渔情采集工作领导小组和项目实施小组，由分管副站长担任组长，主要负责项目顶层设计和协调解决渔情工作中存在的问题；领导小组成员为省级水产技术推广站熟悉渔情业务的专业技术人员 2 人，主要负责渔情数据的审核与其他相关的辅助工作；项目实施小组由各个采集市、县水产技术推广系统中负责渔情采集的业务骨干。

（2）合理布局，采集点和采集品种代表性强 每个采集县选择有代表性采集点，采集范围包括养殖企业、养殖大户、渔场或基地、涉渔合作社等经营主体，基本上涵盖全区所有养殖模式、养殖特点、养殖水平等，代表性强。

（3）严格把关，确保渔情信息采集数据真实有效 落实县、省两级审核员对上报的渔情信息进行审核制度，要求采集人员要对数据进行经常性复核，确保数据的真实性、有效性，保证渔情数据真实反映渔业生产实际。

（4）组织培训，提高渔业采集工作人员统计和分析能力 加强市、县级采集员业务培训工作，通过培训保证了采集工作方法的科学性和信息数据的准确性，进一步提升信息采集和分析利用的水平。培训班主要是分析讨论全区水产养殖生产形势，养殖渔情分析报告，以及培训养殖渔情采集系统指标解释、报表说明和软件操作，互相交流信息采集较好的经验与方法。

2. 取得的成效
为了充分发挥渔情信息作用，根据采集来的基础数据，结合全区各地渔业生产特点、各项经济指标，编写《广西养殖渔情分析报告》《大宗淡水鱼类养殖渔情分析报告》《牡蛎养殖渔情分析报告》《龟鳖养殖分析报告》《罗非鱼养殖渔情分析报告》《金鲳鱼养殖分析报告》《桂北地区冷水性鱼类分析报告》等 7 份报告。报告中除了对养殖情况进行总结分析，还提出了下一阶段生产形势的预测，提出养殖意见及发展建议。7 份分析报告汇编成资料集，分别上报主管厅领导及有关处室，以及所有采集县主管局、水产技术推广站，为各级渔业主管部门对生产形势判断提供了重要参考。同时，通过广西农业农村厅官方网站、南方科技报等进行发布和宣传，成为广大养殖生产者了解水产养殖形势的重要参考，产生了较好的经济、社会效益。由于全站在推进养殖渔情信息采集工作方面措施得力，2020 年 5 月被农业农村部渔业渔政管理局评为"2019 年度渔情监测统计工作表现突出单位"（农渔科函〔2020〕45 号）。2020 年 10 月，由农业农村部渔业渔政管理局、全国水产技术推广总站在海南召开的 2020 年养殖渔情信息培训班上做典型发言。

（广西壮族自治区水产技术推广站）

海南省养殖渔情信息采集工作

一、采集点设置情况

2020 年，海南省共有 14 个采集县（市）、33 个养殖渔情信息采集点。14 个采集县（市）分别是琼海市、陵水县、儋州市、万宁市、文昌市、屯昌县、定安县、临高县、琼中县、保亭县、澄迈县、海口市、乐东县和白沙县。

养殖监测代表品种共 6 个，分别是卵形鲳鲹、石斑鱼、青蟹、鲢、鳙、鲫；重点关注品种 3 个，分别是罗非鱼、南美白对虾（海水）、南美白对虾（淡水）。

二、主要工作措施及成效

1. 工作措施

（1）加强领导，强化职责　省站领导高度重视渔情信息采集工作，成立养殖渔情信息工作领导小组，制定全年、半年工作目标及工作方案。明确岗位职责分工，做到专人专责，有效保障了全省养殖渔情信息采集工作的顺利开展。

（2）严格审核数据，强化数据分析应用　全省精心制订《采集员管理办法》和渔情信息采集工作方案，认真落实渔情信息采集工作任务，严格审核，及时核对，发现不实或异常的数据，第一时间在系统上进行数据驳回，并及时与县级采集员进行沟通核对，确保采集的数据科学、准确报送，完善月报、半年报和全年总结分析报告。

（3）加强调研，积极督导　全省渔情专家组不定期地对石斑鱼、卵形鲳鲹和罗非鱼等 9 个监测品种进行调研并座谈，了解养殖生产情况，及时发现和解决工作中遇见的各类难题。

（4）加强培训，提升采集员业务水平　为了提高渔情信息采集工作人员的统计和分析能力，全省每半年组织开展一次渔情信息采集工作培训。通过培训和交流，有效提高渔情信息采集员的业务素质和能力水平，确保渔情信息采集数据的真实可靠性。

2. 取得的成效

（1）为上级决策和管理提供参考数据　全省已开展该项工作 10 年。自 2018 年养殖渔情信息采集重建新系统后，全省共有信息采集县（市）14 个、采集点数量 33 个。截至目前，已完成 450 批次的数据填报、审核、校对、汇总、分析工作，完成半年、全年养殖渔情分析报告，全国罗非鱼、石斑鱼和卵形鲳鲹专题报告，为全省渔业经济动态分析提供科学依据，有利于上级对渔业经济的决策和指导。

（2）为渔业发展提供参考意见　按照总站关于渔情信息采集工作新思路，以监测代表品和重点关注品种数据采集和分析为重点，掌握各养殖品种生产成本、出塘单价和效益等与实际生产相结合的数据，为全省渔业发展提供参考依据。

（海南省海洋与渔业科学院）

四川省养殖渔情信息采集工作

一、采集点设置情况

省站根据监测实施方案规定的调查对象，确定原则和各品种池塘养殖分布情况，在成都彭州、自贡富顺、绵阳安州、眉山东坡、眉山仁寿、资阳安岳共6个县（市、区）选取了26个点，开展池塘养殖渔情信息采集。其中，草鱼、鲤、鲢、鳙各分布5个点，鲫分布4个点，加州鲈、黄颡鱼各分布3个点，泥鳅、鲑鳟各分布2个点，共计采集面积3 126亩。

二、主要工作措施

1. 高度重视，加强组织 省局高度重视养殖渔情信息采集工作，明确由省水产技术推广总站统筹组织实施，结合监测方案规定的养殖对象和实际生产情况确定采集原则，科学设置信息采集点，并要求各相关采集县指定专人负责数据上报、审核工作。

2. 完善制度，提高效率 健全县级采集点基本信息数据库、渔情信息采集月报分析报告制度以及省级数据分析制度，及时指导与督查采集点准确填报采集数据和分析报告，保证采集数据真实性、及时性、有效性和完整性。

3. 严格审核，确保质量 各采集点于每月7日前完成采集点数据审核、上报工作后，省级审核员对所报数据逐条审核，对疑似错误数据及时与采集点联系人取得联系并进行核实，确保所报数据的真实性。

4. 加强分析，提供参考 及时对所采集数据进行整理和分析，掌握各品种生产成本、价格和效益等与实际生产结合紧密的数据，为全省渔业发展和供给侧结构性改革提供参考依据。

三、下一步工作

我们将继续加强渔情信息采集工作的台账督查、数据审核和分析等工作，建立《采集员管理办法》和采集报送情况通报制度，完善月报、半年报和年报分析制度，保证采集工作的连续性。

（四川省水产技术推广总站）

图书在版编目（CIP）数据

2020 年养殖渔情分析 / 全国水产技术推广总站，中
国水产学会编 . —北京：中国农业出版社，2021.8
ISBN 978-7-109-28874-4

Ⅰ.①2… Ⅱ.①全… ②中… Ⅲ.①鱼类养殖－经济
信息－分析－中国－2020 Ⅳ.①S96

中国版本图书馆 CIP 数据核字（2021）第 211329 号

2020 年养殖渔情分析

2020NIAN YANGZHI YUQING FENXI

中国农业出版社出版
地址：北京市朝阳区麦子店街 18 号楼
邮编：100125
责任编辑：林珠英　神翠翠
版式设计：杜　然　责任校对：刘丽香
印刷：中农印务有限公司
版次：2021 年 8 月第 1 版
印次：2021 年 8 月北京第 1 次印刷
发行：新华书店北京发行所
开本：787mm×1092mm　1/16
印张：16
字数：390 千字
定价：68.00 元